PSİKİYATRİK SOSYAL HİZMET

Koruyucu, Tedavi Edici, Rehabilite Edici Ruh Sağlığı Alanında

Yasemin Çölgeçen

nobel

PSİKİYATRİK SOSYAL HİZMET
Koruyucu, Tedavi Edici, Rehabilite Edici Ruh Sağlığı Alanında
Yasemin Çölgeçen

Yayın No. : 3367
Sosyal Hizmet No : 292
ISBN : 978-625-439-306-8
E-ISBN : 978-625-439-307-5
Basım Sayısı : 1. Basım, Nisan 2021

Genel Yayın Yönetmeni : Nevzat Argun -nargun@nobelyayin.com-
Yayın Koordinatörü : Gülfem Dursun -gulfem@nobelyayin.com-

Redaksiyon : Seval Sezer -seval@nobelyayin.com-
Sayfa Tasarım : Dicle Korkmaz -dicle@nobelyayin.com-
Kapak Tasarım : Ahmet Sınav
Baskı Sorumlusu : Yavuz Şahin -yavuz@nobelyayin.com-
Baskı ve Cilt : Osmanlı Mücellit Matbaacılık Sertifika No.: 29041
Plastikçiler Sitesi 1536 Sokak No.: 40 Yenimahalle / ANKARA

Kütüphane Bilgi Kartı

Çölgeçen, Yasemin.
PSİKİYATRİK SOSYAL HİZMET -Koruyucu, Tedavi Edici, Rehabilite Edici Ruh Sağlığı Alanında / *Yasemin Çölgeçen*
1. Basım. xiv+ 233 s. 13,5x21,5 cm. Kaynakça var, dizin yok.
ISBN: 978-625-439-306-8
E-ISBN: 978-625-439-307-5
1. Psikiyatrik Sosyal Hizmet 2. Koruma/Önleme 3. Tedavi 4. Rehabilitasyon

Genel Dağıtım

ATLAS AKADEMİK BASIM YAYIN DAĞITIM TİC. LTD. ŞTİ.
Adres: Bahçekapı mh. 2465 sk. Oto Sanayi Sitesi No:7 Bodrum Kat Şaşmaz-ANKARA - siparis@nobelyayin.com-
Telefon: +90 312 278 50 77 - **Faks:** 0 312 278 21 65
E-Satış: www.nobelkitap.com - esatis@nobelkitap.com / www.atlaskitap.com - info@atlaskitap.com

Dağıtım ve Satış Noktaları: Alfa Basım Dağıtım, Arasta, Arkadaş Kitabevi, D&R Mağazaları, Dost Dağıtım, Ekip Dağıtım, Kida Dağıtım, Kitapsan, Nezih Kitabevleri, Pandora, Prefix, Remzi Kitabevleri

İlk ve daimi öğretmenlerim;
Annem Nursel AKARCA ve
Babam Mustafa Cihat AKARCA'ya…

ÖN SÖZ

Psikiyatrik sosyal hizmet, bilimsel ihtiyaca binaen oluşmuş bir daldır ve psikiyatrik bozukluğu olan bireyin sosyal boyutta hissiyatına ve yaşadıklarına yönelik bilgi ve uygulama üretir. Bu nedenle ortaya çıkan sorunların bireyi, çevresini ve dolayısıyla toplumu etkileyen mikro, mezzo ve makro boyutlarını ele alır. Bu dal zihni, hissi ve davranışsal bozukluklarla ilgilenen, psikiyatri, klinik çalışma ve teori bilgisine sahip sosyal hizmetin özelleşmiş bir dalıdır. Bu işi meslek edinenler; psikiyatrik bozukluğu olan birey ve çevresinde oluşabilecek sosyal, psikolojik, ekonomik ve hukuki sorunlara karşın; sıkıntılı sürecin üstesinden gelebilmesi için dirençli/güçlü kılmayı amaçlar ve hizmet üretir. Özel bir tıbbi sosyal çalışma türü olarak bunlardan hastanede ya da ayaktan tedavi gören, rehabilite edilenlerin bakım ve tedavisini koordine eder; çevresiyle bütüncül olarak yaşam kalitesini arttırmayı hedefler.

“Sağlıklı olmak”; bireyin sadece fiziki değil biyolojik, psikolojik ve sosyal açıdan tam bir iyilik hâlini ifade eder. Psikiyatrik sosyal hizmet bireyin düşünüş ve davranışında meydana gelen rahatsızlık/hastalık dolayısıyla sosyal boyutta yaşanan sorunlara ve çözümlerine odaklanır. Sosyal alandaki bir problem biyolojik ve psikolojik sahayı da etkileyecektir ki sağlığın temini/muhafazası için en az biyolojik ve psikolojik sağlık kadar önemlidir. Hastaların iyilik hâllerinin sağlanması, biyopsikososyal açıdan bütüncül yaklaşımla mümkündür. Dolayısıyla gerekli insani hizmetlerin temini için disiplinler arası iş birliği şarttır. Ama bu ilke ihlal edilip psikiyatride kliniğin yanı sıra sosyal hizmet takdiminin de genellikle tıp hekiminin inhisarında zannı, alana sınır/kısıt getirmiş ve tedavi/destek gerektiren bireylerin psikolojik/sosyal iyilik hâllerinin göz ardı edilmesi gibi istenmedik neticeler doğurmuştur. Bunun telafisi psikiyatrist, psikolog, psikiyatri hemşiresi, sosyal çalışmacı ve özel alanlarda uzmanlaşmış örneğin, uğraşı terapisti gibi ehil ellerin hizmet kervanına katılımıyla mümkündür. Psikiyatri sağlığı hizmetleri üç ayrı alanda gerçekleştirilir:

Koruyucu ruh sağlığı hizmetleri; I. basamak sağlık kuruluşları, toplum sağlığı merkezleri, hastaneler ve toplum ruh sağlığı merkezleri olmak üzere psikiyatrik sağaltımın sağlandığı her alanda gerçekleştirilir. Psikiyatrik hastalığın oluşmasını önlemeyi, ilerleyişini engellemeyi, yeti yitimininden koruyarak sosyal işlevselliğin arttırılmasını hedefler.

Tedavi edici ruh sağlığı hizmetleri; II. ve III. basamak sağlık kurumlarında gerçekleştirilir. Hastanın hastaneye başvurduğu andan taburculuk sonrası izleme aşamasına kadar gerçekleştirilen hizmetlerdir; hastanın bütüncül iyilik hâlini hedefler.

Rehabilite edici ruh sağlığı hizmetleri ise dünyada ve ülkemizde meydana gelen ruh sağlığı hizmet modeli değişikliğine bağlı, kurum temelli hizmetlerden toplum temelli hizmetlere geçiş sürecinde açılan toplum ruh sağlığı merkezlerinde gerçekleştirilir. Psikiyatrik bozuklukların yol açtığı semptomları en aza indirgemek; hastanın toplumla bütünleşmesini sağlamak, sosyal içermeyi teşvik gibi hedeflerin olduğu bir uygulama alanıdır.

Bu hizmet alanlarının her birinde; hastanın bütüncül değerlendirimi için psikiyatri ekibi kurularak çalışılır. Psikiyatrik sosyal çalışmacı ise bu ekibin psikiyatrik hastalık ve rahatsızlıkların psikososyal ögelerine odaklanan ayrılmaz elemanıdır. Üç alanda ifa edilen psikiyatrik sosyal hizmet faaliyetine bütüncül yaklaşımla aktif hizmet veren; etkin ve karar verici sağlık uzmanı/çalışanıdır.

Bu kitap, koruyucu, tedavi edici ve rehabilite edici psikiyatri uygulamalarını ve sürecin parçası olan sosyal çalışmacıları ve sorunları/çözümleri irdelemeye yöneliktir. Psikiyatri alanı ile ilgili ayrıntılı/kapsamlı bilginin yanı sıra psikiyatri kavramı, tarihi, ruh sağlığı politikaları ve sosyal teoriler ele alınacaktır. Psikiyatrik hizmet modelleri ve ağır psikiyatrik bozukluklar; hastanın ve ailesinin yaşadığı sorunlar irdelenecektir. Psikiyatrik sosyal hizmete kapsamlı/ayrıntılı bakılarak kavramsal çerçevesi, tarihçesi, kuramsal temeli ve dünya uygulamaları; koruma, tedavi, rehabilite aşamasında ekip çalışması ele alınacaktır. Sağlık kurumlarında gerçekleştirilen hizmet ve ülkemiz gerçeği yapıcı bir şekilde ele alınacaktır. İşin bilimsel boyutuyla ilgilenenlere, öğrencilere yönelik hazırlanan ve alt amaçları ise sosyal çalışmacının koruyucu, tedavi edici ve rehabilite edici rollerini irdelemek olan ve **"Psikiyatrik Sosyal Hizmet ve Hastane – Toplum Ruh Sağlığı Merkezi Uygulamaları (Manisa İli Örneği)"** doktora tezine mebni bu eserin alana, sorunlara ve çözümlere bütüncül bakışıyla bir boşluğu dolduracağı kanaatindeyim.

Kitabın hayalden gerçeğe evrilmesinde hatta yayına hazırlanmasında; ilmiyle müstefid olduğum bilim insanı hocam Prof. Dr. Ali Rıza ABAY'a ve Prof. Dr. Meshut BAŞAK'a, kapak tasarımı ve illüstrasyonu için değerli bilim insanı ve tıp ressamı hocam Prof. Dr. Ahmet SINAV'a, bilimsel yürüyüşümü destekleyen kayınpederim Öğr. Gör. Kenan ÇÖLGEÇEN'e, Dr. Halil BARDAKÇI'ya ve ağabeylerim Mustafa ve Nihat AKARCA'ya, sevgili eşim Hasan ÇÖLGEÇEN'e; çalışma ve yayınlarından istifade ettiğim tüm araştırmacılara, bilim insanlarına minnet/şükran duygularımı ifade etmek isterim. Ebediyete irtihal edenleri de rahmetle anarım.

Hassaten, anneleri hummalı bir bilimsel gayret içindeyken sevgi/şefkat alacaklarından kısmen feragat eden "gözün nuru kalbin sürurú" Kenan ve Nilüfer'i de anmadan geçmek olmaz.

Dr. Öğr. Üyesi Yasemin Çölgeçen

İÇİNDEKİLER

BÖLÜM 8

BÖLÜM 9

BÖLÜM 1

PSİKİYATRİ ALANI VE TARİHİ

PSİKİYATRİ KAVRAMI

Dünya Sağlık Örgütü (DSÖ); "sağlık" kavramını sadece hastalık ve sakatlıktan uzak olmak değil fiziksel, ruhsal ve sosyal yönden "tam bir iyilik hâli" olarak tanımlar. Bütüncül sağlık için "ruh sağlığı"nın rolü üç başlık altında toplanabilir.

1. Sağlığı bütünler; kişinin fiziki sağlığı yerinde olsa dahi bu tam sağlıklı oluş değildir.
2. Fizik/sosyal sağlıkla yakından ilişkili olup ortaya çıkan bir sorun burayı da etkiler.
3. Fiziki/sosyal sağlıkla bağlantılı oluş, psikiyatrik hastalık olmayışdan fazlasını ifade eder.

Ruhsal anlamda yakalanamayan iyilik hâli, yaşamın fiziksel, psikolojik, sosyal, ekonomik ve mesleki alanlarını etkiler. Ruh sağlığı, tam bir iyilik hâlinin sağlanması ve yaşam kalitesinin arttırılmasının temel bileşenlerindendir (WHO, 2005, s. 2).

Ruh sağlığı kavramı üzerinde ortak bir görüş birliği yoktur. Psikiyatri, epistemolojik ve ontolojik sorunlar nedeniyle tıbbın geri kalanından ayrılır. Genel tıp kuramlarında hastalığın gerçekliği temeldir; hastalık organik ve gözlenebilir bir değişiklik yapar. Bu psikiyatri alanında bir sıkıntı ve sorundur. Genel tıpta hastalık beden üzerine bir yorumdur ancak psikiyatrik bozuklukta hastalık ile kişi neredeyse aynı olgudur. Kişiyi hatta psikiyatrik hastalık kavramını da biçimleyen yaşadığı kültür ortamıdır. Psikiyatrik olanlar diğer hastalıklara göre fazlaca belirsizlikler barındırır. Nedeni ise her topluma ve kültüre uyan bir "normal"in belirlenmesinde yaşanan sıkıntıdır. Ruh sağlığı yerinde olan bir bireyin duyuş, düşünüş, inanç, tutum ve davranışları normaldir. Aksi durumda; duygu, düşünce ve davranışlarında değişik derecelerde tutarsızlık, aşırılık, uygunsuzluk ve yetersizlik gibi "anormal davranışlar" sergiler. Her birey bazen bu tür örüntüler sergileyebilir ancak bu özellikler sürekli/yineleyici ise kişinin verimli çalışmasını sekteye uğratırsa; kişiler arası ilişkileri bozacak nitelikte olursa psikiyatrik hastalık vasfı kazanır (Candansayar ve Coşar, 2001, s. 21-22; Öztürk ve Uluşahin, 2008, s. 132).

Ruhsal açıdan normal ve anormalin ne olduğuna karar vermek oldukça zordur çünkü böyle bir ayrıma bilimsel çerçeve/ölçüt bulunamaz. Bedenin normal yapısı, işlevleri bilindiğinden, fiziki hastalıkların belirlenmesi; anormal durumların teşhisi kolaydır. Ruhsal anlamda ise kabul edilebilir bir ölçüt/model yoktur. Bir yaklaşıma göre toplumsal normlara uyma oranı normali, sapma ise normaldışını belirlemektedir. Bazısına göre de bu toplumun onayı ile değil kişinin kendini iyi hissedebilmesi ile gerçekleşir. Bir davranış toplumun isteğine uygun olsa bile bireyin gelişmesini engelleyici nitelikteyse normaldışı olarak kabul edilebilir (Geçtan, 2015, s. 12).

Bir diğer yandan normal davranış üzerine iki tür tanımlama yapılmıştır. *İstatistiksel olana* göre; istatistiksel olarak çoğunluğa uyan ve çan eğrisinin iki aşırı ucunda kalmayan kişi normaldir. Bu yöntem daha çok tıp alanında kullanılır ama ruh sağlığı açısından çoğu kez göreceli, bazen geçersizdir. *Klinik olana* göre; normalin "çevreye uyum; aşırı bunaltı ya da başka psikiyatrik belirtinin olmaması ve id, ego, süperego arasındaki denge" gibi değişik ölçütler içeren tanımları yapılmıştır (Öztürk ve Uluşahin, 2008, s. 130-131).

Freud, normalin koşullarını çalışmak ve sevmektir olarak açıklamıştır ki sağlıklı sayılmanın temel ölçütü de budur. Bu normalin özünü verse de çalışmanın/sevmenin kökenini ve koşullarını açıklamadığı için kavramı tam manasıyla ifade edemez. Ayrıntılı tanımdan ziyade ruhsal yönden sağlıklı olan bireyin özelliklerini gelişimsel açıdan ele almak daha doğru olacaktır. Erikson, "psikososyal gelişim kuramında" sağlıklı gelişimin aşama ve özelliklerini sıralamıştır. "İnsanın Sekiz Evresi" kuramına göre; çocukluğun ilk iki döneminde edinilen temel güven ve özerklik duyguları; oyun çocuğu ve ilkokul döneminde kazanılan girişim, becerme ve çalışma yetileri; ergenlik döneminde edinilen kimlik duygusu; olgunluk ve orta yaş çağında edinilen yakınlaşma, eşleşme ve üretkenlik duygusu ve son olarak yaşlılık çağında ulaşılan benlik bütünlüğü evreleridir (Öztürk ve Uluşahin, 2008, s. 130-131).

Psikanalizm anlayışına göre; ruh sağlığı, id/süperego dengesinin ego hakemliğinde sağlanmasıdır. Hümanizme göre, insan doğuştan iyi, doğru amaca yönelmiş, özgür, değerli bir varlıktır. Hayatın gayesi kendini gerçekleştirme, sınırlarını keşfetme ve yaşamı anlamlandırma çabasıdır. Bu hâl ruh sağlığı belirtisi, tersi ise bozulmasına işarettir. Varoluşçu yaklaşıma göre, ruh sağlığı yerinde insan yaşamın hiçliğini fark edebilen, ölümle de barışık olması gerektiğini bilendir (Yapıcı ve Yapıcı, 2004).

DSÖ ruh sağlığını, bireyin kendi yetilerinin farkına vardığı, günlük yaşamın stresiyle baş edebildiği, üretken/verimli çalışmalar yapabildiği, içinde bulunduğu topluma uyum içerisinde çeşitli katkılarda bulunabildiği bir iyilik hâli olarak tanımlar (WHO, 2005, s. 2). Ruh sağlığı yerinde olan kişi sadece psikiyatrik hastalığı bulunmayan değil; çevresiyle uyum içinde, kendini geliştirebilen, yaşadığı topluma katkıda bulunabilendir. Yalnızca bireyi değil etkileşim içerisinde olunan kişi, kurum ve toplumu etkiler; yaşam kalitesinin geliştirilmesine katkı yapar.

Norman Sartorius, ruh sağlığı programlarının psikiyatriden farklı olduğunun altını çizmiştir. Psikiyatri akıl hastalıklarının önlenmesi, tanısı ve tedavisi ile uğraşır; bunu da klinik ortamda tek tek hastalarla ve onların en yakın çevreleri ile ilgilenerek yapar. Ruh sağlığı programları ise psikiyatrik bozuklukların toplum içinde azaltmanın yolları ve araçlarına odaklanır (Özdemir, 1998, s. 40).

Psikiyatri tıbbın başlıca ilgi alanı, beyin hastalıkları olan bir dalıdır. İnsanın zihni/hissi yapısı ve davranışlarında, çevreye uyumunda görülen sorunların incelenmesi, tanımlanması, sağaltımı ve önlenmesi ile uğraşır. Psikiyatrinin dinamik, davranışçı, biyolojik yaklaşımları, psikofizyolojı, psikofarmokolojı, psiko/nöro/kimya, psikanaliz, psikoterapi, adli psikiyatri, çocuk ve ergen psikiyatrisi, geriatrik psikiyatri, sosyal psikiyatri gibi yan dalları vardır. Genetik, biyokimya, farmakoloji gibi temel tıp bilimleri ile yakın ilişki içindedir ve psikanaliz, psikoloji, klinik psikoloji, sosyal psikoloji, sosyal antropoloji, sosyoloji gibi davranış bilimlerinden de yararlanır (Demir, 2012, s. 14; Öztürk ve Uluşahin, 2008, s. 1).

PSİKİYATRİ TARİHİ

Batı Toplumlarında Psikiyatrinin Tarihçesi

Tarihî süreçte evvela tarih öncesi ve ilkel kültürler ele alınmalıdır. Ruh hastalıklarının tedavisine ilişkin elde edilen bulgular oldukça ilginçtir. 12.000 yıl önce gerçekleşmiş trepanasyon uygulamalarına rastlanmıştır. Bu uygulamaların üç nedenle gerçekleştirildiği düşünülmektedir; ilki kafa travması/yaralanması tedavisi için; ikincisi daimî başağrısına son vermek için; üçüncü ise epilepsi tedavisi için. Taştan tıbbi gereçlerle kafatasında yuvarlak bir delik açılarak rahatsızlık yaratan kötü ruhun çıkması beklenmiştir (Babaoğlu, 2002, s. 12-15; Geçtan, 2015, s. 35).

İlk çağ; hastalıkların doğaüstü güçlere bağlandığı, animistik düşüncenin egemen olduğu ve eski Yunan/Roma dönemine dek uzanır. Hastalıklar; ruhlar, cinler, doğaüstü zararlı güçler ve tanrılara bağlanmıştır. Tedavi ise ruhbanlar, büyücü hekimler ve şamanlar tarafından çeşitli ritüeller, danslar, garip hareketler, ruhları saklayan eşyanın yok edilmesi, zararlı ruhların kovulması ile gerçekleştirilmeye çalışılmıştır (Öztürk ve Uluşahin, 2008, s. 1-2).

Eski çağlarda özellikle Antik Yunan'da Perikles döneminde, psikiyatrik bozuklukların teşhisi/tedavisinde önemli aşamalar kat edildiği; hatta günümüze yakın görüşlerin olduğu gözlemlenir.

Modern tıbbın babası olarak anılan Hipokrat (MÖ 460-357), insan bedeninin tanrıların gazabına uğradığına inanmadığını açıklamış, psikiyatrik bozuklukların da diğer bedensel hastalıklar gibi doğal nedenlerle oluştuğu ve tedavi edilmesi gerektiğini savunmuştur. Mani, melankoli, bunama gibi tabloları tarif etmiş, kutsal bir hastalık olarak bilinen epilepsinin beyinle ilgisi üzerinde durmuş, insan mizaçlarını tasnif etmiştir. Hipokrat ve onu takip edenler, Orta Çağ'a dek; gizemci/büyüsel düşünce ve buna dayalı hastalık anlayışı ve sağaltım yöntemlerinin egemenliğini sarsmıştır (Songar, 1977, s. 2; Geçtan, 2015, s. 36).

Eflatun ise (MÖ 427-347) akıl hastalıklarını mantıklı düşüncenin ilkel ruh üzerindeki egemenliğini kaybetmesine bağlar. İlkel ruh kavramı bugün bilinç dışına, mantıklı düşünce kavramı ise bilinçliliğe karşılık gelmektedir. Aynı dönemlerde yaşayan Aristo (MÖ 384-322), istek, öfke, korku, cesaret, kıskanma, hoşlanma, iğrenme ve merhamet gibi kavramları değerlendirir. Ampirist bir açıdan gizemli hareketleri ve hezeyanları, ruhsal bozukluğu iyileştirebilecek olan ritüel olgular olarak ele alır. Aesclapiades, Cicero, Celsus, Soranus, Aretaeus gibiler psikiyatrik bozuklukların doğal açıklamalarına katkı sağlamış; gizemci/büyüsel düşünceyi geçersiz kılmaya çalışmışlardır. Hipokrat ve Eflatun'un görüşlerini geliştirip depresyonun kara safra fazlalığından olduğunu düşünen Galen'e (MS: 130-200) kadar ruh hastaları bir dereceye kadar insancıl muamele görmüştür. Roma İmparatorluğu'nun yıkılması ve klasik medeniyetin çöküşü ile Batı'yı saran karanlık, psikiyatri alanını da etkilemiş, engizisyon ile sembolleşen zulüm devri ruh hastalarını, meydanlarda diri diri yaktırmıştır (Songar, 1977, s. 2; Yüksel, 2006, s. 1-2; Öztürk ve Uluşahin, 2008, s. 3).

Batı'da "Karanlık Çağ" şeklinde nitelenen Orta Çağ'da, tıbbi tedavi uygulayan hekimlerin sayısı oldukça azalmış; ilaç yerine ilahiler, şerbetler, yıldız falları ve muskalarla tedavi uygulanmıştır. Psikiyatrik hastalıkların tedavisi rahiplere bırakılmış; hastalar manastırlarda korunmuştur. Çağın başlangıcında, bakımı güç olmayan hastalara insanca davranılmış, tedavide dua, kutsal su ve yağ, papazların soluğu ya da tükürüğü kullanılmış, kutsal yerlere geziler düzenlenmiş ve aşırı olmayan bazı şeytan kaçırtma yöntemleri uygulanmıştır. Zamanla psikiyatrik hastalıkların nedenleri arasında "şeytan gururu" daha da öne çıkınca ağırlık şeytan kaçırtma yöntemlerine verilmiştir. Tedavi ise bu gurura öldürücü darbe vurmak gayesiyle şeytana ve tutsakladığı kişiye kaba/ayıp sözler haykırma, uzun küfürler etme şeklindedir. Akıl hastası, cüzzamlı, vebalı vb. durumdakiler dilenciliğe mahkûm edilmiş; halk tarafından, kentten kente, köyden köye sürülmüştür. Hatta tüm "deliler" bir gemiye bindirilerek nehirlerde akıntıya dahi bırakılmıştır. Orta Çağ sonlarında şiddet daha artmış şeytanın yakaladığı bir büyücü olarak kabul edildiklerinden meydanlarda toplanan halk, bu bireylere türlü işkenceler etmiş; çoğu kez diri diri yakmıştır (Babaoğlu, 2002, s. 68; Öztürk ve Uluşahin, 2008, s. 3-4; Geçtan, 2015, s. 38-39).

13. yüzyıl, Erken Rönesans olarak nitelenen Aydınlanma Çağı'nın başlangıcında; insan doğası daha doğru/gerçekçi ele alınmış, modern bilimlerin temel kavramları ifade bulmaya başlamıştır. Rönesansla birlikte sanatta, kültürde gücünü dinden alan otokratik/feodal kuruluşların egemenliği giderek zayıflamıştır. Dante, Erasmus gibi düşünürlerin varlığı, basımevinin keşfi, Martin Luther'in ve onu izleyenlerin; başka düşün adamlarının Papa'ya ve dogmatik dine başkaldırmaları ile sanatta, felsefede, bilimsel düşüncede kültürel devrim başlamıştır. Ancak bu ruh hastalıklarını anlama konusuna pek fazla yansımamıştır. 1487'de yazılan *Cadı Çekici* isimli kitap, "cadılık davaları"nı başlatmıştır. Psikiyatrik bozuklukların belirtileri, bedene girmiş olan satanik güçlerin eseri/cadılık olarak değerlendirilmiş; şeytanla kişinin kurmuş olduğu anlaşmanın bozulması için her türlü işkence yöntemi desteklenmiş; hatta ceza olarak ateşte yakılma yargısını getirmiştir. "Cadı davası" kurbanlarının ekserisi psikotik hastalar, epilektikler ve histrionik bozukluğa sahip hastalardır. 16. ve 17. yüzyıldan sonra tıp alanında kan dolaşımı, insan anatomisi/fizyolojisi üzerinde çalışılmış, büyük değişime yol açacak buluşlar olmuştur. İnsanlık dışı pek çok fecaat da sona ermiştir (Babaoğlu, 2002, s. 69-82; Öztürk ve Uluşahin, 2008, s. 4-5).

Artık 17. yüzyılda önceden manastıra/zindana kapatılan hastalar hastane benzeri tedavi kurumlarında barındırılmaya başlamıştır. Gerçi bunların çoğu hapishanelerin biraz onarılmış biçiminden ibarettir ve hastaya insanca yaklaşımdan hâlâ uzaktır. 1547'de Londra'daki Betlehem Manastırı bir hastaneye dönüştürülmüş ve "Bedlam" olarak kısaltılan bu kurumda, taşkın davranışlar gösteren hastalar bir peni karşılığında halka gösterilmiş, zararsız hastalar ise Londra sokaklarında dilenmeye sevk edilmiştir. Avrupa ve Amerika'da da benzeri yapılanmalar bunu izlemiş ve 19. yüzyıl ortalarına dek hastalara insanlık dışı muamele devam etmiştir (Geçtan, 2015, s. 40).

Orta Çağ'ın kapanması ve psikiyatri hastalıklarını katı, dogmatik yarı/dinsel inançlarla açıklayan görüş ve fiillerin son bulmasıyla gelişen "bilimsel çalışma dönemi"nden psikiyatri alanı da etkilenmiştir. 18. yüzyıl sonlarında başlatılan ilk insancıl yaklaşım ve reform hareketi dikkat çekicidir. 'Psikiyatri hastalarını zincirden kurtaran hekim' olarak bilinen Philippe Pinel, *Traitement Moral* adlı yapıtı ile planlı psikoterapinin ilkelerini belirlemiştir. Bu insancıl akım, Avrupa'ya, ABD'ye yayılmış; hastane ve bakım evlerinde sağaltım verme görüşü uygulamaya konulmuştur. İngiltere'de William Tuke, ABD'de Benjamin Rush, çağdaş psikiyatrinin öncüleridir (Öztürk ve Uluşahin, 2008, s. 6). Psikiyatrik bozukluk tabloları tıbbi yaklaşımla ele alınmış, tedavi için yeni yöntemler geliştirilmiştir. Pinel "Mani"yi, Esquirol ise "Melankoli"yi; Baillarger "Bipolar"ı; Lasegue, "Halüsinasyonlar, halüsinatuar hezeyanlar"ı; Serieux-Capgras "İlişki hezeyanı"nı; Falret-Arnaud "İzlenme ve ilişki hezeyanı"nı; Delasiau, "Duygu küntleşmesi"ni; Pierre Janet ve Babinsk, "Nörozlar"ı ayrıntılı tanımlamıştır. Babinski, psikoterapi yöntemlerine ışık tutan "Telkin fenomeni"ni; 1822'de "Progresif paralizi"yi bulan Bayle, "Organik psikozları" incelemiş; Griesinger ve Broca ile Wernicke, afazi çalışmaları gerçekleştirmiştir. Böylece bu ve benzeri çalışmalarla bir disipline dönüşen psikiyatri; kendi kuram ve yöntemlerini oluşturmaya başlamıştır (Babaoğlu, 2002, s. 95-96).

19. yüzyılda Fransız ve Alman ruh hekimleri önemli aşama kaydetmiştir. Fransa'da Esquirol, Morel, Magnan ve yüzyılın so-

nuna doğru Liebault, Bernheim, Charcot ve daha sonra Piere Janet; Almanya, Avusturya ve İsviçre'de de 19. yüzyılın başından sonuna doğru Griesinger, Meynert, Hecker, Kahlbaum, Kraepelin, Breuer, Freud, Bleuler, Jung ve Adler çağdaş psikiyatriyi yapılandırmıştır. Kraepelin, hastalıkların tasnifine/tanımlamasına günümüzü de etkiliyen katkılarla, psikiyatrik tanıbilimini (nozoloji) karmaşıklıktan arındırmıştır. Tüm psikiyatrik hastalıkları on üç grupta toplamış ve organik bir nedene bağlı olmayan hastalık grubunu "Affektif komponenti olan hastalıklar" ve "Affektif komponenti olmayan hastalıklar" olarak ayırmıştır. İlkinin "Manik-depresif psikoz" belirtileri olduğunu öne sürmüştür. Hastalar sürekli üzüntülü, kederli ya da öforik, aşırı hareketliyseler manik/depresif olarak tasnif edilmiş eğer affektif bir öge bulunmuyorsa "Dementia praecox" sayılmıştır. Günümüzde psikiyatrik tasnifin zeminin oluşturan "dikotomi" basitleşse de hâlâ etkindir. Nitekim, klinisyenlere dil birliği oluşturma gayesiyle Amerikan Psikiyatri Birliği tarafından yayımlanan *Psikiyatrik Bozuklukların Tanısal ve İstatistiksel El Kitabı DSM*'nin ilk sürümünden, *DSM-IV*'e kadar, klasik dikotomik görüş öz olarak korunmuştur (Babaoğlu, 2002, s. 131; Bonkalo, 1956, s. 835; Öztürk ve Uluşahin, 2008, s. 5; Altınbaş vd., 2011, s. 322).

Bleuler, Dementia praecox adı verilen hastalığı "şizofreni" olarak tanımlayıp ayrıntılı sınıflandırmıştır. 19. yüzyılda ruh hekimlerince ve 18. yüzyıl sonunda ise Anton Mesmer tarafından keşfedilen "hipnoz ve hayvan manyetizması" ele alınmıştır. Charcot'un çalışmaları da dikkat çekicidir (Hochmann, 2013, s. 52-55). 19. yüzyılın sonunda psikanaliz kuramı ile Freud, dönemi şekillendirici rol oynamıştır. Psikanaliz psikiyatri ve psikolojiye, bilinç, bilinç dışı, dürtü, id, ego, süperego, psikoseksüel gelişme, çatışma ve savunmalar üzerindeki kuramları ve sağaltım yöntemi ile ilgili yeni kavramlar, araştırma ve uygulama alanları kazandırmıştır. Freud'la aynı çağda yaşayan Ivan Petroviç Pavlov, "koşullu tepki ve öğrenme ilkeleri kuramları"nı oluşturmuş, psikoloji ve psikiyatriye ayrı bir boyut olarak "davranışçı okul"u kazandırmıştır. 20. yüzyılın ilk yarısında ABD'de Adolf Meyer, Hary Stack Sullivan, Karen Horney; İngiltere'de Aubrey Lewis, Fransa'da Jean Delay, Paul Denniker; Almanya'da Kurt Schneider, İsviçre'de Sigmund Freud, Eugene Bleuler, Carl Gustav Jung, Jean Piaget gibi nice araştırıcı psikiyatrinin bugüne ulaşmasında emek vermişlerdir. 20. yüzyılın ikinci yarısında da "Psikofarmakoloji" gelişmiş; 'depo hastaneleri kapatılmış'; DSM ve ICD gibi ortak tanı ölçütleri yayınlanmış; 'Etik ilkeler' belirlenmiştir (Öztürk ve Uluşahin, 2008, s. 6-7; Akvardar vd., 2000; Demir, 2012, s. 7).

Türk Toplumlarında Psikiyatri Tarihi

Türk toplumu psikiyatri tarihini; "İslam öncesi, Selçuklu dönemine kadar ve Selçuklu/Osmanlı'dan günümüze" olmak üzere ele almak mümkündür.

İslam Öncesi Türk Toplumları

Orta Asya'da pek çok devlet kuran ve medeniyet oluşturan Türk kavimlerinin bir kısmında hastalıkların tedavisinde Şamanizm inancının etkisi görülür. Bu dönemde tedavi ile uğraşanlar "Kam" bazen "Baksı" denilen dinsel ayinleri de yöneten şamanlardır. İnanca göre bunlar; Tanrılarla/ruhlarla insanlar arasında bağlantı kurar; insanı kötü ruhları barındıran Yeraltı Tanrısının etkisinden alıp Gök Tanrısının etkisi alanına sokar ve şifa dağıtırlar. Kötü ruh, cin ya da şeytan etkisiyle hastanın bedenini terk eden iyi ruhların geri dönmesi için tef çalıp, dans eder, ilahiler okur, bitki tozlarını ateşte yakıp tütsüleyerek Gök Tanrı'ya yalvarırlar (Köknel, 1998, s. 25-26).

İslamiyet öncesi ve sonrası kaynaklarda "otacı" adı verilen ve bitkilerle tedavi eden kişilere de rastlanır. Kaşgarlı Mahmud'un *Divanü Lügati't-Türk*'ünde ve XI. yüzyılda Yusuf Has Hacip'in *Kutadgu Bilig* adlı eserinde "otacıların" bitkilerle tedavi ettikleri; hastanın nabzına baktıkları, hastalıkları birbirlerine danıştıkları ve doğaüstü güç arayışına girmedikleri görülür. Bunların karşısında yer alan "efsuncu/mu'azzim"ler ise cinleri kovarak tedavi ararlar. Psikiyatrik ve nörolojik hastalıkların sebebi bu dönemlerde daha çok cinlere bağlanmıştır (Kutadgu Bilig, 3873. Beyit ve 4361-4365. Beyitler; Sarı ve Akgün, 2008, s. 2-3; Dağı, 2017, s. 252).

İslam Toplumlarında Psikiyatri Tarihi

Kur'an ve hayata geçirilmesi anlamında Sünnet'e dayalı uygulamada, zihinsel yetersizliği olan bireyler toplumsal yaşamın dışına itilmek bir yana bazı ayrıcalıklar tanınarak sosyal katılımları sağlanmıştır. İslami öğretiye göre şirk hariç tüm günahlar Yaratan tarafından tevbesiz bile affedilebilir. Ama kul hakkı için ancak mağdurun gönül rızası şart görülmüştür (Aksoy, 2014, s. 103-104). Bunun kültüre yansıması Osmanlı devletinde devrin Şeyhü'l-İslam'ı Ebu Suud Efendinin Kanuni Sultan Süleyman'ın sualine karşılık yazdığı şiirin "Hakk'ın divanında alır, hakk'ın karınca" dizesinde yerini bulur. Zihinsel yetersizliği dolayısıyla "Allah emaneti" bilinen bireyin sosyoekonomik haklarının korunup kollanması sağlanmıştır.

Râşit, Halifeler ile Emevî ve Abbâsî döneminde muhakeme yeteneği gelişmemiş, reşit olmayan; aklını gereği/yeteri miktar kullanamayan bireyler vesayet altına alınmıştır. Hz. Ömer (ö. 23/644), kimsesiz/fakir çocuklar yararına bütçesi devletçe karşılanmak üzere, günümüze temel teşkil edecek bir sosyal sigorta kurumu oluşturmuş; defterlere işletmiş, hiç kimsenin maddi imkânına bakmadan bütçeden eşit miktarda maaş bağlamıştır. Bu hizmet, gayr-i Müslimleri de kapsamıştır. Zekât dağılımında çalışamayacak durumda olan özürlüler, sakatlananlar, harp malülleri, yolcular, kimsesizler ve borçlular dikkate alınmıştır (Özer, 2015, s. 55-63).

Zihinsel yetersizlik kişiye özel fıtri/daimî hâl sayılır. Bunu belirleme de toplumsal uyum becerileri esas alınmış ve değerlendirme bir kere ile sınırlanmamıştır. Yani ortadan kalkma ihtimali göz ardı edilmemiştir. Vesayet altına alınma, kurala bağlanıp ihmal/istismar önlenmiştir. Bu kişiler toplum dışına itilmemiş diğer bireylerin sahip olduğu sosyal haklardan mahrum bırakılmamış; özel düzenlemelerle bazı ayrıcalıklar tanınarak, bunların kullanımının önü açılmış, sosyal katılımları sağlanmıştır. Aksi bir durum ise kul hakkının ihlali sayılmıştır. İlk dar'ül-şifa 707'de Emevi halifesi Abdülmelik tarafından Şam'da; tam teşekküllü ilk hastane, 800'de Abbasi halifesi Harun Reşid tarafından Bağdat'ta kurulmuştur. 10. yüzyılda İslam dünyasında kurulan en ünlü hastane Bağdat'ta Büveyhi Emiri Adudüddevle tarafından 981'de yaptırılan Bimaristan-i Adudi'dir. Hz. Muhammed'in sağlıkla ilgili öğütlerini içeren ve "*Tıbbi Nebevi*" hadis külliyatı da anlayışı şekillendirmiş; her hastalığın bir çaresi/ilacı olduğu düşünülmüştür. Akıl hastalıkları sınıflandırılmış, bazılarında şok tedavisi benzeri uygulama yapılmıştır. Bağdat, Kahire, Şam, Edirne, İstanbul gibi ticaret ve bilim merkezlerinde akıl hastalarının ve zihinsel yetersizliği olan bireylerin bakıldığı hastaneler/kurumlar kurulmuş; giderleri devlet tarafından karşılanmıştır. Devlet başkanı başta görevlilerin kontrol amaçlı geldikleri bu yerlere aileleri diledikleri zaman ziyaret yapabilmiştir. Tedavide şifalı otlar, müzik kullanılmış; alınan gıdaya önem verilmiştir. Cezai ehliyetlerinin olmaması idam ve hapis gibi benzeri cezalardan muaf tutulmalarını sağlasa da mallarından kan parası ödenmesi, oluşan zararın vasisine yüklenmesi gibi uygulamalarla mağdurların adalet beklentisi korunmuştur. Kamusal yükümlülükten muaf sayılmış ama kamusal hakların birçoğundan (evlenme, boşanma, mülk edinme, ekonomik etkinliklerde bulunma vb.) diğer bireyler gibi faydalanmaları sağlanmış, pozitif ayrımcılık yapılmıştır (Aksoy, 2014, s. 103-110).

Selçuklu-Osmanlı Döneminden Günümüze

13. yüzyıl sonrası İslam diniyle tanışan Türkler, bu dönemde Hipokrat, Galen gibi Antik Çağ hekimlerinin Arapçaya çevrilen tıp kitaplarından etkilenmiştir. 11. yüzyılda tıbbi olmanın yanı sıra bir ruh hekimi olarakta tanınan İbn-i Sina önemli hamleler yapmıştır. İbn-i Sina'ya göre, insanda ruh ve beden olarak iki cevher vardır; kendi yetileri ile hayati fonksiyonları görüp; bedeni koruyan ve dış etkilerden saklayan esas yapı/öz ruh terkedince diğeri canlı olmaktan çıkar, ceset olur (Ülken, 1967, s. 94-99; Hopaç, 2014, s. 386-387). İbn-i Sina, *Kanun* adlı eserinde ruhun niteliklerini sıralar. *Bitkisel ruh* beslenme ve üreme, *hayvansal ruh* algılama ve hareket; *insani ruh* ise idealler ve ahlaki değerleri kapsar. Ruhi bozuklukları ise on beş gruba toplamıştır ki içlerinde sarı safranın etkisiyle beyin dokusunda/zarlarında ortaya çıkan "Frenitis" denilen

ateşli akıl hastalıkları; beyinde, orta/yan karıncıkların dokusunda değişme sonucu ortaya çıkan algı, bellek, düşünce bozuklukları; kara safranın neden olduğu melankoli gibi hastalıklar vardır (Demir, 2012, s. 9-10; Köknel, 1998, s. 102-103).

Orta Çağ Avrupa'sında psikiyatri hastalarına işkence edilip, hastalar büyücü zannıyla diri diri yakılırken, Müslüman topluluklar, bu hastalara anlayış/hoşgörü ve merhamet göstermiştir. İslami öğretiye göre psikiyatri hastaları günahkâr olmayan "Allah'ın adamı, Allah'lıktır." İmtihan ve ibret dünyasında Tanrısal bir emanet bilinip şefkat gösterilmiştir. Bırak işkenceyi/katliamı; insan izzeti nefsini zedeleyecek muamele görmemişlerdir. Anadolu Selçukluları, ruh hastalarının tedavi ve bakımına tahsisli hastane/köyler oluşturmuştur. Bunun yanında bir nevi dinî/sosyal kuruluş sayılabilecek tekkelerde ruh hastalarının tedavisinde hayli yol alınmıştır. Tekke şeyhlerinin ruh hastalarının tedavisi için uğraştıkları hatta bazı ailelerin nesiller boyunca bu işi kendilerine vazife edindikleri bilinmektedir. Hastalardan hiçbir ücret talep edilmediği gibi devlet tedavi işiyle iştigal edenleri her türlü vergiden muaf tutmuştur (Songar, 1977, s. 2-4). 1154 yılında faaliyete geçen "Nureddin Hastanesi" gibi şifahalerin bir kısmı akıl hastalarına ayrılmıştır. Darüşşifalar/tıp medreseleri arasında en seçkini Kayseri Gevher Nesibe Tıp Medresesi ve Maristanı 1206'da Gıyaseddin Keyhüsrev tarafından yaptırılmıştır. Yapı iki blok olup batısı şifahane, doğusu medresedir. Tıp tahsili de yapılan şifahanenin batısında, akıl hastalarının tedavi edildiği, bimarhane olduğu düşünülen bölümde müzikle su sesi musiki ve telkinle tedavi denemeleri yapılmıştır (Erer ve Atıcı, 2010, s. 30-31; Gençel, 2006, s. 699; Kılıç, 2012, s. 81-92). Sivas ve Erzurum'daki şifahaneler de bu bakımdan ünlüdür. Ruh hastaları toplum dışına itilmeden, hapsedilip kötü muameleye maruz kalmadan tedavi görmüştür. Bu sebeple şifahaneler batıdaki uygulamanın aksine genellikle kente uzak olan yerlere değil şehrin merkezine kurulmuşlardır (Öztürk ve Uluşahin, 2011, s. 8).

Osmanlı döneminde bu gelenek sürdürülmüştür. Şifahaneler, bimarhaneler ve tımarhaneler kent merkezlerine, sosyal, ekonomik, kültürel ve dinsel etkileşimin en yoğun olduğu noktada camimedrese-hastane kompleksi içinde yer almıştır. 1400 yılında ilk açılan Bursa Yıldırım Darüşşifasında akıl hastalarının da tedavi edildiği bilinmektedir. İstanbul'un fethi sonrası Fatih Sultan Mehmet, 1470'te Fatih Külliyesini yaptırmıştır. Ortada cami, etrafında ise medreseler, tabhane, imaret, kervansaray, türbeler, kütüphane, mektep ve darüşşifa bulunmaktadır. Günümüze ulaşamayan bu darüşşifada, Evliya Çelebi'ye göre, 70 oda, 80 kubbe, 200 hastabakıcı ve bir başhekim vardır; hastalar bıldırcın ve sülün gibi av etleri ile beslenir; hanende ve sazendeler ile eğlendirilir. Tarih boyu padişahlar/sultanlar türlü bimarhaneler yaptırmıştır. Bunlar Edirne'de (1488) kurulan II. Bayezid Darüşşifası, Kanuni Sultan Süleyman'ın eşi Hürrem Sultan tarafından 1539 yılında yaptırılan Haseki Darüşşifası, Kanuni Sultan Süleyman tarafından 1559 yılında yaptırılan Süleymaniye Darüşşifası ve Tıp Medresesi ve Nurbanu Sultan tarafından 1583 yılında yaptırılan Atik Valide Darüşşifası'dır. II. Beyazid ve Süleymaniye Darüşşifalarında akıl hastalıklarından ve onlarla ilgili koşullardan ayrıca söz edilmektedir. Sultan II. Bayezid tarafından yaptırılan ve 1488 yılında hayata geçirilen II. Bayezid Külliyesi dönemin en önemli sağlık, sosyal, eğitim ve dinî kurumları arasındadır. Cami, medrese, tabhane, imaret, çifte hamam, değirmen, köprü, sıbyan mektebi ve mehterhane birimlerinden oluşan bu kompleksin önemli bölümü ise bu tür hastaların musiki ile tedavi edildiği darüşşifasıdır (Evliya Çelebi, 2011, 1/152; Kılıç, 2012; Sarı ve Akgün, 2008, s. 8-9; Şengül, 2008, s. 94).

Evliya Çelebi bu hususu şöyle ifade eder (Evliya Çelebi, 2011, 3/263-264):

> *"Merhum ve mağfur Beyazid Veli Hazretleri Vakfiyesinde, hastalara deva, dertlere şifa, divanelerin ruhuna gıda ve def-i sevda olmak üzere on adet hanende ve sazende gulam tayin etmiş ki, üçü hanende, biri neyzen, biri kemancı, biri musikarcı, biri santurcu, biri çengi, biri çenk santurcu, biri udcu olur, haftada üç kez gelerek hastalara ve delilere musiki faslı ederler. Allahın emriyle, nicesi saz sesinden hoşlanır ve rahat ederler. Doğrusu musiki ilminde neva, rast, dügâh, segâh, çargâh, suzinak makamları onlara mahsustur. Ama zegule makamı ile buselik makamında rast karar kılsa insana hayat verir. Bütün saz ve makamlarda ruha gıda vardır."*

Bu darüşşifa akıl hastalarına yönelik müzikle tedavinin yapıldığı tarihteki en önemli kurum olmuştur. Hastanenin yapımında müzik sahnesi düşünülmüş ve ortamın akustiğine de büyük önem verilmiştir. Ayrıca su sesi de tedavinin bir parçası hâline getirilmiştir (Şengül, 2008, s. 117).

Atik Valide Darüşşifası (Toptaşı Bimarhanesi), çok uzun yıllar tek akıl hastalıkları kuruluşu olarak hizmet vermiş ve Cumhuriyet'in devrinde Bakırköy'e nakledilmiş ve 1927'de kapatılmıştır. Bugünkü Bakırköy Ruh ve Sinir Hastalıkları Hastanesi bu bimarhanenin devamı olarak kurulmuştur. Manisa ve Elazığ'da bir kısmı kronik hastalara ayrılan birer akıl hastanesi açılmıştır. 1960'lardan sonra genel bir ruh sağlığı programı içinde Samsun'da, Ankara'da Ruh Sağlığı Merkez'leri kurulmuş ve Bakırköy Akıl Hastanesinin adı Marmara Ruh Sağlığı Merkezi olarak değiştirilmiştir. Bunun sebebi depo hastanelerini ortadan kaldırmak ve açık kapı ilkesini benimsemiş, uğraşı tedavisine de yönelen ve ruh hastalarına yönelik insancıl bir yaklaşımı amaç edinen tedavi kurumlarının başlatılmasıdır. Türkiye'de, 19. yüzyıl sonunda, çağdaş eğitim görmüş ilk ruh hekimi 1898'de Gülhane Askerî Tıp Okulunda psikiyatri derslerini başlatan Raşit Tahsin'dir. Onu izleyen Mazhar Osman, Türk psikiyatrisinin kurucusu olarak bilinir. Gülhane'den İstanbul Tıp Fakültesine geçen ve o dönem baştabipliğini yaptığı Toptaşı Bimarhane'sini 1927'de Bakırköy'e taşıyan Mazhar Osman efsane hâline gelmiştir. Mazhar Osman'ı Gülhane'de Nazım Şakir, üniversitede İhsan Şükrü Aksel ve Fahrettin Kerim Gökay izlemişlerdir ve başarılı bir eğitim ve araştırma çabası ile Türk psikiyatrisinin bilimsel düzeyini yükseltmişlerdir. Yirminci yüzyılın ilk yarısında Türk psikiyatrisinin temsilcileri olan bu hekimler, Türkiye'de Kraepelin okuluna göre çalışmışlar, eğitim yapmışlardır. 1946'da Ankara Üniversitesi Tıp Fakültesi Psikiyatri kliniği yöneticiliğine atanan Prof. Dr. Rasim Adasal Türk psikiyatrisinin en "doğurgan" kitap yazarıdır. Rasim Adasal, yazdığı kitaplarda ruh hekimliğinin toplumsal yönlerine de önem vermiş ve psikanalizden doğan dinamik psikiyatrinin Türkiye'de tanınmasında ve gelişmesinde öncü olmuştur. Bunun yanında ruh hastalıklarında rehabilitasyon ve meşguliyetle tedavi metodunun gerçekleştirilmesine sebep olan Dr. Faruk Bayülkem de Türk Psikiyatrisinde önemli isimler arasında yer almaktadır (Öztürk, 1983, s. 19-20; Songar, 1977, s. 6; Öztürk ve Uluşahin, 2011, s. 8).

Şu an toplam yatak sayısı 3932 olan; İstanbul Bakırköy, İstanbul Erenköy, Manisa, Bolu, Samsun, Adana, Elâzığ ve Trabzon Ataköy Ruh Sağlığı ve Hastalıkları Hastaneleri olmak üzere sekiz bölge hastanesi vardır. Buna genel, özel ve üniversite hastaneleri de eklenirse yatak sayısı 7356'dır (T.C. Sağlık Bakanlığı, 2011a, s. 7-9).

BÖLÜM 2

RUH SAĞLIĞI POLİTİKALARI VE HİZMET MODELLERİ

DÜNYADA UYGULANAN POLİTİKALAR

DSÖ, 1977 yılında Cenevre'de yapılan Dünya Sağlık Asamblesi'nde "2000 yılında herkes için sağlık" olarak bilinen hareketi başlatmıştır. 1978 yılında Alma-Ata'da yapılan Uluslararası Sağlık Konferans'ı sağlık politikası belirlemede hayli belirleyici olmuştur. Birinci basamak sağlık hizmetlerinin "Sağlıklı Toplum" oluşumunda oynadığı rolün altı çizilmiştir. Yalnızca hastalık/sakatlık olmayışı değil; fiziksel, ruhsal ve sosyal iyilik hâli olan sağlık, temel insan hakkıdır ve en iyi seviyede tutulması küresel çapta mühim bir sosyal amaçtır. Herkes için sağlık kavramının benimsenmesinden sonra DSÖ-Avrupa Bölge Ofisi 1980'de Avrupa için politikaları belirlemiş ve 1984'de "Herkes için Sağlık Hedefleri" yayımlanmıştır. Lizbon'da 1991'de toplanan Bölge Komitesi bu hedefleri yeniden gözden geçirerek güncellemiştir. 1998'de Kopenhag'da yapılan 48. Avrupa Bölge Komitesi toplantısında "herkes için sağlık" yaklaşımı olgunlaştırılarak "Sağlık 21" başlığıyla 21'inci yüzyıl için sağlık alanında 21 hedef belirlenmiştir. Sağlıkta dayanışma, hakkaniyet, yaşama sağlıklı başlanması, gençlerin sağlığı, yaşlıların sağlığı başlıklarından sonra 6. hedef ruh sağlığının geliştirilmesi olarak belirlenmiştir (WHO, 1978, s. 1; T. C. Sağlık Bakanlığı, 2011a, s. 2).

"Ruh sağlığının geliştirilmesi" 2020 yılına kadar, "Psikososyal iyilik hâlinin geliştirilmesi"; "ruh sağlığı sorunu yaşayanların ulaşabileceği daha kapsamlı hizmetler oluşturulması" olarak görülmüştür. Ayrıca sağlığı kötü yönde etkileyen ruh sağlığı sorunlarının prevalansının azaltılması; stresli yaşam olayları ile başa çıkabilme yeteneğinin arttırılması ile hâlen yüksek intihar hızlarına sahip olan ülkelerde ve nüfus gruplarında belirgin azalmalar sağlanarak bunun en az üçte bir azaltılması yönünde alt hedefler oluşturulmuştur (WHO Europe, 1998, s. 17).

DSÖ'ye göre, ülkelerin ruh sağlığı politika metinleri olması, yeterli/kaliteli hizmet sunulabilmesi için ana ve güçlü araçtır. Bunun gereği ve önemi yaygın kabul görmüş ama maalesef DSÖ 2001 verilerine göre, ülkelerin %40'ından fazlasının hiçbir ruh sağlığı politikası; %90'ından fazlasının çocuk/ergeni içeren herhangi bir ruh sağlığı politikası; hatta %30'undan fazlasının ise herhangi bir ruh sağlığı programı dahi yoktur (WHO, 2001, s. 3). DSÖ tarafından hazırlanan 2014 Ruh Sağlığı Atlasına göre, kayıtlı 194 ülkenin 168'inin katılımıyla yapılan değerlendirmede ülkelerin yalnızca %15'inin ugulamaya koyduğu mevcut bir politika/planı vardır. %61'inin mevcut bir politika/planı olmasına rağmen kısmen uygulanmakta; %14'ünün politika/planı var ama icraatı; %10'unun da ise hiçbiri yoktur. Avrupa'da her ülkenin politikası/planı vardır ama ülkelerin %31'inde politika/plan tamamen; %60'ında politika/plan bulunsa da kısmen uygulanmaktadır. %9'unda ise politika/plan var, icraat yoktur. Doğu Akdeniz %19'la en fazla politika/planı olmayan ve uygulamayan bölgedir (WHO, 2014, s. 24).

DSÖ'ye göre, küresel hastalık yükünün 2020 yılına kadar %15'e ulaşacağı tahmin edilmektedir. Psikiyatrik hastalıkların küresel maliyetinin 2010 yılında 2,5 trilyon dolar olduğu düşünülüyorken bu maliyetin 2030 yılında 6 trilyon dolara ulaşacağı düşünülmektedir. Bunun üçte ikisi dolaylı maliyet olup yalnızca üçte biri doğrudan maliyettir. Ekonomik maliyeti 2010/2030 arası en yüksek oranda artması beklenen hastalıklar arasında psikiyatrik hastalıklar, kardiyovasküler hastalıklardan sonra ikinci sırada yer almaktadır. Bu hastalıklar arasında ise engellilik açısından en yüksek küresel maliyeti unipolar depresyon, alkol kullanım bozukluğu ve şizofreni oluşturmaktadır (Bloom, vd., 2011, s. 9-32).

2017 yılı verilerine göre 792 milyon kişinin bir psikiyatrik hastalık pençesinde olduğu tahmin edilmektedir (https://ourworld indata.org/). Dünyada engelli yaşanan yılların başlıca sebeplerinden 6 tanesinden 4'ü "şizofreni, depresyon, alkol kullanım bozukluğu ve bipolar bozukluk" gibi nöropsikiyatrik hastalıklardır. 150 milyondan fazla depresyon; 25 milyon şizofreni hastası vardır. 90 milyondan fazla kişi alkol ve madde kullanımı bozukluğuna sahiptir. Her yıl yaklaşık bir milyon kişi intihar etmektedir (WHO, 2003, s. 8).

20. yüzyılın ikinci yarısından sonra ruh hastalıklarının oranının artması, insan haklarının daha çok gözetilmesi, hastanelerin aşırı kalabalık olması, hijyen koşullarının kötü olması ve aynı zamanda iş gücü oranının oldukça az olması ve hasta hakları ihlallerinin yaygın olarak görülmesi gibi nedenlerden dolayı özellikle Batı Avrupa psikiyatrik hizmetlerde kavramsal/yapısal, ciddi dönüşümler olmuştur. Hastaların toplum içinde tedavi edilmesi görüşü ağırlık kazanınca psikiyatri hastaneleri kapatılmıştır. Toplum ruh sağlığı modelleri geliştirilmiş ve psikiyatrik hastalığı olan bireylerin yaşam kalitelerinin yükseltilmesi hedeflenmiştir. Toplum ruh sağlığı modeli 1950 yıllarından itibaren başlayarak giderek yaygınlaşan bir uygulamaya dönüşmüştür. DSÖ 2014 Ruh Sağlığı Atlası'na göre örgüte üye 168 ülkenin katılımıyla yapılan değerlendirme sonucu, her 5 ülkenin 4'ünün toplum temelli hizmete geçiş politikaları teşvik edilmiştir (Saruç ve Kılıç, 2015, s. 54; Ulaş, 2008, s. 2).

Avrupa ülkelerindeki ruh sağlığı politikalarıyla ilgili değişim ilk olarak 1961'de İtalya'da "İtalyan Ruh Sağlığı Reformu" adıyla başlatılmıştır. Hastane merkezli hizmet anlayışından toplum psikiyatrisi modeline dönüşüm gerçekleşmiştir. Öncelikle büyük psikiyatri hastaneleri kapatılmış, genel hastaneler içinde 16 yataklı psikiyatri klinikleri açılmıştır. Ülke coğrafi alanlara bölünmüş ve yaklaşık 100 bin kişinin yaşadığı her bir bölgeye hizmet veren ruh sağlığı ekibi oluşturulmuştur. Her bölgede 16 yataklı psikiyatri kliniği, rehabilitasyon çalışmalarının yapıldığı toplum ruh sağlığı merkezleri ve apartman daireleri içinde yaklaşık 20 kişiye uzun süreli bakım verecek 3-4 ev oluşturulmuştur. Tüm finansman ise merkezi hükümet, belediyeler, sosyal güvenlik sistemi ve vakıflar üzerinden sağlanmıştır. Hasta haklarının korunması için ruh sağlığı yasası çıkarılmıştır (Yanık, 2007, s. 19).

İtalya'da ruh sağlığı uygulamaları tamamen toplum temelli ruh sağlığı sistemine göreyken İngiltere farklılaşmış, hastane ve toplum temelli sistem arasında denge kurmaya çalışmıştır (Yanık, 2007, s. 19-20). Rehabilitasyon hizmetlerinde reform hareketi 1950'lerde başlamış ama ruh hastalarıyla ilgili toplum temelli tedavi/bakım adımları ancak 1970'li yıllarda atılmıştır. 1983 Ruh Sağlığı Reformuyla toplum ruh sağlığı hizmetleri ilk biçimini almıştır. Hastalara sunulan tedavi olabildiğince hastane dışına taşınmış; 1995 yılına kadar tüm depo psikiyatri hastaneleri kapatılmıştır. Süregelen psikiyatri hastalığı olan bireylerin tedavi ve bakımı için "Toplum Ruh Sağlığı Merkezleri (TRSM)" oluşturulmuştur (Mental Health Act, 1983; Bag, 2012, s. 467- 468)

1946 yılında, ABD tarihinde ilk kez, psikiyatri eğitim ve araştırma için federal fon sağlanan Ulusal Ruh Sağlığı Yasası kabul edilmiş ve Ruh Sağlığı Ulusal Enstitüsü (NIMH) kurulmuştur. Akıl hastanelerindeki koşullar "Büyük Buhran ve İkinci Dünya Savaşı" nedeniyle kötüleşince 20. yüzyılın ortalarında, akıl hastanelerinden ziyade kurum dışı bakımın gelişimi ve toplum içinde ruh sağlığı hizmetinin sağlanması ile birlikte ruh sağlığı bakımı sistemi dönüştürülmüştür. Bu durum toplum ruh sağlığı merkezlerinin inşasını ve finansmanının sağlanmasına sebep olmuştur. Bu merkezler için federal destek sağlanmış, ülke genelinde TRSM'ler açılmıştır. Başlangıçta bu merkezler tüm ruh sağlığı sorunları ve önlenmesi ile birlikte tedaviyi de kapsayan geniş bir hizmet alanına sahipken 1970'lere gelindiğinde hedeflerini uzun süreli ve özürlü bırakan hastalığı olan kişilerin tedavisi yönünde daraltmıştır. Amaç hastane dışına çıkıp topluma kazandırılmalarıdır. Bu süreçte uzun süreli hastalar; grup evleri, bakım evleri ve diğer kurumlara nakledilmiş böylelikle hastaların topluma kazandırılma felsefesi ile büyük devlet hastanelerinin ve yatan hasta sayısının küçültülmesi sağlanmıştır. Bu dönemde kamu ruh sağlığı hastanelerinin kapasitesi 500 bin yataktan 150 binin altına düşmüştür (Sundararaman, 2009, s. 3-4; Drake ve Latimer, 2012, s. 48).

1980/1990' larda ABD'de "kanıt temelli uygulama bakım modeli ve iyileşme hareketi" yaklaşımı etkin olmuştur. Araştırma temelli bakım modeli olarak da görülen kanıta dayalı uygulama hareketi verimlilik araştırmasından ve kanıt temelli tıptan ortaya çıkmıştır. İyileşme hareketi ise bir zaman sonra ruh sağlığı sisteminin kullanıcılarından ve deneyimlerinden ortaya çıkmıştır. 1997'de bazı kurumların birleşimiyle "destekli istihdam, aile psikoeğitimi, hastalık yönetimi/iyileşmesi ve eşlik eden bozukluklar için entegre tedavi" şeklinde altı adet kanıta dayalı uygulama modeli geliştirilmiştir (Drake ve Latimer, 2012, s. 48). 2000'li yıllarda ise ABD'de daha çok bakım hizmetlerinin maliyetlerini yönetmeye ilişkin faaliyetler tartışılmış ve kesintiye gidilme kararı alınmıştır. Sigortasız vatandaşların %15'i (psikiyatrik rahatsızlıkları olanlar için daha yüksektir), asgari bakıma bile erişmekte zorluk çekmiş ve en ciddi hastalıkları olan insanlar mağdur edilmiştir. Bu durum parite mevzuatı ve sağlık reformu mevzuatı ile akıl hastalığı olan kişilerin sigortayı daha kolay alacakları ve zihinsel sağlık bozukluklarının fiziksel sağlık bozuklukları ile aynı şekilde ele alınacağı konusunda önemli düzenlemelerle aşılmaya çalışılmıştır (Drake ve Latimer, 2012, s. 49; Sundararaman, 2009, s. 8).

Almanya'da psikiyatri reformu 1970'lerin ortasına dayanır. 1975'te Ulusal İnceleme Raporu hazırlanmıştır. Buna göre Almanya'da psikiyatri alanında yataklı tedavi yalnızca büyük ve yetersiz personelin bulunduğu akıl hastanelerinde sağlanmaktaydı. Hem genel hastanelerde hem de diğer ruh sağlığı servislerinde psikiyatrik alanda neredeyse tamamen boşluk bulunmaktaydı. Ruh sağlığı bakımı ile genel sağlık bakımı sistemi arasında oldukça belirgin bir ayrım vardı. Bu sebeplerle acilen yapısal reform gerçekleştirilmesi istendi ve toplum temelli ruh sağlığı sistemine geçiş ve psikiyatrik bozukluğu olan hastalara kapsamlı hizmet sunum prensipleri belirlendi (Schulz, 2012, s. 108-109). 1991'de yayınlanan "ruh sağlığı hastanelerindeki personel üzerine federal yönerge", psikiyatri servislerinde çalışan personelin yetersizliğini göstermiş ve bu açığın telafisine çalışılmıştır. 1990'da 1630 olan personel sayısı 2334'e çıkarılmış; hemşire, psikolog, sosyal çalışmacı, uğraşı terapisti sayısında artış sağlanmıştır. Psikiyatri hizmetlerinde çalışan toplam personel sayısı 15253 iken, 1995 yılında %24'lük bir artışla 18939'a ulaşmıştır (Ulaş, 2008). Genel hastanelerdeki psikiyatri birimleri artmış, süreğen psikiyatrik rahatsızlığı olanları yerel topluluklara yeniden entegre etmek için büyük ölçekli hastaneleri kaldırma programları oluşturulmuş ve daha fazla günlük klinikler ve günlük merkezler kurulmuştur (Schulz, 2012, s. 109).

TÜRKİYE'DE UYGULANAN POLİTİKALAR

Türkiye Ruh Sağlığı Profili Çalışması'na göre, nüfusun %18'inin yaşam boyu bir psikiyatrik hastalık geçirdiği, çocuk ve ergende ise klinik düzeyde sorunlu davranış oranının %11 olduğu tespit edilmiştir. Sağlık Bakanı tarafından ifade edildiği üzere 2017-2019 yılları arasında tüm hastanelerdeki psikiyatri kliniklerine başvuru sayısı toplam 7 milyon 953 bin 651'dir. Özürlülükle kaybedilen yaşam yıllarına neden olan temel hastalık gruplarından ilk sırayı psikiyatrik hastalıkların aldığı gözlemlenmektedir. Bu hastalıklar sosyal, ekonomik, hukuki ve tıbbi boyutları olan bir sorun olarak hastaları, ailelerini ve toplumu çeşitli şekillerde etkiler. Akıl hastalığı oranında yaşanan artış psikiyatrik hizmetlerin kavramsal/yapısal dönüşümünü gerektirmiştir (T.C. Sağlık Bakanlığı, 2011a, s. 5; https://www.milliyet.com.tr/). Psikiyatri hizmetlerinin gelişmesi ve iyileştirilmesi girişimi 1960'lı yıllarda başlamıştır. Hastane dışında tedavi ve uyumlandırma hizmeti vermek amacıyla İstanbul'da yedi, Ankara'da ise bir adet ruh sağlığı dispanseri kurulmuştur (Doğan, 2016, s. 138).

1967 yılında Ruh Sağlığı Şube Müdürlüğü kurulmuş; 1983'te Bakanlığın yeniden yapılanması çerçevesinde Temel Sağlık Hizmetleri Genel Müdürlüğünün kurulmasıyla, şube müdürlüğü Ruh Sağlığı Daire Başkanlığına dönüşmüştür. Bir yıl sonra İl Sağlık Müdürlüklerinde taşra teşkilatı kurulmuştur. İlk büyük organizasyon 25-27 Haziran 1987 tarihinde Ankara'da "Ruh Sağlığı Programı Geliştirme Toplantısı" ile yapılmıştır. Neticede "koruyucu ruh sağlığı çalışmaları, ruh sağlığının iyileştirilmesi, genel sağlık hizmetlerinin psiko-sosyal yönleri, tedavi ve rehabilitasyon çalışmaları" gibi dört grup oluşturulması ve bir yıllık çalışma planı sonunda raporlarını tamamlamaları öngörülmüş ancak bu çalışma devam ettirilememiştir (Dağ, 2003, s. 60-61).

1998 yılı Eylül ayında Kopenhag'da düzenlenen DSÖ 48. Avrupa Bölge Komite Toplantısında herkes için sağlık, "Sağlık 21" başlığı altında "21. Yüzyılda 21 Hedef" sloganıyla resmen kabul edilmiştir. Üye ülkelerden, kendi stratejilerini belirlemeleri istenince 1998'de Sağlık Bakanlığı 2020 yılına kadar olan sağlık stratejilerini açıklamıştır. Belirlenen 10 hedeften 8'incisi "ruh sağlığının geliştirilmesi"dir. Alt başlığı ise "2020 yılına kadar, halkın psikososyal iyilik durumunu geliştirmek; ruh sağlığı sorunu olan kişilerin özel bakım almalarını sağlamaktır." Bu hedefler, 2001 yılında Sağlık Bakanlığı Temel Sağlık Hizmetleri Genel Müdürlüğü tarafından "Sağlık 21, Herkese Sağlık, Türkiye'nin Hedef ve Stratejileri" başlığıyla yayınlanmıştır (T.C. Sağlık Bakanlığı, 2001; T. C. Sağlık Bakanlığı, 2011a, s. 4).

1999 Marmara Depremi ruh sağlığı hizmetlerinin güncellenmesinde dönüm noktası olmuştur. Dünya Bankasıyla 23 Kasım 1999'da imzalanan 5.15 milyon dolar bütçeli 2001/2004 arasını kapsayacak Marmara Depremi Yeniden Yapılandırma Projesi (MEER) Anlaşmasının; bileşenlerinden biri ulusal ruh sağlığı politikasının geliştirilmesidir. Ayrıca Sağlık Bakanlığı ile Başbakanlık Proje Uygulama Birimi arasında 7 Şubat 2001'de imzalanan protokol uyarınca MEER Projesi-Travma Programı'nın yürütülmesi görevi Sağlık Bakanlığı, Temel Sağlık Hizmetleri Genel Müdürlüğü, Ruh Sağlığı Dairesi Başkanlığına verilmiştir. Ruh sağlığı hizmetlerinin koşullara göre yeniden yapılandırılması hedeflenerek uygulamaya koyulan "Ruh Sağlığı Projesi"nin amacı, halkın sağlık eğitimini de içerecek şekilde ruh sağlığı hizmetlerinin niteliğinin ve ulaşılabilirliğinin artırılması ve birinci basamak sağlık kuruluşlarında çalışan personelin ruh sağlığı hizmetleri açısından bilgi ve becerilerinin geliştirilmesi şeklinde ifade edilmiştir. Bu proje dâhilinde ulusal ruh sağlığı politikası geliştirilmesi için üç ayrı ruh sağlığı konferansı düzenlenerek sektör temsilcilerinin görüşleri dinlenmiştir. DSÖ'nün tasarladığı "Ulusal Ruh Sağlığı Politikası Kapsamının Geliştirilmesi İçin Hizmet Kılavuzu Paketi" esas alınarak ruh sağlığının organizasyonu, "tedavi ve rehabilitasyon hizmetleri, çocuk ve ergen ruh sağlığı politikası, hizmetlerin finansmanı, kalitenin geliştirilmesi, yasal düzenlemeler, savunuculuk ve eğitim, araştırma ve insan gücü" şeklinde sekiz modülden oluşan "Türkiye Cumhuriyeti Ruh Sağlığı Politikası Raporu" oluşturulmuştur. Her bir başlıkta, mevcut durum ve sonrası hedefler ve öngörülen stratejiler sıralanmış, ayrıca ilgili/sorumlu kuruluşlar da belirtilmiştir. Sonuç ve öneriler bölümünde ise ruh sağlığı alanındaki stratejik öncelikler tartışılmıştır (Ulaş, 2008, s. 10-11; T.C. Sağlık Bakanlığı, 2006, s. 20-29).

Sağlık Bakanlığınca 2006 yılında yayımlanan Türkiye Cumhuriyeti Ruh Sağlığı Politikası metninde; ruh sağlığı sisteminin toplum temelli olması, genel sağlık sistemine ve birinci basamağa entegre edilmesi, toplum temelli rehabilitasyon çalışmalarının yapılması, ruh sağlığı alanına ayrılan paranın arttırılması, hizmetlerin kalitesinin arttırılması, alan ile ilgili yasaların çıkarılması, damgalamaya karşı hasta haklarının savunulması ve ruh sağlığı alanında eğitim, araştırma ve insan gücünün arttırılması konularına yer verilmiştir. Hastane temelli modelden toplum temelli modele geçme kararı alınmıştır. İlk basamak olarak, Nisan 2009'da TRSM açma kararı alınmış ve pilot çalışmaların sonuçları değerlendirilerek "Toplum Ruh Sağlığı Merkezleri hakkında Yönerge" Şubat 2011'de yayınlanmış ve uygulamaya konulmuştur. 2011 yılında Ulusal Ruh Sağlığı Eylem Planı (2011-2023) oluşturulmuş ve 2016 yılına ait hedefler belirlenmiştir (T.C. Sağlık Bakanlığı, 2006; T.C. Sağlık Bakanlığı, 2011b; T.C. Sağlık Bakanlığı, 2011a, s. 63-67). Bunlar:

1. Ruh sağlığı hizmetleri veren kurumlar arasında eş güdümü sağlamak,

2. Ağır ruhsal bozukluğu olan bireylerin tüm ihtiyaçlarını karşılayan bütüncül bir ruh sağlığı sistemi kurmak,
3. Ruh sağlığını teşvik etmek ve geliştirmek,
4. Ruh sağlığı hizmetlerinin birinci basamak sağlık kurumlarına entegrasyonunu sağlamak,
5. Psikiyatri yatak sayısını düzenlemek,
6. Ruh sağlığı alanında çalışanların sayı ve niteliğini artırmak,
7. Çocukluk ve ergenlik dönemine yönelik ruh sağlığı hizmetlerini iyileştirmek ve geliştirmek,
8. Ruhsal özürlülere verilen hizmetlerin kalitesini artırmak,
9. Ruh sağlığı alanında yasal düzenlemeler yapmaktır.

İkinci amaç olan "ağır ruhsal bozukluğu olan bireylerin tüm ihtiyaçlarını karşılayan bütüncül bir ruh sağlığı sistemi kurmak" kapsamı altında belirlenen hedefler şöyledir,

- Toplum temelli ruh sağlığı sistemi,
- Ağır ruhsal bozukluğu olan hastalar için bakım sistemi,
- Ruh sağlığı hastalarının istihdamı.

Toplum temelli modelde; ağır ruhsal bozukluğu olan hastaların TRSM tarafından kayıt altına alınıp takiplerinin sağlanması, hâlen hastanelerde yatan ve taburculuk sonrası kalacak yeri olmayan hastaların projenin sonraki aşamasında açılacak yarı-yol evleri ve korumalı evlerde kalmasının ve korumalı işyerlerinde istihdamlarının sağlanması hedeflenmektedir (Şekil 1). Her 100-300 bin nüfusa bir tane açılması planlanan TRSM'lere bağlı coğrafi bölgedeki ağır ruhsal bozukluğu olan hastaların ve ailelerin ekip ruhuyla, bilgilendirildiği, hastanın ayaktan tedavisinin yapıldığı ve takip edildiği, rehabilitasyon, psikoeğitim, iş-uğraş terapisi, grup veya bireysel terapi gibi yöntemlerin kullanılarak hastanın sosyal çevresinden kopmadan toplum içinde yaşama becerilerinin artırılmasını hedefleyen, psikiyatri klinikleri ile ilişki içinde çalışan ve gerektiğinde mobilize ekiple hastanın yaşadığı yerde takibini yapan birimler olması planlanmıştır (T.C. Sağlık Bakanlığı, 2011a, s. 25-27).

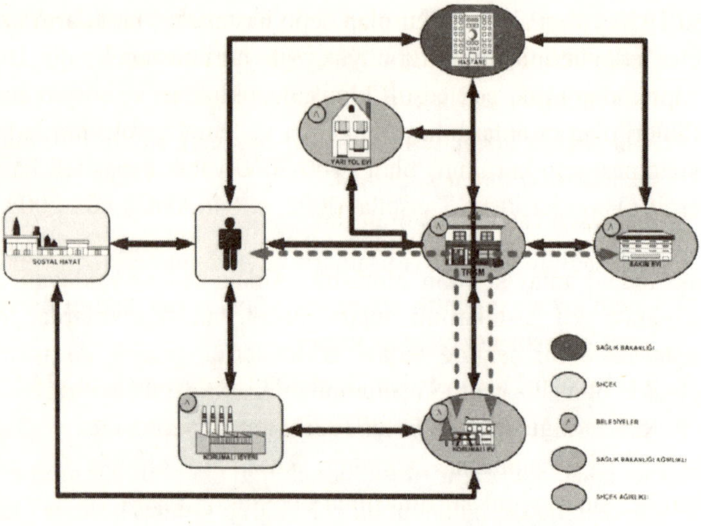

Şekil 1. Toplum Temelli Ruh Sağlığı Modeli

Kaynak: T.C. Sağlık Bakanlığı (2011a, s. 27)

RUH SAĞLIĞI HİZMET MODELLERİ

Tarihsel süreçte de üç evrede gelişen ruh sağlığı hizmet modelleri şunlardır:

1. Hastane temelli model (Geleneksel ve depo hastanelerinin yükselişi dönemi)
2. Toplum temelli model (Ruh sağlığı alanında meydana gelen reform süreciyle birlikte ortaya çıkan depo hastanelerinin düşüşü dönemi)
3. Toplum/hastane denge modeli (Ruh sağlığı alanında meydana gelen reform süreciyle birlikte ortaya çıkan ikisinin dengeli kullanımı)

Hastane Temelli Model

Hastane temelli model dünyada yaygın olarak kullanılmış olan en eski/geleneksel modeldir. Gelişmiş ülkelerin çoğunda yaklaşık

1880/1950 yılları arasında kurulan depo hastaneler, hastaların uzun süreler tedavilerinin yapıldığı büyük psikiyatri hastaneleridir. Bunlar toplumdan uzak, çok çeşitli klinik bozuklukları ve sosyal anormallikleri olan insanların hayatta kalma ve temel gereksinimlerinin karşılanması için kurulmuş olan 1500-2000 yatak kapasiteli hastanelerdir (Thornicroft ve Tansella, 2002, s. 84; Alataş vd., 2009, s. 26). Ki yaygınlaşmasında Pinel ve Tuke'nin "Moral Treatment"; ahlaki tedavi anlayışı etkin olmuştur. Ahlaki tedavi yaklaşımı temel olarak akıl hastalarının onlar için ayrılmış kurumlarda, toplumdan izole bir şekilde tedavi edilmelerini gerekli görmüştür. Böylelikle olumsuz çevre koşullarından uzakta ve tedavi sağlayıcıları ile daha yakın ilişkide bulunacaklardır. Amerika da ise ahlaki tedavinin ilk savunucusu Benjamin Rush ve Dorothea Dix akıl hastanelerinin yaygınlaştırılmasında öncülük etmiştir. 20. yüzyılın başı depo hastanelerinin yükseliş dönemidir. Amerika'da ve Avrupa'nın genelinde yaygınlaşsa da insani/kaliteli hizmet sunmamakla hatta ciddi insan hakları ihlallerine neden olmakla suçlanmıştır (Songur vd., 2017, s. 277; Horwitz ve Gerald, 2011, s. 631; Ekmekçi, 2018, s. 79-82; Trent, http://www. disabilitymuseum.org).

Akıl hastanelerinin kalabalık olması, hijyen koşullarının kötü olması, hasta hakları ihlallerinin yaygın olarak görülmesi ve antipsikiyatri akımının etkisi gibi nedenlerden dolayı bu model terk edilmeye başlanmıştır. 1950'den sonra tekrarlayan kötü muamele vakaları düşüşün ikinci dönemini başlatmıştır. Avrupa ülkelerinde ve ABD'de toplumdan uzak büyük akıl hastanelerinin kapatılıp toplum temelli psikiyatri modeline geçiş başlamıştır. ABD'de psikiyatri yatak sayısı 1955 yılında 559.000 iken 1980 yılına gelindiğinde 138.000'e gerilemiş ve %75'lik bir düşüş yaşanmıştır. Ortalama kalma süresi ise 1955'te 20 yıl iken 1975'te 7 aya düşmüştür. Bu durum Avrupa ülkelerine de sirayet etmiş; tarihi boyunca akıl hastalarını dışlayan batılı akıl onları toplumun bir parçası olarak kabullenmeye ve hatta pozitif ayrımcılık uygulamaya başlamıştır (T.C. Sağlık Bakanlığı, 2011a, s. 21; Ravelli, 2006, s. 1-2; Alataş vd., 2009, s. 26).

Toplum Temelli Model

Ağır ruhsal bozukluğu olan veya hastanede uzun süre yatırılan hastaların tedavi ve bakımlarının büyük psikiyatri hastaneleri yerine toplum içerisinde, hastanın kendi sosyal ortamında sağlandığı modeldir. Hastaların taburculuk sonrası kontrole gelişi beklenmeden gezici ekiplerle ev ziyaretlerinin yapılması; hastaların kendi sosyal çevresinde düzenli takip/tedavisiyle iyilik hâllerinin korunması, alevlenme/atak dönemlerinin önüne geçilerek tekrarlayan hastane yatışlarının azaltılması; rehabilitasyon hizmetleriyle topluma yeniden kazandırılmaları hedeflenmiştir. "Hastane temelli"de yalnızca hastanede tedaviye odaklanılırken "toplum temelli"ye geçişle sosyal çevresi içinde biyolojik, psiko/sosyal ve ekonomik açıdan bütüncül değerlendirilme amaçlanmıştır. Böylece biyopsikososyal açıdan düzenli takip sağlanacak ve toplum içerisinde, toplumla birlikte yaşamış olacaklardır (Bag, 2012, s. 466; T.C. Sağlık Bakanlığı, 2011a, s. 22-24).

Bu modelde oluşturulan ruh sağlığı ekibi belirlenmiş coğrafi alana hizmet sunar ayrıca bu sistemde tanımlanmış bölgeye hizmet için kurulmuş 20 yataklı kapalı psikiyatri servisi, gündüz hastanesi; rehabilitasyon merkezi; bakım kurumları açma gibi unsurlar mevcuttur. Ekip psikiyatrist, psikolog, psikiyatri hemşiresi, sosyal çalışmacı ve uğraşı terapistinden oluşur. Gerektiği hâllerde ev ziyaretleri yaparak hastaların ilaçlarını düzenli kullanımını takip/temin eder. TRSM'lerde ilaç tedavisi, bireysel terapi ve grup terapisi, kişisel beceri eğitimi, psikoeğitim ve danışmanlık, aile eğitimi ve sosyal beceri eğitimi gibi hizmetler verilmektedir (Yanık, 2007, s. 16; Ensari, 2008, s. 88).

Bu model İtalya'da ruh sağlığı reformuyla 1961 yılında başlamış ve son 30 yılda Avrupa ülkelerinin hemen hepsinde uygulanmıştır. Bulgaristan ve Romanya gibi Doğu Avrupa ülkelerinde de değişim programları yürütülmektedir. Türkiye'de ise 2006 yılında "Ulusal Ruh Sağlığı Politika"sı metni ve 2011'de yayınlanan "Ulusal Ruh Sağlığı Eylem Planı" metni ile toplum temelli ruh sağlığı hizmetlerine geçiş süreci başlamıştır. Daha önce Ruh Sağlığı Politikaları başlığı altında dünyada uygulanan politikalar ve Türkiye'de uygulanan politikalar ile toplum temelli modele geçiş süreci daha ayrıntılı olarak açıklanmıştır (Başer vd., 2013, s. 183; T.C. Sağlık Bakanlığı, 2011a, s. 25).

Ağır ruhsal bozukluğu olan bireylerin sorunlarını sadece tedavi boyutunda ele almak hastane temelli modele özgüdür. Toplum temelli modelde psikiyatrik bozukluğu olan bireylerin sorunları çok boyutlu olarak değerlendirilir. Sağlık Bakanlığı (2011), Ulusal Ruh Sağlığı Eylem Planı'nda sosyal, ekonomik, hukuki ve tıbbi sorunlar ayrıntılı olarak açıklanmış; bunların üstesinden toplum temelli ruh sağlığı uygulaması ile gelinebileceği öngörülmüştür. Bu sorunlar, sosyal boyut açısından; hastaların aileleri ve toplumla ilişkilerindeki güçlükler, sosyal izolasyon, ihmal ve istismar, damgalama, bakım problemleri ve bilgisizliğe bağlı çaresizliktir. Ekonomik boyutta ise aileden bakım veren kişinin çalışamaması, eğitim problemleri, hastaların verimli çalışamaması ya da çalışmaması, hastalığın ekonomik maliyetleri vb. problemlerdir. Hukuki boyut açısından; çoğu mümeyyiz olmayan hastaların hak ihlaline uğraması, bilgi eksikliğinden yaşanan hak kayıpları ya da vasilerin ilgisizliği ve ihmalidir. Tıbbi boyut açısından ise medikal tedavinin takip eksikliğinden dolayı sürdürül(e)memesi ve sonuç olarak alevlenme/atak sıklığının artması ve tekrarlayan hastaneye yatışlarıdır (T.C. Sağlık Bakanlığı, 2011a, s. 23-24). Bu modele geçişle birlikte TRSM'lerde görev yapan ekiplerce birey ve ailelerin yaşadığı sorunlar bütüncül bakış açısıyla değerlendirilip bireye özgü müdahale programları oluşturulacak ve uygulamalar yapılacaktır.

Toplum–Hastane Denge Modeli

Zihinsel sağlık hizmetlerinin büyük ölçüde akıl hastanelerinden sağlanması gerektiğine inananlarla, zıt görüşe sahip olanlar arasında, toplum bakımının hastanelerin yerini tamamen alması gerektiğine dair tartışma yaşanmıştır. Gelişmiş ülkelerde, son yirmi yıl boyunca, dengesiz/yetersiz ve yavaş yatırımla, hastane yatak sayısı sürekli azalmıştır. Oysa bu hastaların tedavi ve bakımında hastane temelli veya toplum temelli model tek başına yeterli değildir. Doğası gereği bazı durumlarda hastanın hastaneye yatışı kaçınılmaz hâle gelmektedir. Özellikle alevlenme/atak dönemlerinde hastaya uygun tanı/tedavi gerçekleştirilmesi, hastanın kendisi ve toplum açısından tehlike oluşturması ve bakım verecek kimsesinin olmaması gibi durumlar bunu gerekli kılmaktadır (Thornicroft ve Tansella, 2013, s. 246-248; Songur vd., 2017, s. 279-280).

Ayrıca psikiyatri hastanelerini tamamen kapatmayı ve yataklı hizmetleri ülke geneline yaymayı hedefleyen toplum temelli modelin özellikle insan kaynakları açısından maliyeti oldukça fazladır. Bunun için her iki modelin faydalı yönleri alınarak dengelenmesi yarar temin edecektir. Denge modelini oluştururken dikkat edilmesi gereken akut hasta bakımı, genellikle ruh sağlığı bütçesinin çoğunu emdiğinden, kabul edilen hasta sayısının veya ortalama kalış sürelerinin kısaltılması, sunulan hizmetlerin toplum içerisinde, yaşanılan çevreye yakın olması, hastaların bireysel ihtiyaçlarına uygun hizmet planlamasının yapılması ve ruh sağlığına ayrılan bütçelerin ağırlıklı olarak toplum temelli hizmetlere aktarılmasıdır. İngiltere uygulamasında psikiyatri hastaneleri 200 yatak veya altına düşürülerek korunmuş ayrıca toplum psikiyatrisi sistemi kurularak toplum-hastane denge modeli oluşturulmuştur (World Psychiatric Association, 2011, s. 4; T.C. Sağlık Bakanlığı, 2011a, s. 25).

BÖLÜM 3

RUH SAĞLIĞI KURAMSAL TEMELİ VE SOSYAL TEORİLER

Akıl hastalıklarının ve tedavilerinin doğasını açıklamak için bir dizi kuramsal bakış açısı kullanılır hatta alanyazında farklı mesleklerin farklı teorileri benimsediği görülür. Ama geleneksel *medikal model* ve *sosyal model* olmak üzere iki anahtar perspektif vardır. İkisinin uygulanması hususu uzun süre tartışılmıştır. Sosyal model savunucuları, ruh sağlığı alanında medikal modelin baskın olduğunu ve akıl sağlığı üzerinde gerçek anlamda tedavi sağlamadığı ve hastaları tam anlamıyla kapsamlı olarak ele almadığı yönünde eleştiri getirmektedir. Buna rağmen ruh sağlığında biyomedikal yaklaşım 1870'lerden beri yaygınlığını korumuştur. Sosyal model ise kökeni ilk psikiyatrik sosyal hizmet çalışmalarına dayanan nispeten yeni bir alandır (Bogg, 2009: 42). Bunun yanı sıra perspektiflerin birleştirilmesi için 1970'lerin sonlarında Engel tarafından geliştirilen *biyopsikososyal model*, 20. yüzyıl sonlarında psikiyatri alanında meydana gelen önemli gelişmelerden bir tanesidir. Ayrıca ruh sağlığı alanında son yıllarda gitgide benimsenen ve birçok ülkede uygulanan "*recovery/iyileşme modeli*" bireylerin yaşamları içindeki sosyal/psikolojik meseleleri ele almalarına yardımcı olmada, iyileşmeyi temel alan bir modeldir.

Günümüz psikiyatri alanı moleküler biyoloji, genetik araştırmalar, nörogörüntüleme ve psikofarmakoloji alanındaki ilerlemelerden etkilenmiş ve genel olarak uygulamadaki yaklaşım "biyolojik" hüviyet kazanmıştır. Bu alandaki, vaktiyle psikiyatride devrim yaratmış sosyal teoriler; biyolojik bilimlerin hızlı etkisiyle bir nebze göz ardı edilir olmuştur. Oysaki sosyal teorilerin mevcut psikiyatri pratiğinde hastalıkların daha iyi anlaşılması ve tedavilerinin sağlanması için ihmal edilmemesi ve diğer ruh sağlığı teorileri ile bütünleştirilmesi gerekmektedir. Bununla birlikte, ruh sağlığı uygulamalarında bütüncül bir yaklaşım için sosyal teorilerin katkısını ve ilgisini kavrayarak biyopsikososyal bir yaklaşımı benimsemek önemlidir.

Tıbbi Model

Medikal Model/Tıbbi Model, Koch ve Pasteur zamanından bu yana Batıda doktorlar ve psikiyatristler tarafından benimsenmiş olan ve bazen "hastalık modeli" olarak adlandırılan geleneksel bir tıbbi bakış açısıdır. Bu model iki temel ilkeye dayanır, birincisi, bütün zihinsel bozukluklar bir beyin bozukluğudur, ikincisi ise tüm zihinsel olaylar nörolojik olaylardır. Hekim, bir problem çözme yaklaşımı kullanarak kusur veya disfonksiyona odaklanır. Tıbbi öykü, fizik muayene ve tanı testleri, belirli bir hastalığın tanımlanması ve tedavisi için temel oluşturur. Tıbbi model, spesifik hastalıkların ve durumların fiziksel ve biyolojik yönlerine odaklanır. Bu bakış açısı, bireyin yaşamında yer alan sosyal, kültürel ve çevresel faktörleri göz ardı edip bozuklukların zihinsel nedenlerle kaynaklandığını ileri sürer. Hastanın ve hastalığın yalnızca biyolojik boyutunun olmadığı bilinmesine rağmen tıbbi eğitim, sorunların teşhisi ve tedavisi açısından ağırlıklı olarak medikal model odaklıdır. Tıbbi modele göre psikiyatrik hastalık bireyde bir kusur, eksiklik veya anormalliktir, bu bozukluğa sahip olmak negatif bir durumdur ve kişinin kendisinden kaynaklanmaktadır. Bu hastaların sorunlarının çözümü ancak bireyin tedavisi veya normalleşmesi ile mümkündür (Golightley, 2008: 24; Bogg, 2009: 45-46; Mosby's Medical Dictionary, 2009; Gill, 1994).

Sosyal Model

Sosyal model psikiyatrik bozuklukların yalnızca tıbbi modelle açıklanamayacağı fikrinin olgunlaşmasıyla ortaya çıkmıştır. Tıbbi yaklaşım, hastalıkları genetik, virüsler veya diğer biyomedikal nedenlere dayandırırken sosyal model, daha çok sosyal ve çevresel nedenlere yoğunlaşır. Tıbbi model gibi tanıya ve tıbbi tedavi yöntemine odaklanmak yerine sosyal sonuçlara ve yaşam kalitesinin nasıl iyileştirileceğine ve bireyin karşı karşıya kaldığı problemlere karşı nasıl güçlendirileceğine odaklanır. Bu yaklaşım, bireyin psikiyatrik bir bozukluğu geliştirmesinde, izolasyon, sosyo-ekonomik durum, kişisel anlatı, öz saygı ve stres gibi faktörleri anahtar rolde görür (Đečević et al., 2015: 374; Golightley, 2008: 34).

Sosyal model hastayı sürecin merkezine yerleştirir ve bireyi kendi durumunun uzmanı olarak konumlar. Tıbbi model ise hastanın odak oluşuna itiraz etmemekle birlikte süreci yönlendiren hasta düşüncesine karşı profesyonel uzmanlığı vurgular. Sosyal modele göre, psikiyatrik hastalık bir farktır; negatif ya da pozitif bir durum değil nötr bir durumdur. Psikiyatrik bozukluk, birey ve toplum arasındaki etkileşimden kaynaklanır ve bu sorunların çözümü, birey ile toplum arasındaki etkileşimin değişmesi ile mümkündür. Çare ise kişinin kendisi ya da birey ile toplum arasındaki etkileşimi düzenleyecek bir savunucu olmasındadır (Bogg, 2009: 43-45; Gill, 1994; Oral ve Tuncay, 2012: 99). Sosyal Perspektifler Ağı, 2002 yılında ruh sağlığı alanında sosyal modelin temel özelliklerini şöyle sıralamıştır (Duggan, 2002: 19);

- İnsan sağlığı ve refahının karmaşıklığı görüşüne dayanır;
- Hastalık ve sağlığın oluşumunda sosyal faktörlerle birlikte biyoloji ve mikrobiyolojinin etkileşimini vurgulamaktadır;
- Bireylerin, grupların ve toplulukların iç ve dış dünyalarını ele alır;
- Geçmiş yaşantıları göz ardı etmeden savunmasız ve zayıf olan insanların sosyal ağlarını desteklemektedir;
- Sivil toplum kuruluşları ile iş birliği içinde çalışmaktadır;

- Birey ve toplum düzeyinde güçlendirmeyi ve kapasite geliştirmeyi vurgular ve farklılıkları hoşgörüyle ele alır;
- Hizmet kullanıcılarının, bakım verenlerin ve genel toplumun bilgi birikimine eşit değer verir ve baskıcı, yargısal ve yıkıcı olan tutum ve uygulamalara karşı onları destekler;
- Sağlık eşitsizlikleri ve sosyal dışlanmanın yaratılmasında güç ve hiyerarşinin doğası hakkında eleştirel bir anlayış geliştirir ve
- Teori ve pratiğin gelişmesine ve sürecin ve sonucun eleştirel değerlendirilmesine destek olur.

Sosyal model, sosyal hizmetin genel bütüncül yaklaşımıyla iyi uyuşmakta ve ruhsal sağlık alanında sosyal hizmetin temel mantığını oluşturmaktadır. Zaten sosyal modelin ortaya çıkışı ilk psikiyatrik sosyal hizmet uygulamalarına dayanmaktadır. Bunun için de bu modelin en önemli savunucuları psikiyatrik sosyal çalışmacılardır.

Biyopsikososyal Model

Tıbbi modele yönelik eleştirilere cevaben geliştirilen perspektiflerin birleştirilmesi düşüncesi 1970'lerin sonlarında tartışılmaya başlanmıştır. Psikiyatrist George L. Engel, Science dergisinde 1977'de yer bulan makalesinde yeni bir medikal modele ihtiyaç duyulduğunu belirtmiş ve biyopsikososyal modelin önemine değinmiştir. Engel'e göre, hastalığın belirleyicilerinin anlaşılması ve akılcı tedavinin sağlanması ve sürdürülebilmesi için tıbbi bir model, bireylerin içinde yaşadığı sosyal bağlamı ve toplum tarafından tasarlanan tamamlayıcı sistemi de dikkate almalıdır. Biyopsikososyal model, hastalığı biyolojik faktörlerin (genetik, biyokimyasal, vb.), psikolojik faktörlerin (duygudurum, kişilik, davranış, vb.) ve sosyal faktörlerin (kültürel, ailevi, sosyoekonomik) karmaşık, değişken etkileşimlerine bağlayan geniş bir bakış açısıdır. Bu model, hastalığı virüs, gen veya somatik anormallikler gibi kabaca sadece biyolojik faktörlere bağlayan biyomedikal modele karşı çıkmakta ve bireylerin biyolojik, psikolojik ve sosyal açıdan bütüncül olarak değerlendirilmesi gerektiğini ifade etmektedir. Hastanın tedavisi ve sağlığının korunması sırasında sadece hastalığına yoğunlaşmak yerine onun içinde bulunduğu psikolojik ve zihinsel duruma yönelik bir yaklaşım biçiminin benimsenmesi ve onun toplumsal ve çevresel koşullarına göre tavır sergilenmesi biyopsikososyal bakış açısının yansımasıdır (Engel, 1977: 131-133; Gökçe ve Bulduklu, 2015: 42).

Bu model, 20. yüzyıl sonlarında psikiyatri alanında ve genel olarak tıbbi alanda meydana gelen önemli gelişmelerdendir. Bu modeli destekleyici ve geliştirici nitelikte olan bir diğer yaklaşım ise hasta merkezli yaklaşımdır. Hasta merkezli yöntemin özü, hekimin hasta için hastalığın ne ifade ettiğini anlama çabasıdır. Hekim hastalığı kendi dünyası açısından yorumlamak yerine, hastanın dünyasına girmeye çalışır. Levenstein'a göre bu, "Hasta neden geldi?", Beklentileri, duyguları ve korkuları neler?" sorusunu cevaplamayı içermektedir. Bu yaklaşıma göre hastalık değil hasta vardır, doktor merkezli uygulama değil hasta merkezli uygulama esastır (Levenstein vd., 1986: 24-30).

Bogg (2009), biyopsikososyal modele örnek olacak nitelikte bir tablo hazırlamıştır (Tablo 1). Biyolojik, sosyal ve psikolojik sorunlara örnekler verilen bu tabloda bu sorunlara yönelik tedavi yöntemleri ifade edilmiştir. Örneğin, depresyon tanısı konulan bir hastanın tedavi yöntemi biyolojik açıdan anti depresanlarla yani medikal tedavi ile sağlanır. Sosyal açıdan izolasyon problemi var ise eğer sosyal beceri eğitimi verilir, psikolojik açıdan ise hastada tespit edilen düşük öz saygı problemi için danışmanlık sağlanır. Bu tedavilerin her biri alanında uzman kişiler tarafından gerçekleştirilir. Bu noktada sosyal çalışmacıların hastalıkların sosyal sorunlarına odaklandığı ve bu sorunları psikiyatri ekibi ile paylaşarak hastanın psikolojik ve biyolojik boyutuna olan etkilerine dikkat çektikleri düşünülebilir. Aynı zamanda hastanın bütüncül olarak iyilik hâlinin sağlanması amacıyla hastanın sosyal durumundan kaynaklanan sorunların üstesinden gelinmesi için müdahale planı oluşturmak ve uygulamak sosyal çalışmacının tıbbi alanda yer alan sorumluluklarındandır. Özetle tıbbi sosyal hizmet alanının temel ilgisi sosyal sorunlar ve sosyal tedavidir.

Tablo 1. The Biyopsikososyal Model

	Semptomlar	**Tedavi**
Biyolojik	Depresyon Psikoz Anksiyete	Anti-depresanlar Anti-psikotikler Sedatifler
Sosyal	İzolasyon Yoksulluk Ailevi sorunlar	Sosyal beceri eğitimi Refah Aile terapisi
Psikolojik	Başa çıkma becerilerinin eksikliği Düşük öz saygı Travmatik hafıza	Beceri eğitimi Danışmanlık Bilişsel Davranışçı Terapi (CBT)

Kaynak: Bogg (2009: 47)

İyileşme Modeli (Recovery Model)[1]

Ruhsal iyileşme ya da iyileşme modeli, psikiyatrik bozukluğa sahip bireyin iyileşme potansiyelini vurgular ve destekler. İyileşme genellikle bu yaklaşımda belirli bir sonuçtan ziyade kişisel bir yolculuk olarak görülür ve umut, sağlam bir temel ve benlik duygusu, destekleyici ilişkiler, güçlendirme, sosyal içerme, baş etme becerileri ve anlam geliştirmeyi içeren bir süreçtir. Ruh sağlığı alanında son yıllarda bu anlayış giderek daha fazla vurgulanmaya başlanmış ve "iyileşme" terimi artık hem hizmet sunumu hem de akademik bağlamda sıklıkla kullanılmıştır. Günümüzde ise bazı ülkelerin ruh sağlığı veya madde bağımlılığı politikalarının yönlendirici ilkesi olarak benimsenmiştir. Ruh sağlığı hizmetlerinde psikososyal müdahaleler üzerine yapılan vurgu, bu modelde temel bir unsurdur.

---

1 Recovery kelimesinin Türkçede "kurtulma", "kurtarma" "iyileşme", "iyileştirme", "toparlanma", gibi birçok karşılığı vardır. Bag (2018)'ın araştırmasında, pek çok anlamı çağrıştıran bu kavramın, kastını Türkçe anlamların tam olarak karşılayamadığı düşüncesi nedeniyle "recovery model" ifadesi kullanılmıştır. Bu çalışmada ise "recovery" karşılığı olarak modelin içeriği gereği "tedavi edilen hasta" tanımının yerini, hastanın tedavi sürecine "aktif belirleyici" niteliğinde katılımı sebebiyle iyileştirme ya da kurtarma değil "iyileşme" kavramı tercih edilmiştir.

İyileşme kavramı, bireylerin yaşamları içindeki sosyal ve psikolojik meseleleri ele almalarına yardımcı olmada yaklaşımın temel faktörüdür. Bu bağlamda "iyileşme modeli"nin açık/net bir tanımının yapılamadığı gözlemlenmektedir. İyileşme her bireyin yaşadığı deneyime bağlıdır ve iyileşme modelinin temel ilkesi, söz konusu kişi için hangi durumda olursa olsun, "iyileşme" mümkündür şeklinde ifade edilir (MentalHealthComission, 2005, s. 7; Anthony, 2000, s. 159-168; https://encyclopedia.thefreedictionary.com; Sullivan, 1997, s. 19-21).

William Anthony (1993), ruhsal sağlıkta iyileşme modelini tanımlamıştır,

"İyileşme, kişinin tutumlarını, değerlerini, duygularını, hedeflerini, becerilerini ve/veya rollerini değiştirmeye dair derin ve kişisel, benzersiz bir süreçtir. Hastalığın neden olduğu sınırlamalarla bile tatmin edici, ümitli ve uzlaşmacı bir yaşam sürmenin yoludur. İyileşme, ruhsal hastalığın felaketle sonuçlanan etkilerinin ötesinde bir kişinin yaşamında yeni bir anlam ve amacın geliştirilmesini içerir" (Anthony, 1993: 4).

İyileşme modelinin tohumları, kurum temelli ruh sağlığı modelinden toplum temelli ruh sağlığı modeline geçiş sürecinde ekilmiştir. Ağır ruhsal bozukluğu olan bireylere yönelik uygulanan tedaviler sonucunda yalnızca hastalığın semptomlarının azaltılması ve ortadan kaldırılması önemli bir eksiklik olarak görülmüştür. Bu sahanın uzmanları, psikiyatrik bozukluğu olan kişilerin önemli bir oranının, tıbbi tedavi sonrasında kalıcı ve engelleyici semptomlara sahip olmaya devam ettiklerini ve önceki mesleklerine ve sosyal rollerine geri dönemediklerini kabul etmişlerdir. Ağır ruhsal bozukluğu olan bireylerinin ailelerinin yanında rehabilitasyon hizmetlerinin verildiği, takiplerinin yapıldığı, sosyal iyilik hâllerinin sağlandığı ve benzeri hizmetlere yönelik uygulamalara ağırlığın verildiği toplum temelli hizmet modeline geçiş süreci ile 1990'lı yıllardan itibaren iyileşme modeli kademeli olarak ortaya çıkmıştır (Jacop, 2015, s. 117-119; Anthony, 1993, s. 4).

İyileşme modeli psikiyatrik bozukluğu olan bireylerin yaşam kalitelerinin yükseltilmesi, işlevsellik düzeylerinin arttırılması ve topluma eşit düzeyde katılımlarının sağlanması amacıyla geliştirilmiştir. İyileşme süreci; bu kişilerin, ailelerinin, akıl sağlığı profesyonellerinin, halk sağlığı ekiplerinin, sosyal hizmetlerin ve toplumun iyimserlik ve bağlılıklarını gerektirmektedir. İyileştirme modeli, akıl hastalıkları ve sıkıntıları olan insanları ilerlemeye ve yeni hedefler koymaya teşvik eder. Hayatlarını anlamlandıran işler yapmalarını ve ilişkiler geliştirmeleri gerektiğini vurgular. Bu bazı ülkelerde düzenli ekip süpervizyonları, üçlü diyalog yaklaşımıyla oluşturulan buluşmalar ve sürekli görüş alışverişlerinin yapıldığı tartışma gruplarıyla yapılan çalışmalar aracılığıyla uygulanmaktadır. Ancak belirli ve sınırlı bir uygulama yöntemi de yoktur. Her bireyin özelliklerine göre farklı olarak sürmektedir (Jacop, 2015, s. 117-119; Bag, 2018, s. 475; Onken, vd., 2007, s. 9-10; Anthony, 1993, s. 4). Deegan (1988), bu duruma değinmiştir (s. 15):

> *"Kurtarma, bir süreç, bir yaşam biçimi, bir tutum ve günün zorluklarına yaklaşmanın bir yoludur. Mükemmel doğrusal bir süreç değildir. Zaman zaman sürecimiz düzensiz işlemektedir ve bizler düzensizce, geri gidip, yeniden gruplanıyoruz ve yeniden başlıyoruz... İhtiyaç, engelliliğin zorluğunu karşılamak ve engelliliğin sınırları içinde ve ötesinde yeni ve değerli bir bütünlük ve amaç duygusunu yeniden tesis etmektir."*

Sosyal hizmet açısından, iyileşme modelinin değerlerinin ve söylemlerinin sosyal hizmet mesleği ile uyumlu olduğu görülmektedir. Sosyal çalışmacılar, çalıştıkları bireylerin ve ailelerin iyileşmesini desteklemek için hizmet etmekte, sıklıkla güçlü yönleri destekleme, refahı yükseltme, kendi kaderini tayin etme, baş etme becerileri geliştirme, çevresel faktörler üzerinde durma ve sosyal içerme gibi iyileşme modelinin de temel unsurlarını içeren oldukça etkili yaklaşımlar kullanmaktadır. Sosyal destek ağları, iyileşme sürecinin önemli bir bileşeni olarak kabul edilmektedir, sosyal hizmet alanında hastaların güçlendirilmesi açısından da bu durum aynıdır (British Journal of Social Work, 2015, s. 1-5; Starnino, 2009, s. 820-837).

Kanada'da şizofreni teşhisi konulmuş kişilere yönelik uygulamanın değerlendirildiği bir çalışmada, iyileşmenin sağlaması için biyopsikososyopolitik bir çerçeveden bahsedilir. Bu kavram iyileştirme için biyomedikal, psikolojik ve sosyal bağlamlara ek olarak, sosyo-politik bir bağlamı tanımlar; bu şekilde iyileşmenin toplumun tam üyeleri olmakla ilgili olduğuna vurgu yapar. Şizofreni tanısı almanın bireyleri "daha az vatandaş" hâline getirdiğinden bahseden bu çalışmada, insanları tam vatandaşlığa kavuşmak için desteklemek, anlamlı sosyal roller elde edilmesini sağlamak, damgalamaya meydan okumak ve bireylerin iyileşmesini desteklemek sosyal çalışmacıların öncelikli görevlerindendir. İyileşme modeli ruh sağlığı alanında gelecekte daha fazla başvurulacak bir modeldir ve sosyal hizmet mesleği de iyileşme modelinin gelişiminde/uygulanmasında öncü bir rol üstlenecektir (British Journal of Social Work, 2015, s. 3; Starnino, 2009, s. 820-237).

RUH SAĞLIĞI ALANINDA SOSYAL TEORİLER

Psikiyatrik bozuklukların doğuşunu kendi yollarıyla açıklamaya çalışan sosyal teoriler; "işlevselcilik teorisi, kişiler arası ilişkiler teorisi, bağlanma teorisi, stres teorisi ve etiketleme teorisi" gibi kuramlardır (Avasthi, 2016, s. 3-4).

İşlevselcilik (Fonksiyonalizm) Teorisi

İşlevselcilik teorisi, 1940'larda sosyolojide baskın teorik bakış açısıydı. İşlevsel düşüncenin öncüsü, Emile Durkheim'dır. "İşlevselcilik, Durkheim tarafından sistemleştirilmiş ve daha sonra ise Parsons ve Merton tarafından geliştirilmiştir. Comte, Spencer ve Pareto, toplumsal sistemin kısımları arasındaki karşılıklı bağımlılık kavramı, Durkheim ise bütünleşme ve dayanışma üzerinde durmuştur" (Wallace and Wolf, 2021, s. 44). Kurama göre; toplum davranışları yapılandırır ve farklı üyeleri arasındaki ilişki belirli kurallar çerçevesinde organize olur. Toplumun tüm unsurları birbirine bağlıdır, birlikte çalışır, eğer bir dinamik değişirse tamamı değişebilir, toplum bu değişime uyum sağlayacak şekilde değişir, kendini değiştirerek değişime uyum sağlayacağından daima uyum içinde çalışacaktır. Çok hızlı değişince de bir anomi ve kuralsızlık durumuna girer. Anomik bir toplum, kolektif temsiller konusunda hemfikir olamaz ve kolektif vicdan sorunlara yol açar (Avasthi, 2016, s. 4).

Temel düşüncesi bir sistem olan toplumu oluşturan parçalar arasında uyum/harmoni oluşudur. Sosyal düzenin korunması açısından toplumda uyum, denge, bütünlük ve ahenk önemli olan fonksiyonel unsurlardır ve değişmeyi gerçekleştiren çatışma olgusuna olumsuz bakma eğilimi vardır. Değişim derece derece ve düzenli olmalıdır; ani/devrimsel değişme toplumsal sorunlara neden olur (Kızılçelik, 1994b, s. 107).

Bu kuram intihar türleri hakkındaki açıklamalarıyla ünlüdür. Durkheim, intiharın nedenini psikolojik olaylarda ya da doğal çevrede değil yine toplumda arar (Kızılçelik, 1994a, s. 198-207; Avasthi, 2016, s. 4). Şöyle ki;

a) Kolektif vicdanın zayıflamasına bağlı anomik intihar.

b) Egoist intihar, bir kişinin sosyal bağları gevşediğinde veya kaybolduğunda; toplumsal bağların zayıf olduğu ve bireyin kendisini yalnız hissettiği durumlarda ortaya çıkar.

c) Özgeciliğe/Diğergamlığa göre intihar, bireylerin topluma çok güçlü bir şekilde bağlandığı zaman olur. Birey bir hak olarak gördüğü için değil gelenekler/âdetler nedeni ile intihar eder. Bazı ilkel toplumlarda kocalarının ölümü sonucu kadınların intihar etmesi buna örnektir.

d) Toplumun kolektif vicdanı çok güçlü olduğunda ölümle sonuçlanan intihar.

Bu kuram toplumsal gerilimleri görmezden geldiği için eleştirilmiş ve bu eleştirilere karşılık Merton, toplumsal çatışma/gerilimi ele almış; sistem içindeki bir ögenin pozitif işlevi olduğu gibi bozuk işlevi de olabileceğini öngörmüştür (Poloma, 1993, s. 40). Ayrıca bir toplumdaki bütün unsurların birbirine bağlı olmaması, ortaya çıkması muhtemel savaş ve çatışma için bir açıklama sağlayamaması; toplum için amaçsız bir fenomeni (akıl hastalığı gibi) ortaya çıkarmak için gerekli olan acil nedenleri ve motivasyonları göz ardı etmesi gibi sebepler nedeniyle eleştirilmiştir (Avasthi, 2016, s. 4).

Kişiler Arası İlişkiler Teorisi

Amerikalı Sullivan, kişilik gelişimi teorisini genişletmiş ve kişiler arası ilişkilere vurgu yaparak oluşturmuştur. Kişilik asla kişinin içinde yaşadığı ve varlığını bulduğu karmaşık kişiler arası ilişkilerden soyutlanamaz. Sağlıklı insan gelişimi kişinin diğer insanlarla yakınlık kurma yeteneğine dayanır. Kişilik ve hastalıklar, sosyal güçler ve kişiler arası deneyimler sonucu oluşur. Terapiden amaç; kişiler arası deneyimlerin onarılması ve pozitif bir ilişkinin sağlanmasıdır (Pehlivan ve Güner, 2015, s. 101). Bu kuram; bebeklik, çocukluk, ilk gençlik, ön/ergenlik, erken ergenlik, geç ergenlik ve yetişkinlik gelişim dönemlerini içerir. Temel özelliği, yedi evreden üçünün önemine binaen ergenlik dönemine ait olmasıdır. Ön ergenlik ve sonrası yaşananlar, yetişkinlikte tatmin edici ilişkiler yürütülmesinde etkilidir. Kaygı her yaşta tatmin edici kişiler arası ilişkileri engelleyici bir güce sahiptir (Burger, 2006, s. 179-181).

Birinci, ön ergenlik evresi 8-9 yaşlarında başlayan, kişilerin akranları ile yakın ilişkiler kurduğu dönemdir. Çevresini oluşturan bireylerin gereksinimlerine karşı duyarlı olmasını öğrenmesi gibi önemli psikolojik işlevleri vardır. Bu süreçte kurulan yakın arkadaşlıkla birlikte, kendisinin kabul edildiğini, sevildiğini hisseder. Ancak bu dönemde böyle ilişki geliştiremeyen çocuklarda yalnızlık duygusu gelişir ve ilerleyen dönemde yakın ilişkiler kurmakta zorlanırlar.

İkinci ergenlik, erken ergenlik döneminde ergenlik belirtileri başlamıştır. Fiziksel değişikliklerin yanısıra cinsel çekicilik olgusu keşfedilir. Kendini cinsel açıdan çekici bulmayan ergenlerin özgüvenleri zedelenir. Bu süreçte anne babaların tutumları da çocukların kendilik imgesini daha da incitebilir.

Üçüncü ergenlik; geç ergenlik evresi ise 18-20 yaşların başıdır. Uzun süreli cinsel ilişki ve mesleki/maddi konulara ilgi başlamıştır. Bireyler bu aşamaya kadar kullandıkları kaygı giderici taktiklerin bedelini ödemeye başlar (Burger, 2006, s. 180-181).

Bu anlayışa göre, sosyal ilişkiler biyolojik ritimleri senkronize eder ve kişiler arası problemler, bu biyolojik ritimleri bozar ve bu da somatik belirtilerde değişikliklere ve sonuçta depresyona yol açar. Kişiler arası ilişkiler ruhsal zorlanmalara neden olur (Avasthi, 2016, s. 4).

Bağlanma Teorisi

II. Dünya Savaşı esnasında John Bowlby tarafından bebekler ile birincil bakım veren ebeveynleri arasındaki etkileşim biçimlerinin gözlemlenmesiyle oluşturulmuş ve Ainsworth gibi kuramcılar tarafından genişletilmiştir. Bağlanma sistemi, doğada bütün memeli türlerde görülen, doğuştan var olan, bağımsız hareket etme kapasiteleri olmayan yenidoğanın hayatta kalmasını sağlayan evrimsel bir sistemdir. Bağlanma bağının kaybedilmesi, kaybolan ilişkiyi yeniden canlandırmak için yavaş yavaş artan ayrılık kaygısına yol açar. Anne/çocuk bağı, diğer nesnelerle sonraki tüm bağlar için bir prototip olarak kabul edilir. Bir kişinin bağlanma figürü olabilmesi için üç önemli fonksiyonu olmalıdır. Bağlanma figürü olarak adlandırılan birincil bakım veren ebeveyn, ihtiyaç hâlinde yakınlık kurulmak istenen kişidir ve istenmeyen ayrılıklar, zorlanma, stres, karşı çıkma ve yeniden bir araya gelme arzusunu tetikler. Bağlanma figürü güvenli bir sığınaktır; ihtiyaç olduğunda sakinleştirir, destekler ve korur. Kişinin çevresini ve kendini tanıması, risk alması için güvenli bir liman oluşturur. Çocuklukta bu kişiye yakınlaşmak için ağlama ve vücut dili etkin olarak kullanılır; yetişkinlikte ise sözlü/ yazılı iletişim ile bu kişinin rahatlatan, sakinleştiren imgesini zihinde canlandırmak yoluyla yakınlaşma davranışları devam eder (Yıldızhan, 2016, s. 67-68; Shaver & Mikulincer, 2009, s. 19; Maraş, 2015, s. 3; Bowlby, 1969; Ainsworth & Bowlby, 1991).

Anne ve çocuk arasında kurulan güvenli bir bağlanma ilişkisi çocuğa sağlıklı psikolojik gelişim imkânı sağlar. Doğru gelişmemiş ya da dönem dönem kesintilere uğramış bağlanma ilişkileri kişilik problemlerine ve zihinsel hastalıklara yol açar. Güvensiz bağlanma biçim, nevrotik bir kişilik gelişmesine zemin hazırlar. Benzer şekilde, bağlanma teorisinin çocukluk çağı psikozu, otizm ve davranış bozukluğu gibi çeşitli diğer psikiyatrik bozukluklarda da ilişkili olabileceği ileri sürülmüştür (Tüzün & Sayar, 2006, s. 25-26; Avasthi, 2016, s. 5).

Bağlanma ilişkisi biçimleri değişik şekillerde tasnif edilse de genellikle Hazan ve Shaver'in geliştirdiği değerlendirme ölçeğine bağlı sınıflama kullanılır (Hazan & Shaver, 1987). Güvenli/güvensiz bağlanma ilişkileri arasında bir ayrım yapılarak; güvensiz bağlanma, kaygılı ve kaçıngan bağlanma olarak ayrılmıştır.

Güvenli bağlanma ilişkisi kuran, herhangi bir hastalık gibi zorlanma karşısında sıkıntıya girse de toparlanacağı duygusunu yaşar.

Güvensiz/kaygılı bağlanan; erken çocukluk döneminde ebeveynlerinden sıklıkla tutarsız, çoğu kez aşırı koruyucu bir bakım görmüş olan kaygılı bağlanma biçimine sahiptir ve bir sıkıntı/hastalık karşısından başa çıkma kapasitesinin çok düşük olduğuna inanır.

Güvensiz/kaçıngan bağlanan; erken çocukluk döneminde çoğunlukla sorumsuz/ilgisiz ebeveyn bakımına maruz kalmıştır ve en iyi stratejinin kendi kendine yetmek olduğuna dair inanç geliştirir. Genellikle bir zorlanma/hastalık hâlinde kendi kendine yeten izlenimi verir.

Dezorganize bağlananan ise çocuklukta bakım veren kişi ile çok problemli ilişki deneyimleri yaşamıştır. Çoğunlukla kaotik, travmatik çocukluk deneyimleri olan bu kişilerin içsel çalışma modelleri diğerleri ile ilişki geliştirmede güvenilir bir stratejiye sahip değildir. Bu sebeple bir hastalık ve zorlanma durumunda tutarsız davranışlar sergilerler (Yıldızhan, 2016, s. 67-71).

Stres Teorisi

Hans Selye'nin 1936 yılında geliştirdiği teori olan stres teorisi, stresi kişinin çevreye uyum yapma sürecinde yaşadığı fizyolojik tepki olarak tanımlar. Stres, bir stresör ile karşılaşıldığında vücudun olaylara karşı verdiği özgül olmayan tepki olarak değerlendirilmiştir. Stres çevreden bireye yöneltilen ve bireyde kaçınılmaz denilebilecek gerilime yol açan olaylar bütünüdür. Daha çok psikoloji ve tıp sahasında kullanılan bu kavram aslen fizik kökenlidir; herhangi bir nesne/sisteme dışarıdan uygulanan bir güçtür (Akman, 2004, s. 41; Yıldırım vd., 2004, s. 2). Hans Selye'nin, stres üzerine oluşturduğu kuramı, Genel Adaptasyon Sendromu (G. A. S.), bir stresör ile karşılaşıldığında vücudun oluşturduğu tepkidir ve "alarm, direnç ve tükenme" şeklinde üç evreye ayrılır. Alarm evresinde vücut stresle karşılaştığında duygular şiddetlenir ve ilk tepki verilir. Direnç aşamasında, değişime direnerek homeostazis korunmaya çalışılır. Uygun başa çıkma kaynakları bu evrede yoğun kullanılır. Tükenme evresinde stres kaldırılamamışsa strese karşı koymak için vücut tükenme sürecine girer (Tan & Yip, 2018, s. 170-171; Szabo et al., 2012, s. 474).

Stres, özgül olmayan sonuçlar meydana getirir; sadece bedenin bir yerini değil bütün sistemi etkiler. Sadece kalbi, karaciğeri vb. değil bedenin tamamını etkiler. Stres hemen hemen her türlü değişim tarafından tetiklenebilmekte ve insanın bütün biyolojik işlevlerini etkileyebilmektedir. Bunun yanında Brown ve Harris (1978), stresin şiddeti ile depresyon başlangıcı olasılığı arasında doğrusal bir ilişkiyi ortaya koymuştur. Depresif bir dönemden sonra, bireyin hem biyolojik bir savunmasızlığa hem de daha fazla nükse ve strese yanıtı etkileyen bir sosyal savunmasızlığa sahip olduğu öne sürülmüştür. Stres depresyonun başlangıcından sonra ortaya çıkarsa, iyileşme önemli ölçüde gecikir. Diğer psikiyatrik bozukluklar açısından ele alındığında örneğin, şizofreni durumunda, stresin patojenik etkiden ziyade patoplastik etkiye sahip olduğu görülür (Akman, 2004, s. 42; Avasthi, 2016, s. 5).

Etiketleme Teorisi

ABD'de 1960'lı yıllarda yaygın olarak taraftar bulan teori, sembolik etkileşimcilik çerçevesinde gelişen Durkheim ve Simmel'den itibaren anomi kavramı temelinde ele alınan "sosyal normlardan sapma" hususunda önemli yaklaşımlardan birisidir. Frank Tannenbaum'un 1938'de gerçekleştirdiği "Kötülüğün Tiyatrosu" (*Dramatization of Evil*) adlı çalışmasıyla yapılanmıştır. Sapkın davranışın açıklamasında, bakışı suçluya değil toplumsal tepkiye/damgalamaya yöneltir. Bütün sosyal gruplar, belirli kurallar koyar ve eylemleri "doğru" ya da "yanlış" olarak nitelendirir. Toplum tarafından kabul edilen kuralı ihlal eden kişi, güvenilemeyen özel bir kişi olarak görülür ve bu durum bundan sonraki bütün hayatında o kişinin böyle görülmesine neden olabilir. Kişi de zamanla bu etiketi içselleştirir ve kişiliğinin bir parçası hâline getirir (Becker, 1963: 1; Dursun, 1997: 309; Göksu ve Karakaya, 2009: 28-32).

Kuramın önemli temsilcisi Becker (1963), sapkınlar hakkında "Neden yapıyorlar?", "Kural ihlalleri nasıl açıklanabilir?", "Onları yasak şeyler yapmaya yönlendiren ne var?" vari suallere cevap aramış; toplumsal kuralları bozan eylemler hakkında doğuştan sapmış bir şey olduğu ortak/sağduyu önermesinin kabul edildiğini ifade etmiştir. Sapma hakkındaki temel gerçek onun toplum tarafından yaratıldığıdır. Toplumlar kurallar koyarlar ve bu kuralları bozma sapma davranışını meydana getirir. Bu davranışı sergileyen bireyler ise dışarıdakiler olarak etiketlenir. Sapkın bu etiketin başarıyla uyarlandığı kimse; sapma davranışı ise toplumun öyle etiketlediği davranıştır (Becker, 1963, s. 4-15).

Etiketlemede, kişinin ve ailesinin geçmişi, dış görünümü, sosyoekonomik durumu, eğitimi, aksanı vb. önemlidir. Örneğin, bir kişi fakirse eğer hırsızlık suçunu işleyebilir ve şiddet kullanabilir. Bu bireyler çok daha kolay etiketlenmekte ve topluma yabancılaşmaktadır. Toplum sapma davranışı göstereni etiketler ve anormal kişi olarak görür. Eğer kişi de bunu kabullenirse bu doğrultuda davranmaya devam eder. Diğer taraftan etiketlenen birey dâhil olduğu sapkın grupları terk etmek istese dahi çok fazla engelle karşılaşır. Bir taraftan sapkın grup peşlerini bırakmaz bir taraftan ise katılmak istediği yeni grup onu içine almak istemez. Etiketleme bazı suçların üstü kapalı olarak kalmasına neden olabilir. Bazı cinsel saldırı mağduru kişiler damgalanmak korkusuyla durumu gizleyebilmektedir. Kronik akıl hastalığı da etiketlemenin yaşandığı birtakım sosyal süreçlerin bir sonucudur (Göksu ve Karakaya, 2009, s. 29-33; Gürler, 2017, s. 25-26).

BÖLÜM 4

PSİKİYATRİK SOSYAL HİZMET

PSİKİYATRİK SOSYAL HİZMET KAVRAMI, KAPSAMI

Sosyal hizmet, bir disiplin hem de buna dayalı bir meslektir. Biri, insanın ve toplumun yapısı ve sorunları üzerine bilgileri derler; diğeri ise insanın ve toplumun sorunlarına yönelik çözümleri/uygulamaları kapsar. Ulusal Sosyal Çalışmacılar Derneği (NASW)'in yaptığı tanımlamaya göre, sosyal hizmet bireylerin, grupların ya da toplulukların sosyal işlevsellik kapasitelerini geliştirmelerine ya da iyileştirmelerine ve hedeflerine uygun toplumsal koşulları yaratmalarına yardımcı olan profesyonel faaliyettir. Sosyal hizmet uygulaması, sosyal hizmet değerlerinin, ilkelerinin ve tekniklerinin bazı amaçlar doğrultusunda profesyonel bir şekilde uygulanmasından oluşur. Bu amaçlar, insanların somut bir şekilde hizmet elde etmelerine yardımcı olmak; bireylere, ailelere ve gruplara danışmanlık ve psikoterapi sağlamak, topluluklara veya gruplara sosyal ve sağlık hizmetleri sağlamaya veya iyileştirmelerine yardımcı olmak; bireylere savunuculuk yapmak ve ilgili yasal işlemlere katılmaktır. Bu uygulamaları gerçekleştirenler ise sosyal çalışmacılardır. Sosyal çalışmacılar, insanların problem çözme ve başa çıkma kapasitelerini arttırmalarına, bireylerin, grupların ve toplumun ihtiyaç duydukları kaynakları elde etmelerine yardımcı olur, bireyler ve çevreleri arasında etkileşimleri kolaylaştırır, organizasyonları insanlara karşı sorumlu kılar ve sosyal politikaları etkiler. Sosyal hizmet bütün bu faaliyetleri mesleki çerçevede farklı uygulama alanlarında gerçekleştirir. Psikiyatri alanı da bunlardan biridir ki bu alandaki uygulamaya psikiyatrik sosyal hizmet denilmektedir (Kongar, 1978, s. 1; Zastrow, 2010, s. 3-4).

Psikiyatrik sosyal hizmet zihinsel, duygusal ve davranışsal bozukluklarla ilgilenen, psikiyatri, klinik çalışma ve teori bilgisine sahip sosyal hizmetin özelleşmiş bir dalıdır. NASW'nin 2005'te yayınladığı "Sosyal Hizmet Uygulamasında Klinik Sosyal Hizmet için NASW Standartları"nda psikiyatrik sosyal hizmetin bireylerin, çiftlerin, ailelerin ve grupların ruhsal, zihinsel, duygusal ve davranışsal refahına odaklandığını belirtir. Psikiyatrik sosyal çalışmacıyı ise zihinsel, duygusal ve davranışsal rahatsızlıkları olan kişilerin teşhis ve tedavisinde yer alan önemli sağlık uygulayıcıları olarak tanımlar. Psikiyatrik sosyal çalışmacının dört yıllık lisans eğitimi sonrası psikiyatri alanında yapılacak yüksek lisans eğitimini ve diğer süpervizyon ve eğitimleri alması gerektiği ifade edilir (NASW, 2005, s. 7). Barker (2003)'a göre psikiyatrik sosyal hizmet, psikososyal işlev bozukluğu, engellilik ya da duygusal, zihinsel ve davranışsal bozuklukların tanı, tedavi ve önlenmesinde sosyal hizmet teorisinin ve yöntemlerinin profesyonel bir uygulamasıdır (Barker, 2003). Meyer'e göre, sosyal sorunlar psikiyatrik hastalıkların doğuşunda; sosyal faktörler de iyilik hâlinin sürdürülmesinde çok etkilidir. Bu nokta da sosyal çalışmaların önemi ve lüzumu ortaya çıkmaktadır. Psikiyatrik sosyal hizmet, zihinsel ve psikolojik sıkıntıları nedeniyle psikiyatri alanı içine giren kişi ve grupların, sosyal uyumsuzlukları ve ihtiyaçları üzerine de odaklaşan bir işlev, bir görevdir (www.hopkinsmedicine.org/; Özdemir, 1999, s. 96-97). Bulut (1993)'un çalışmasında ise

> *"Psikiyatrik sosyal hizmet; akıl ve ruh sağlığının korunmasına, ruhi ve akli yönlerden birçok güçlükleri olan kişilerin güçlüklerinin saptanmasında ve onların toplum içinde daha sağlıklı, daha yeterli ve sosyal işlevlerinin daha etkili bir biçimde yerine getiren bireyler hâline dönüşmelerine yardımcı olan meslektir." (s. 23)*

şeklinde tanımlanmıştır.

Psikiyatrik sosyal hizmet, akıl hastalığı olan; hastanede/ayaktan tedavi gören; rehabilitasyon çalışmalarına katılan bireylerin bakımını destekleyen; tedavi sağlayan ve koordine eden; bireyi çevresi içinde bütüncül olarak değerlendiren ve hastaların yaşam kalitesini arttırmayı hedefleyen özel bir tıbbi sosyal çalışma türüdür. Psikiyatrik sosyal çalışmacılar ise genel olarak psikososyal ve risk değerlendirmeleri, bireyle ve grupla çalışma, psikoterapi, psikoeğitim, krize müdahale, bakım koordinasyonu ve rehabilitasyon hizmetleri dâhil ancak bunlarla sınırlı olmamak üzere, müracaatçılara, hastalara yönelik hizmet sağlayan; psikiyatrist, psikolog, psikiyatri hemşiresi ve diğer bakım elemanlarından oluşan psikiyatri ekibinin üyeleridir. Psikiyatrik sosyal çalışmacıların ya da psikiyatri alanında görev yapan sosyal çalışmacıların rolleri farklı kaynaklarda farklı şekillerde ifade edilmiştir.

Avustralya Sosyal Çalışmacılar Birliği (AASW) ruh sağlığı alanındaki sosyal çalışmacıların rollerini açıklarken bireylerin, ailelerin, grupların ve toplulukların sahip olduğu akıl hastalıklarının oluşumunda tek bir faktörün etken olmadığını; ailevi, psikolojik, ekonomik, sağlık, eğitim, istihdam, yasal veya diğer toplumsal sorunlar ile kişisel faktörlerin de hastalıkların oluşumunda önemli olduğunu ve sosyal çalışmacıların psikiyatrik bozukluğu olan bireyleri desteklemede bu durumu merkezî bir odak almaları gerektiğini ifade etmiştir (AASW, 2015, s. 5-6).

Sosyal hizmet son asırda büyük ilerleme kaydetmiş; hayırseverlikle kalmanın ötesine geçmiştir. Artık medikal tedaviyi gerçekleştiren psikiyatri hekimleri hastayı psikiyatrik sosyal çalışmacıya yönlendirmekte; psikoterapi hizmeti almasının önünü açmaktadır. Psikiyatrik sosyal hizmet, talep gören bir meslek hâlini almıştır. Sosyal çalışmacılar; savunucu, arabulucu, vaka yöneticisi ve politik aktivistlerdir; bireyleri/aileleri zorlayan psikososyal stresörleri tedavi ederler. Bunun için de psikolojik müdahalenin yanı sıra aile terapisi, çift danışmanlığı ve davranış teknikleri gibi yöntemleri kullanırlar. Hastaları stabilize etmede yardımcı olmak için zorlukları tanımak; referans kaynaklarını kullanmak ve bunlara yönlendirmek onun vazifesidir. Artık psikiyatri alanında uzmanlaşmış sosyal çalışmacılar hastalarıyla birlikte karar verici konuma gelmiştir (Rullo, 2001, s. 211-214).

NASW (2011)'nin yayınladığı Ruh Sağlığı Kliniklerinde ve Ayakta Tedavi Birimlerinde Sosyal Çalışmacılar adlı çalışmasında sosyal çalışmacıların gerçekleştirdiği görevler tanımlanmıştır. Bu görevler (NASW, 2011, s. 1):

- Müracaatçılara yönelik uygun hizmetlerin belirlenmesi,
- Biyopsikososyal değerlendirme yapmak ve sosyal hikâyelerini almak,
- Madde kullanan müracaatçıları, destek sistemleri, fiziksel ve duygusal işlevsellik, finansal yeterlik, güvenlik, intihar ve cinayet düşüncesi vb. açısından değerlendirmek,
- Müracaatçının kendi kaderini tayin hakkı göz önünde bulundurularak, uygun tedavi ve rehabilitasyon planlarının uygulanması ve geliştirilmesi,
- Bazı özel ruh sağlığı sorunları için birey, aile ve grup terapilerinin doğrudan tedavi servislerinde sağlanması,
- Güvenliğe yönelik değerlendirme de dâhil olmak üzere kriz yönetimi sağlamak,
- Müracaatçıyı savunuculuk,
- Vaka yönetimi hizmetleri, toplum kaynaklarının harakete geçirilmesi, diğer profesyonellerle iş birliği sağlama ve bununla sınırlı kalmayan görevler,
- Klinikler tarafından sağlanan ruh sağlığı hizmetlerinin daha geniş bir topluluğa tanıtılması,
- Program fonu sağlamak/toplamak için bütçe yazılımı ve değerlendirmesine katılmak,
- Etik sorunları belirleme ve çözme,
- Personeli yönetmek, eğitim vermek ve denetlemek,

- Multidisipliner tedavi ekibinin bir parçası olmak ve bununla sınırlı kalmayan görevleri de içeren rollerdir.

Türkiye'de yapılan bir çalışmada sosyal çalışmacının özellikleri; iş birlikçi çalışma, çeşitliliğe saygı, etik ilkelere dayanma, eşitsizliğe karşı çıkma, iyileştirme, kişilerin ihtiyaçlarını ve güçlü yanlarını belirleme, hizmet kullanıcı odaklı hizmet verme, fark yaratma, güvenli ve olumlu risk almaya teşvik etme ve kişisel gelişim ve öğrenme olarak sıralanmıştır (Oral ve Tuncay, 2012, s. 105-112).

Sosyal çalışmacıların; mesleki bilgi/beceri ve değerlerini kullanarak kliniğe yatış gerçekleşmeden hastalığın ilk belirti evrelerinde koruyucu önleyici çalışmalar gerçekleştirmekten, hastaneye yatış sürecine ve taburculuk sonrası rehabilitasyon dönemine kadar farklı birimlerde alana özgü birçok görev tanımlaması yapılır. Psikiyatrik bozukluk belirtileri ortaya çıkmadan ya da ilk belirtilerinin görüldüğü evre de koruyucu önleyici çalışmalara katılmak, hastaneye yatış sürecinde hastanın ve ailesinin bir arada değerlendirildiği, psikoeğitim, danışmanlık, savunuculuk, psikoterapi, bireyle çalışma, grup çalışması ve taburculuk planlaması gibi hizmetlerin sağlandığı, taburculuk aşaması sonrası hastaların tıbbi takiplerinin yanında sosyal, ekonomik ve hukuki sorunları açısından takip ve tedavilerinin sağlanması, rehabilitasyon çalışmalarının gerçekleştirilmesi ve ailenin süreci en iyi şekilde yönetmesini sağlayıcı eğitimler sağlanması gibi rolleri içermektedir. Toplumsal düzeyde de damgalamayı önleme, toplum eğitimi ve politikalar geliştirme gibi hizmetler sağlanmaktadır.

PSİKİYATRİK SOSYAL HİZMET TARİHÇESİ

Psikiyatrik sosyal hizmette ilk çalışmalar, hekimlerin hasta hakkında bilgi almak amacıyla görevlendirdiği gönüllü kadınlar/hemşireler tarafından gerçekleştirilmiştir. XIX. yüzyıl sonlarında İngiltere'de akıl hastanesinden taburcu olan hastaların tekrar hastaneye dönüşünü engellemek için evde takip edilmesi görüşü benimsenir. Evlere ziyaretçiler gönderilerek hasta yakınlarına, hastaya bakım hakkında eğitimler verilir. 1895'te Londra'da "Lady Almoner" adlı gönüllü kadınlar teşekkülü tıbbi tedaviye ihtiyaç duyan ancak yoksulluk nedeniyle bunun ücretsiz yapılmasını isteyen hastaların sosyal durumlarını incelemek amacıyla evlerine gitmişlerdir. İlk almoner, 1895'te Londra'nın merkezindeki Royal Free Hastanesi'nde görevlendirilmiş Mary Stewart'dır. Stewart, sürekli olarak almoner rolünü yeniden şekillendirmiş; pozisyonu, tıbbi bir sosyal çalışmacınınkine benzer olarak biçimlenmiştir. Bu anlamda hastaları diğer tıbbi ve yardımsever yardım araçlarına yönlendirmek, hastaların evlerini ziyaret etmek ve diğer gönüllü hastanelerdeki pozisyonlara almonerler yetiştirmek gibi görevler üstlenmiştir. 1893'te ABD'de hastaneler ve toplum merkezlerince yoksul hastaların tedavi sonrası takiplerini sağlamak için evlerine hemşire gönderilmiştir. Hem tedavi aksamamış hem de hastalığın aile içinde yarattığı bireysel/sosyal sorunlar yerinde takip edilebilmiştir (Cullen, 2013, s. 552; Duyan, 2003, s. 39-40).

Takip eden yıllarda, ABD'de benzer durumlarda gönüllü ve daha sonra profesyonel sosyal çalışmacılar istihdam edilmiştir ve ilk resmi sosyal çalışma bölümü 1905 yılında Dr. Richard Cabot tarafından Massachusetts General Hospital'da kurulmuş ve burada sosyal çalışmacı görevlendirilmiştir. Bu girişimin ana amacı, hekimlerin hastalarının tıbbi durumu ve tedavisi üzerindeki sosyal ve çevresel etkilerin farkında olmak istemeleri ve sosyal hizmet çalışanını bu bilgiyi elde etmek için anahtar olarak görmeleridir. Aynı yıl Boston Mass. ve Bellevue Hastanesi'nde ve New York Cornell Kliniği nöroloji kliniklerinde ilk psikiyatrik sosyal çalışmacılar istihdam edilmiştir. Bu ilk sosyal hizmet uygulamaları, büyük ölçüde, Mary Richmond ve benzer düşünürlerin fikirlerine temel olan sosyal teşhis modeline dayanarak gerçekleştirilmiştir (Auslander, 2001: 202). Ertesi yıl, New York Eyaleti Yardımlaşma Derneği; New York'taki Manhattan Devlet Hastanesinde iş başı yapan psikiyatrik sosyal çalışmacılar, psikiyatristlerin ihtiyaç duydukları bilgileri, aile geçmişine ve geçmiş yaşam deneyimlerine dayalı elde etmek için hasta ailelerini ziyaret etmişlerdir. Zamanla görevlerine akıl hastalarının eve dönüşü için ailelerin hazırlanması işlevi de dâhil edilmiştir (http://history.amedd.army.mil/).

ABD I. Dünya Savaşı'na girdiğinde, psikiyatrik sosyal hizmet mesleğinin öncüleri, ordu/donanma hastanelerinde olası akıl hastalığına bakım sağlama ihtiyacına binaen 1918'de Smith College Northampton'da psikiyatri sosyal çalışmasına yönelik bir eğitim programı başlatmışlardır. Hatta Ordu Sağlık Dairesi ihtiyaçlar artınca askerî hastanelere de bu kadroyu talep etmişlerdir. İlk eğitimli sosyal çalışmacı, 01 Eylül 1918'de, tedavisi süren askerlerin kişisel, ailevi ve toplum arka planı üzerine bilgi edinme; teşhis/tedavi ve bakım sonrasında tıbbi görevlilere yardımcı olmak amacıyla çalışmaya başlamıştır. Bu eğitim programının amacı askerlere/ailelerine yönelik olsa da diğer uygulama alanlarına hızla yayılmıştır (http://history.amedd.army.mil/).

Psikiyatrik sosyal hizmetin gelişmesindeki önemli etkenlerden biri de çocuk rehberlik kliniklerinin gelişmesidir. 1921'de New York Sosyal Hizmet Okulu ve Zihinsel Hijyen Ulusal Komitesi'nin başlattığı Erken Çocuk Rehberliği Klinikleri çocuk suçluları hakkında bir endişeden dolayı ortaya çıkmış bir harekettir. Çocuklar için sosyal/psikolojik hizmetlerin eksikliği fark edilmiş ve çocuk rehberliği klinikleri, zihinsel/duygusal sorunlarına yönelik olarak da çalışmıştır. 1927 yılına kadar ülke çapına yayılmış hatta erken sosyal çalışmaya hızla nüfuz etmiştir. Psikiyatristler, psikologlar ve sosyal çalışmacılar bir arada "ekip" olarak değerlendirilmiştir. Sosyal çalışmacılar programın tanı/tedavi aşamalarına da katılmıştır (Toy, 1948, s. 1; Hay, 1990, s. 18; http://www.thegisw.org/).

Psikiyatrik sosyal hizmetin gelişiminin ilk yıllarında, sosyal çalışmacılar tamamen psikiyatristlerin güdümündedir. İşlevleri hastaların sosyal ortamlarına gönderilerek psikiyatristin ihtiyaç duyduğu bilgileri toplamakla sınırlı kalmıştır. Ama zamanla psikiyatride sosyal hizmet mesleğinin etkinliği artmıştır. Zamanla psikiyatrik sosyal hizmet; sosyal hizmet mesleğinin gelişimi, ruh sağlığı ve bilimlerde farklı yaklaşımların ortaya çıkması, toplumsal olgu/olaylardaki gelişim ve değişim; insana yaklaşımda yaşanan gelişmelerle farklılık göstermiş ve psikiyatri alanında son asırda daha etkili bir meslek hâline gelmiştir (Özdemir, 2000, s. 23-26; Rullo, 2001, s. 211).

Sosyal hizmetin ilk resmi örgütlenişi Sağlık Bakanlığı çatısı altındadır. 1958 yılında yapılan düzenlemeyle sağlık alanına ilave olarak bakanlığın o zamanki isminde yer alan "sosyal yardım" hizmetlerinin organizasyonunda yer alması da istenmiştir. 1959 tarih 7355 sayılı kanunla Sosyal Hizmetler Enstitüsü kurulmuştur. Ayrıca bakanlığın teşkilat yapısına Tıbbi Sosyal Hizmetler şubesi dâhil edilmiştir. Kanunun 7. maddesinde "*Tıbbi Sosyal Hizmetler Şubesi, sosyal hizmetlerin koruyucu, terbiye ve tedavi edici tıbbi sosyal cephelerini ihtisas bakımından tetkik ve bunların memlekette tatbikine dair olan esasları vaz'eder*" ifadesine yer verilmiştir. 1961 yılında Sosyal Hizmetler Akademisi kurulmuş; 1963'te Sağlık ve Sosyal Yardım Bakanlığı bünyesinde Sosyal Hizmetler Genel Müdürlüğü faaliyete geçmiştir. 1967 yılında, Hacettepe Üniversitesi'nde Sosyal ve İdari Bilimler Fakültesi, Sosyal Çalışma ve Sosyal Hizmetler bölümü kurulmuştur ki sağlık ve sosyal yardım aynı örgütsel yapı içerisinde değerlendirilmiştir. 1983 yılında 2828 sayılı Sosyal Hizmetler ve Çocuk Esirgeme Kurumu Kanunu ile sağlık ve sosyal hizmet arasındaki bağ kopmuş; sosyal çalışma mesleği içerisinde, sağlık alanı ihmale uğramıştır (Duyan, 1996, s. 10-19).

Günümüzde özellikle 2004 yılı itibari ile başlayan ve "sağlıkta dönüşüm programı ve sağlık hizmetlerinin etkinleştirilmesi" olarak isimlendirilen dönemden itibaren sağlık alanındaki sosyal çalışma uygulamalarının da yeniden ele alındığı görülmektedir. Son dönemlerde psikiyatri alanında ve ruh sağlığı politikalarında yaşanan gelişmeler, psikiyatrik sosyal hizmetin gelişimine önemli ölçüde katkı sağlamıştır. Ruh sağlığı hizmet modellerinde meydana gelen dönüşüm ve toplum temelli hizmetlere geçiş süreci ile birlikte TRSM'lerin açılması, psikiyatri alanında daha çok sosyal çalışmacı istihdam edilmeye başlanmasını sağlamıştır. Toplum ruh sağlığı merkezleri yönergesiyle de sosyal çalışmacılar merkezlerin daha aktif ve ekibin önemli bir üyesi olarak kabul edilmiştir (T.C. Sağlık Bakanlığı, 2011b).

Türkiye'de psikiyatri alanında ilk sosyal hizmet uygulamaları İstanbul Üniversitesi Tıp Fakültesi Çocuk Psikiyatrisi Enstitüsü'nün 1957 yılında başlayan ve "sosyal hemşire" adı verilen elemanlarca yürütülen faaliyetlerdir. Bu çalışma batı ülkelerindeki ilk uygulamalara benzer bir biçimde, hastanın çevresel ve kişisel özelliklerinin saptanması ihtiyacından doğmuştur. 1958/1961 arası 827 düzenli ziyaretle; ailelerle ilişkilerin geliştirilmesi, ailelerin hasta ve hastalığa karşı tutumlarının olumlu hâle getirilmesi amaçlanmış ve olumlu sonuçlar alınmıştır (Cebiroğlu, 1961; Özdemir, 1998, s. 122). Bir diğer uygulama ise Bakırköy Ruh ve Sinir Hastalıkları Hastanesi'nde Sosyal Hizmet Akademisi'nde okuyan 2. sınıf öğrencilerinin Başhekim Dr. Faruk Bayülkem'in ricası ile 1965 yılında gerçekleştirdikleri yaz uygulaması etkinliğidir (Bayülkem, 1998, s. 213). 1968 yılında Bakırköy Ruh ve Sinir Hastalıkları Hastanesi ile Hacettepe Üniversitesi Tıp Fakültesi psikiyatri kliniğine ilk sosyal çalışmacılar atanmıştır. Ardından 1970 yılında Ankara Üniversitesi Tıp Fakültesi Psikiyatri Kliniği'nde sosyal hizmet uygulamaları başlamıştır. Gülhane Askerî Tıp Akademisi Ruh Sağlığı ve Hastalıkları Kliniği'ndeki çalışmaların başlangıcı ise 1972'dir (Özdemir, 1998, s. 123).

BÖLÜM 5

PSİKİYATRİK SOSYAL HİZMET UYGULAMALARI

DÜNYADA PSİKİYATRİK SOSYAL HİZMET UYGULAMALARI

Dünyada ruh sağlığı alanında yaşanan gelişmeler, hastane temelli ruh sağlığı hizmet modelinden toplum temelli ruh sağlığı hizmet modeline geçiş, DSÖ'nün ülkelerin ruh sağlığı politika metinleri olmasının yeterli ve kaliteli ruh sağlığı hizmeti sunulabilmesi için ana ve güçlü bir araç olduğunu vurgulaması ve ruh sağlığı politika metinleri olmayan üye ülkelerin bu anlamda ruh sağlığı politika metinleri oluşturmaya başlaması gibi etkenler, her geçen gün tıbbi alanda sosyal hizmet alanına olan ilgiyi arttırmıştır. Biyopsikososyal yaklaşıma göre, psikiyatri alanında sosyal çalışmacıların psikiyatrik ekibin içinde etkinleşmesi psikiyatri hastasının tam bir iyilik hâlini sürdürmesi için gereklidir. Ancak her ülkede psikiyatrik sosyal çalışmacılara aynı derecede önem verildiği söylenemez. Hatta dünya genelinde ülkeden ülkeye değişmektedir.

Avustralya

Avustralya'da, Avustralya Sosyal Çalışmacılar Sendikası (AASW), akıl sağlığı alanında uzmanlık için yetki sahibidir. AASW'nin yaptığı değerlendirme sonucu başarılı olan sosyal çalışmacılara Akredite Ruh Sağlığı Görevlisi (AMHSW) statüsü verilmektedir. Akredite Ruh Sağlığı Sosyal Çalışmacısı, akıl sağlığı bozukluğu olan kişilerin değerlendirilmesinde ve tedavi edilmesinde daha etkin ve aktif rol oynar. Bu kişilerin daha deneyimli olduğu kabul edilir ve ruh sağlığı alanında depresyon ve diğer duygudurum bozuklukları, anksiyete bozuklukları, kişilik bozuklukları, psikoz, intihar düşünceleri, ilişki sorunları, hayat krizleri, travma ve aile çatışmaları yaşayan bireylerin ilişkili sosyal ve diğer çevresel problemlerini çözmelerine ve yaşam kalitelerini iyileştirmelerine yardımcı olurlar. Bireysel, aile ve grup terapileri gerçekleştirirler ve bir psikiyatrik bozukluğu olan bireyin arkadaş, aile ve çevre ilişkilerinde, iş ve eğitim alanında vb. alanlarda yaşayacakları problemleri de göz önünde bulundurarak daha geniş kapsamlı hizmet sunarlar. Zihinsel sağlık bozukluğu olan kişilere yardımcı olmak için "bilişsel davranışçı terapi, davranışsal müdahaleler, bilişsel müdahaleler, gevşeme stratejileri, beceri eğitimi, problem çözme, öfke kontrolü, sosyal beceriler, stres yönetimi, ebeveynlik yetenekleri, kişiler arası terapi, psiko-eğitim (Motivasyonel Görüşme dâhil), anlatı terapisi" gibi bir dizi müdahalede bulunurlar (https://www.aasw.asn.au/).

Avustralya'da sosyal çalışmacının farklı alanlara bölünmüş rol tanımlamaları yapılmıştır (AASW, 2015, s. 4-5);

- *Kamu Ruh Sağlığı* alanında klinik, toplum, konut, yataklı ve ayaktan tedavi ünitelerinde psikososyal destek, tedavi ve rehabilitasyon hizmetleri sağlamak,
- *Yetişkin ruh sağlığı* alanında multidisipliner ekibin bir parçası olarak çalışan sosyal çalışmacıların, taburculuk planlamasının koordinasyonu dâhil, bireysel/aile/bakıcı değerlendirmesi, müdahale, tedavi ve destek hizmetleri gerçekleştirmek,
- *Özel uygulama* alanında, devlet tarafından finanse edilen veya uyguladığı girişimler yoluyla doğrudan ücret alabilen serbest meslek sahibi psikiyatrik sosyal çalışmacının, danışmanlık ve terapötik müdahaleler sağlamak,
- *Topluluk ekipleri* alanında, psikiyatristler de dâhil olmak üzere multidisipliner ekiplerle, özellikle şizofreni, bipolar

bozukluk ve yeme bozuklukları gibi bozukluklarla birlikte vaka yöneticileri veya baş klinisyenler olarak çalışmak,

- *Çocuk ve ergen ruh sağlığı ekipleri* alanında, multidisipliner ekibin bir parçası olarak liderlik veya klinisyen rollerinde, 0-18 yaş arası çocuklar ve aileleri için zihinsel sağlık ihtiyaçlarını desteklemek,
- *Birincil akıl sağlığı bakımı* alanında, psikiyatrik risklerin şiddetli ve kalıcı bir nitelik taşımadığı anksiyete ve depresyon gibi daha yüksek sıklıkta görülen bozukluklar için daha uzun süreli tedavi müdahaleleri gerçekleştirmek,
- *Üçüncül ruhsal sağlık hizmetleri* alanında değerlendirme, vaka yönetimi, kriz müdahalesi, rehabilitasyon ve yatarak tedavi uygulamalarını sağlamak,
- *Hükümet dışı kuruluşlar (STK)*'larda ve devlet psikiyatri hizmetleriyle yakın iş birliği içinde çalışmak için finanse edilen kuruluşlarda, ruhsal sağlık hizmetlerini sağlamak,
- *Psikiyatrik Hastalığı Olan Ebeveynlerin Çocukları* için aileleri desteklemeyi amaçlayan hizmetler ve özel programlar geliştirmek,
- *Önleme programları* alanında, sosyal çalışmacıların okullara, eğitim ortamlarına ve okul öncesi döneme yönelik eğitim çalışmaları ile önlemeyi sağlamak,
- *Perinatal hizmetler*de, psikiyatrik hastalık veya rahatsızlık riski taşıyanlara odaklanan, hamile veya yeni annelere ve partnerlere destek veren, toplum temelli multidisipliner ekibin içinde yer almak,
- *Annelik destek hizmetleri*nde yataklı tedavi kliniklerinde gerçekleştirilen yeni annelere ve babalara genel olarak destek vermek ve doğum sonrası depresyon veya diğer ortaya çıkan ihtiyaçların risklerini tanımlamak,
- *Yaşlı akıl sağlığı* alanında, taburculuk planlaması ve taburculuk sonrası için topluma geçiş veya yaşlı bakım tesisine

geçişte aile üyeleri, toplum ekipleri, doktorlar ve yaşlı bakım tesisleri ile yakın ilişki kurmak,

- *Gaziler ve şu anda hizmet veren Avustralya Savunma Gücü (ADF)* alanında Gazilerle çalışmak ve ADF personeli ile ailelerine hizmet etmek ve psikososyal müdahaleler sağlamak,
- *Yerli topluluklar* için ruh sağlığı ve refah hizmetlerini gerçekleştirmek ve
- *Uzman hizmet* alanları olan adli, transkültürel ruh sağlığı ve hapishane sağlık hizmetleri alanlarında sosyal hizmet müdahaleleri gerçekleştirmektir.

Almanya

Alman ruh sağlığı sistemi, Birleşik Krallık'tan farklıdır. Ulusal Sağlık Hizmetinde (NHS) olduğu gibi genel sorumluluğu yüklenen merkezi bir örgüt yoktur. Hükümetin politika ayrıntılarını yazma, belirleme hakkı da yoktur. Sadece yasal çerçeveyi belirler, genel hedefleri tanımlar ve harcama düzeyini etkiler. Diğer sağlık hizmetlerinde olduğu gibi akıl sağlığı hizmetleride, federal otoriteler, yerel yönetimler ve ofis temelli psikiyatristlerce hasta bakımını düzenleyen yarı resmi kurumlar arasında paylaşılır. Her vatandaşın sağlık sigortası vardır; olmayanın da sağlık hizmetine erişimi ücretsizdir ki masrafları genellikle çeşitli fonlardan pay ayrılan Sosyal Hizmetler karşılar. Almanya'da karmaşık ve parçalı bir sistemin olduğunu söylemek mümkündür (Kunze et al., 2004, s. 218). Sağlık sigortası, uzun süreli bakım sigortası ve yerel makamların sağlık hizmetleri de dâhil olmak üzere, sosyal hizmetlerin finansmanından çeşitli kurumlar sorumludur. Ruh sağlığı hizmetleri, psiko-sosyal hizmetler, uzmanlaşmış psikiyatri hastaneleri hizmetleri ve toplum temelli ruh sağlığı merkezleri kamu, özel ve gönüllü sosyal yardım kuruluşları tarafından finanse edilmektedir. Örneğin, Gündüz merkezlerini yerel yönetimlerin desteğiyle gönüllü sosyal yardım kuruluşları finanse etmektedir (Europen Social Network, 2011, s. 11).

Tüm ülkede genel olarak gerçekleştirilen sosyal hizmet etkinlikleri şöyle sıralanabilir (Hussein, 2011, s. 23);

- Bireyler, aile, bakım verenlerin risk, ihtiyaç ve koşullarını değerlendirmek,
- Sosyal hizmet uygulamalarını planlamak, gözden geçirmek ve değerlendirmek,
- Bireylerin ihtiyaçlarını, görüşlerini ve koşullarını temsil etmeleri için desteklemek,
- Bireylere, ailelere ve bakım verenlerle ilgili riskleri yönetmek,
- Diğer profesyonellerle ve farklı kurumlarla iş birliği içinde çalışmak,
- Vaka Yönetimi,
- Çocuklar, aileler, yetişkinler ve yaşlılar için bakım programlarını yönetmek,
- Topluluk gelişimi,
- Rehberlik,
- Ceza adalet sistemi ile çalışmak,
- Araştırma ve proje çalışması,
- Denetim ve uygulama eğitimi ve
- Klinik sosyal çalışma; sosyal politikaya katılım ve terapi çalışması.

Ayrıca psikososyal danışma merkezleri bulunmaktadır. Psikososyal danışma merkezleri; zulüm, işkence, hapis ve savaş nedeniyle travmatize edilmiş; psikiyatrik hastalıklar nedeniyle mağdur olan mülteciler için psikoterapi ve yüz yüze görüşme gibi hizmetler sunar (Trautmann, et al. 2017: 16).

Kanada

Kanada'da resmî olarak ruh sağlığı hizmetleri genellikle kamu eliyle sağlanır. Ama bazı gönüllü veya özel sektör kurumları; özel uygulayıcılar da bulunur. Sosyal çalışmacılar, tüm sektörlerdeki mikro, mezzo ve makro düzey uygulamalarda yer alır. *Mikro/mezzo* düzeylerde sosyal çalışmacılar öncelikle, müracatçıların ve ailelerinin sosyal refahına ve fiziksel, ruhsal ve duygusal iyilik hâllerinin sağlanmasında dengeyi gözetir. *Makro* düzeyde ise hastalık/tedavi sorunlarının ötesinde, insani, sosyal/politik konular üzerinde çalışır. Toplumsal eşitsizlik ve yapısal sorunları tanımlayıp ele almak için "bireysel teşhise odaklanma"nın ötesine geçilir. Sosyal çalışmacıya biçilen rol tüm ruhsal sağlık disiplinleri için ortaktır. Sosyal çalışmacının "önleme, tedavi ve rehabilitasyon" gibi mesuliyeti vardır (CASW, https://www.casw-acts. ca/):

Önleme faaliyetleri, duygusal öz bakım ve sağlıklı ilişkiler, toplum bilgisi ve becerileri, sosyal eylem ve sosyal adalet için savunuculuk konularında kamu ve müracaatçı eğitimini içerir.

Tedavi faaliyetleri, akut psikiyatrik belirtiler, duygusal travma, ilişki sorunları, stres, sıkıntı ya da kriz yaşayan bireyler üzerinde odaklanma/değerlendirme, risk yönetimi, bireysel, çift, aile ve grup danışmanlığı, müdahale, tedavi ve savunuculuğu içerir.

Rehabilitasyon faaliyetleri ise akıl hastalığı sebebiyle engellenen müracatçılara odaklanır ve bilgi ve becerilerini geliştirmek için bireysel, çift, aile ve grup müdahaleleri, kurum bakımı, mesleki ve boş zaman kaynaklarının sağlanması ve ihtiyaç duyulan hizmetlerin geliştirilmesini sağlamak ve toplumun tutumlarını değiştirmek için savunuculuk faaliyetleridir. Çalışma ortamına özel olarak ruh sağlığı alanındaki sosyal çalışmacıların sunduğu hizmetler (CASW, https://www.casw-acts. ca/);

- D*oğrudan hizmetler*, danışmanlık, kriz müdahalesi, terapi, savunuculuk, kaynakların koordinasyonu vb. şeklinde birey/çift ve ailelere /gruplara sağlanan uygulamalar,
- *Vaka yönetimi*, belirli müraacatçı, grup veya nüfus için disiplinler arası hizmet koordinesi,

- *Toplumsal gelişim*, ihtiyaçların tanımlanması ve zihinsel sağlık kaynaklarının toplumun ihtiyaçları perspektifinden geliştirilmesi için topluluklarla çalışma,
- *Süpervizyon ve danışmanlık*, klinik gözetim/konsültasyon, kalite ve yönetim denetimleri ve akıl sağlığı hizmetlerinde yer alan diğer sosyal çalışmacıları gözden geçirme,
- *Program yönetim ve idaresi*, bir akıl sağlığı programını ve/veya hizmet sunum sistemini denetleme,
- *Organizasyonel gelişim,* öğretim, atölyeler, konferanslar ve profesyonel hizmetler,
- *Program, politika ve kaynak geliştirme*, analiz, planlama, standartlar oluşturma, *araştırma ve değerlendirme* ve *sosyal eylem*lerdir.

Kanada'da sağlık alanında sosyal hizmetlere gereken önemin verilmediği iddia edilir. Buna neden olarak; üniversite sosyal hizmet programları, sosyal hizmet mesleğinin yeterli desteği görememesi, sağlık ve sosyal hizmetin iki ayrı bakanlık tarafından idaresi, bazı sosyal çalışmacıların sağlık hizmetlerinde meslek sahibiyken, mesleğin farklı bir bakanlık tarafından düzenlenmesi gösterilir. Bu anlamda sosyal çalışmacılar CASW'nin ifade ettiği rolleri gerçekleştirmesine rağmen sağlık hizmetlerinde kilit aktör olarak görülmezler (O'brien ve Calderwood, 2010, s. 319-324).

İngiltere

İngiltere'de Genel Sosyal Bakım Konseyi (GSCC), sosyal hizmet için yetkili otorite idi ve kayıt, davranış, standart belirleme ve sosyal hizmet eğitiminin yasal düzenleyici fonksiyonlarını yerine getirerek, sosyal hizmet işlevleri açısından insanların güvenliğine ve korunmasına katkıda bulunmaktaydı. 31 Temmuz 2012'de kapatılan bu kurum Bakım Meslekleri Konseyi olarak yeniden adlandırılan Sağlık Meslekleri Konseyi tarafından devralındı (https://www.gov.uk/government/organisations/ general-social-care-council). Meslek ve eğitim öğretim standartlarını belirleyen bu konseyin görevleri bakanlık dışı yeni bir kamu kurumu olan "Sosyal Hizmet İngiltere"ye devredilmiştir. Sosyal Hizmet İngiltere 2017 Çocuk ve Sosyal Hizmet Yasası ile birlikte kurulmuştur. Kurumun amacı İngiltere'deki sosyal çalışmacıları, insanların hayatta ihtiyaç duyduklarında mümkün olan en iyi desteği almaları için düzenlemektir. 2018 yılında, Sosyal Hizmet Çalışanları Yönetmeliği yayımlanmıştır. Sosyal çalışma, düzenlenmiş bir meslektir ve çalışanların tümü kayıt ve takip altındadır. Öğrencilerin uygulama ortamlarında farklı deneyimler/öğrenimleri için en az iki uygulama ortamında, 200 gün geçirmeleri gerekmektedir. Kurumun belirlediği Profesyonel Mesleki Standartlar (https://www.socialworkengland.org.uk/);

1. Birey, aile ve toplulukların haklarını, güçlü yönlerini ve refahını teşvik etmek,
2. İnsanların güvenini oluşturmak ve sürdürmek,
3. Uygulamanın kalitesinden ve alınan kararlardan sorumlu olmak,
4. Sürekli mesleki gelişimi sürdürmek,
5. Güvenli, saygılı ve profesyonel dürüstlükle hareket etmek,
6. Etik uygulamaları teşvik etmek ve endişeleri bildirmektir.

Akıl sağlığı hizmetleri temel olarak Ulusal Sağlık Hizmeti'nin (NHS) yerel altyapısında "barındırılan" sosyal bakım ve sağlık hizmetleri aracılığıyla sağlanır (Europen Social Network, 2011, s. 11). Sosyal Hizmet Koleji (CSW), ruh sağlığı alanında beş temel uygulamaya dikkat çeker (Allen et al., 2016, s. 5-6);

1. Vatandaşların sosyal hizmet hakları ve sosyal hizmet uygulamaları ve kendilerine ait olan tavsiyelere erişmelerini sağlamak, yasal görevleri yerine getirmek ve yerel otoritenin bireye özgü sosyal bakım normlarının teşviki,
2. Bireyler ve ailelerle iyileşmenin ve sosyal içermenin teşviki,

3. Sosyal, aile ve kişiler arası karmaşıklık, risk ve belirsizlik ile karakterize edilen durumlarda profesyonel liderlik ve becerinin gösterimi/teşviki,
4. Topluluk kapasitesini, kişisel ve aile direncini, daha önceki müdahaleyi ve aktif vatandaşlığı desteklemek için yerel topluluklarla ortak olarak ve yenilikçi bir şekilde çalışmak,
5. Onaylanmış Zihinsel Sağlık Profesyonel iş gücüne liderlik etmektir.

Yasal yetişkin ruh sağlığı hizmetleri sunan sosyal çalışmacılar, çoğunlukla, akıl sağlığı sorunları olan insanlara karşı sorumluluklarını ve görevlerini yerine getirmelerini ve genel ruh sağlığı destek sistemine katkıda bulunmalarını sağlamak için yerel otoriteler tarafından istihdam edilmekte veya finanse edilmektedir. Sosyal çalışmacılar, genellikle çok zor koşullarda, insan haklarını korumak, bireylerin kendi kaderlerini tayin etmelerini teşvik etmek ve insanların değişiklik yapmasını sağlamak için vatandaşlarla ve toplumlarla iş birliği içinde çalışmak gibi rolleri gerçekleştirir. Katılımı ve iş birlikçi çözümleri optimize etmek için aileler, bakım verenler ve bireylerle birlikte çalışmak üzere eğitilir (Allen, 2014, s. 5-6).

İsveç

İsveç'te, dünyada meydana gelen toplum temelli ruh sağlığı yapılarından etkilenerek 1973'te Ulusal Sağlık ve Sosyal Güvenlik Kurulu raporu hazırlanmıştır. Daha evvel sadece büyük psikiyatri hastanelerinde sunulan psikiyatri hizmetlerinde alternatif ayaktan psikiyatrik tedavi rehabilitasyon hizmeti verilmezken; yeni yapıyla psikiyatri hastalarının hospitalizasyonunu azaltmak amaçlanmıştır. Ayrıca ayaktan tedavi hizmetlerini güçlendirmek için psikiyatri hemşireleri, psikologlar ve sosyal hizmet uzmanları uygulamaya dâhil edilmiş; yataklı birimlerle eş güdümlü çalışan tedavi ekipleri oluşturulmuş ve psikiyatri hizmetlerinin belirli bir tarama alanı içerisinde hizmet sunması planlanmıştır. 1985'te bu prensiplere uygun 135 psikiyatri kliniği oluşturulmuştur. Ancak hâlen sosyal hizmet uygulamalarının yetersiz olduğu gözlemlenmiştir (Ulaş, 2008, s. 8). Sosyal çalışmacılar, psikiyatrik bozukluğu olan bireylerin psikiyatri kurumları dışında yaşamlarına uyumlarını kolaylaştırmak, sosyal bütünleşmesini sağlamak ve hasta ailelerini de tedavi sürecine dâhil ederek rehabilitasyon hizmetlerini kolaylaştırmaya yönelik çaba göstermektedir. Hedefleri, toplumun geri kalanıyla eşit şartlarda mümkün mertebe en iyi yaşam koşullarını ve sosyal entegrasyonu sağlamaktır (Stefansson&Hansson, 2001, s. 83).

Reform sürecinde psikiyatri hastanelerinde yatak sayısı azaltılarak hastaların toplum içerisinde tedavi/rehabilitasyon hizmetlerinde önemli ilerlemeler sağlanmıştır. Ancak özgül Toplum Ruh Sağlığı Merkezleri kurmak yerine bu uygulama daha çok yerel sosyal hizmetler alanında geliştirilmiştir. Psikiyatri hastalarına evde destek sunulmuş, tek başına yaşayamayacak durumda olan hastalara barınma hizmetleri sağlanmış, hastaların günlük aktiviteleri planlanmış, rehabilitasyonları gerçekleştirilmiş ve hastalara korunaklı iş imkânları oluşturulmuştur (Stefansson ve Hansson, 2001, s. 83).

Japonya

Japon hükümeti, dünyada meydana gelen toplum temelli hizmet modeline geçiş sürecinden etkilenmiş ve 20 yılı aşkın bir süredir toplum odaklı bir zihinsel sağlık sistemi oluşturmak amacıyla çok sayıda zihinsel sağlık politikası ve kanunu oluşturmuştur. Ancak OECD üyesi ülkeler arasında 100.000 kişi başına ortalama 269 psikiyatri yatak sayısı ile en yüksek ortalamaya sahip ülke olması, intihar vakalarının görülme sıklığının fazlalığı ve 300.000'den fazla psikiyatri hastasının hâlen hastanelerde bakım hizmeti alıyor oluşu sebebiyle toplum temelli hizmet modeline geçiş sürecinin gerisinde kalmıştır (OECD, 2014: 11; Kanata, 2016: 471).

Japonya'da psikiyatrik sosyal çalışmacılar, Ulusal Sağlık, Çalışma ve Refah Bakanlığı tarafından ulusal olarak lisanslanmaktadır. 1997 tarihli Psikiyatrik Sosyal Çalışmacılar Yasası ile zihinsel engelli kişilerin rehabilitasyonunu ve sosyal katılımını teşvik için ulusal sertifikasyon mecburiyeti getirilmiş; genel hastaneler, psikiyatri hastaneleri, psikiyatri klinikleri ve yerel Ruh Sağlığı Refah Merkezleri gibi kurumlarda en az bir psikiyatrik sosyal çalışmacı istihdam edilmesi zorunlu kılınmıştır. 2012 tarihli araştırmaya göre, psikiyatrik sosyal çalışmacıların %35'i tıp kurumlarında, %30.2'si toplumlarda, %13.4'ü devlet kuruluşları için çalışmaktadır. 2016 yılında ise kayıtlı psikiyatrik sosyal çalışmacı sayısı 71.371'i bulmuştur (Kanata, 2016: 481; http://tokyo counseling.com).

Psikiyatrik sosyal çalışmacılar, Japon Psikiyatrik Sosyal Çalışmacılar Derneği'ne (JAPSW) göre, sosyal rehabilitasyon ve savunuculuk faaliyetleri yürütmekte, hastaların refahını iyiliştirici çalışmalar gerçekleştirmektedir. Ayrıca hastalara danışmanlık yapmak, hastaların ailelerini desteklemek, sosyal kaynaklar sağlamak, toplum odaklı destek sağlamak, hastalarla daha yakın ilişki kurmak, tıbbi kurumlar ile toplum arasında köprü görevi oluşturmak, hastaların sosyal bütünleşmesini desteklemek, eğitim faaliyetleri sağlamak ve psikiyatri ekibi ile ilişki kurmak sosyal çalışmacının rolleri arasında yer almaktadır. Okul sosyal hizmeti alanında ve işyerlerinde stres ve depresyon gibi ruhsal sorunları önleme çalışmalarıda gerçekleştirmektedirler (http://www.japsw.or.jp/; Tanioka et al., 2002: 76).

Türkiye

Türkiye'de tıp alanında sosyal hizmet uygulamalarına 2011 yılında yayınlanan "Tıbbi Sosyal Hizmet Uygulama Yönergesi" ile yasal bir çerçeve oluşturulmuştur. Yönerge, sağlık kurum ve kuruluşlarından hizmet alan hastaların tedavi sürecini etkileyen psikososyal ve sosyoekonomik sorunlarının, sosyal hizmet mesleği ve disiplininin yöntem ve teknikleri ile zamanında çözümlenebilmesi ve bu kapsamda gerçekleştirilecek uygulamaların bütün ülke geneline yaygınlaştırılması amacıyla oluşturulmuştur. Yönergeye göre hastanelerde sosyal hizmet birimleri oluşturulmuştur. Sosyal hizmet birimlerinde görev yapan sosyal çalışmacıların görev ve sorumlulukları bu yönergede değerlendirilmiştir.[2] Psikiyatri alanında görev yapan sosyal çalışmacılar da bu yönetmeliğe göre görev ve sorumluluklarını gerçekleştirir (T.C. Sağlık Bakanlığı, 2011c).

2006 yılında Sağlık Bakanlığı, hastane temelli modelden toplum temelli modele geçme kararı almıştır. Önce Nisan 2009'da Toplum Ruh Sağlığı Merkezleri açma kararı alınmış; pilot çalışmaların sonuçları değerlendirilerek Şubat 2011'de "TRSM Hakkında Yönerge" yayınlanarak uygulamaya konulmuştur. 2021 yılı şubat ayı itibari ile de Türkiye'de Kamu hastanelerine bağlı (özel ve üniversite hastaneleri hariç) sağlık tesislerine bağlı olan tescilli TRSM sayısı 177'dir (https:// khgmsaglikhizmetleridb. sag-

---

[2] Sosyal çalışmacının görev ve sorumlulukları şunlardır:

a) Mesleki çalışmalarını ilgili mevzuata uygun olarak yürütür.

b) Hastaneden hizmet alan,
Kimsesiz, terk ve bakıma muhtaç hastalar, engelli hastalar, sağlık güvencesiz hastalar, yoksul hastalar, aile içi şiddet mağduru hastalar, ihmal ve istismara uğramış çocuk hastalar, mülteci ve sığınmacı hastalar, insan ticareti mağduru hastalar, yaşlı, dul ve yetim hastalar, kronik hastalar, ruh sağlığı bozulmuş hastalar, alkol ve madde bağımlısı hastalar, yabancı uyruklu olup tedaviden yararlanamayan hastalar, il dışından gelen hastalar öncelikli olmak üzere tıbbi sosyal hizmete ihtiyaç duyan hastalar için sosyal hizmet müdahalesini planlar ve uygular.

c) Hastalığa ve tedavi sürecine uyumda zorlanan hastaların uyumunu sağlamak için gerekli sosyal hizmet müdahalesini gerçekleştirir.

ç) Hastanede yatarak tedavisi tamamlandığı hâlde ikametine gidemeyecek derecede düşkün ve kimsesi bulunmayan veya aileleri tarafından alınmayan hastaların ikametine nakillerini koordine eder. Bu kapsamda mahalli idarelerle koordinasyonu sağlar.

d) Afetlerde, gerekli sosyal hizmet müdahalesini planlar ve uygular

e) Tıbbi sosyal hizmetle ilgili konularda hastane personeline, hasta ve hasta yakınlarına yönelik eğitimler yapar.

f) Mesleği ile ilgili kongre, sempozyum, eğitim vb. toplantılara katılır, mesleki projeler planlar ve uygular.

g) Rapor ve kayıtları gizlilik ilkesine uygun olarak tutar.

ğ) Çalışmalarından birim sorumlusuna karşı sorumludur.

h) Tek sosyal çalışmacı olması hâlinde birim sorumlusunun görevlerini yerine getirir.

ı) Birim sorumlusunca verilen diğer görevleri yerine getirir.

lik.gov.tr/). TRSM'nin işleyişi ile ilgili ayrıntılı bilgiye Türkiye'de Uygulanan Politikalar başlığı altında yer verilmiştir. Bu merkezlerde sosyal çalışmacının görevleri genel olarak sorumlu olunan bölgedeki hastalara yönelik verilen sosyal hizmet müdahaleleridir. Bu görevler "rehabilite edici ruh sağlığı alanında psikiyatrik sosyal çalışmacının rol ve sorumlulukları" başlığı altında ayrıntılı olarak değerlendirilecektir (T.C. Sağlık Bakanlığı, 2011b).

2018 yılı itibari ile Sağlık Bakanlığına bağlı 1379 sosyal çalışmacı bulunmaktadır. Bunların 139'u TRSM'de görev yapmaktadır (https://www.cimer.gov.tr/).

BÖLÜM 6

PSİKİYATRİDE EKİP

Psikiyatri Alanında Ekip Çalışması ve Ekip Kavramı

Sağlık alanında ekip çalışması, sorunların gerçekten ve bütüncül ele alınabilmesi için temel bir unsurdur. 20. yüzyılın ortasından itibaren toplum temelli ruh sağlığı modeline geçişle, insan haklarına artan vurgu, kurumsallaşmanın zarar verici etkilerinin anlaşılması, aile ve hasta örgütlerinin katılımı, maliyet değeri ve terapötik toplum hareketinin etkisi ile "ekip çalışması"na verilen önem artmıştır (Mental Health Commission, 2006: 10). Psikiyatrik bozukluğu olan bireylerin biyolojik, psikolojik ve sosyal özellikleri ile birlikte ele alınabilmesi ve takip ve tedavilerinin bütüncül olarak gerçekleştirilebilmesi için çoğul etkenli bir yaklaşım ve dolayısıyla farklı meslek gruplarının bir arada ve etkileşim içerisinde faaliyette bulunması gerekmektedir. Bu açıdan ekip kavramı Katzenbach ve Smith (1993) tarafından, "Ekip, kendilerini ortak olarak sorumlu gördükleri ortak bir hedef, performans amaçları ve yaklaşımı benimseyen, birbirini tamamlayan yetenekte kişilerden oluşan küçük bir insan grubudur." diye tanımlanmıştır. Bir ekibin temel unsurları, tamamlayıcı beceriler, ortak amaç, ortak performans hedefleri, işe ortak yaklaşım ve karşılıklı hesap verebilirliktir (Katzenbach ve Smith; 1993, http://www.stephanehaefliger.com/).

Ekip çalışması literatürde "takım çalışması", "multidisipliner ekip çalışması", "disiplinlerarası iş birliği" gibi kavramlarla ifade edilmiştir. Ama anlamsal kimi farklılığa karşın aynı amaç doğrultusunda kullanılmıştır. Bronstein (2003: 299), disiplinlerarası iş birliği kavramını kullanarak, "bireysel profesyonellerin kendi başlarına hareket ettiğinde ulaşılamayan hedefleri kolaylaştıran etkili bir kişiler arası süreç" olarak tanımlar. Sağlık alanında ise ekip, ortak hedefleri bireye kapsamlı, bütüncül, kaliteli, gereksinimlerin dikkate alındığı sağlık hizmeti vermek olan, iki veya daha fazla meslek grubunun iş birliği içinde çalıştığı, ortak kararların alındığı, kaynakların ortak kullanıldığı ve iletişimin sağlandığı ve karşılıklı güven temeline dayanan bir birlik olarak tanımlanır (Ulusoy ve Tokgöz, 2009: 55).

Psikiyatri alanında ise ekip çalışması günümüzde çağdaş psikiyatrik tedavi anlayışının ayrılmaz bir parçasıdır. Bireylerin, grupların ve toplumun ruh sağlığına etki eden faktörlerin çeşitliliği karşısında gerek bu faktörlerin araştırılması, incelenmesi gerekse de psikiyatrik bozukluğun tedavi edilmesi, koruyucu, önleyici hizmetlerin geliştirilmesi ve uygulanmasında ve toplum temelli ruh sağlığı birimlerinde rehabilitasyon hizmetlerinin sunulmasında birbirinden farklı bilgi ve deneyime sahip mesleklere ihtiyaç duyulmaktadır. Bu sebeple psikiyatri ekibini oluşturan farklı profesyonellerin kendi mesleki bilgi ve becerileri ile etkileşim hâlinde aynı ortak amaç için ekip çalışması gerçekleştirmesi psikiyatrik sağaltım açısından yadsınamaz bir öneme sahiptir. Psikiyatri ekibi, psikiyatristler, psikiyatri hemşireleri/hemşireler, meslek terapistleri, psikologlar/klinik psikologlar, sosyal çalışmacılar ve diğer ruh sağlığı profesyonellerinden oluşmaktadır. Disiplinler arası bir ekipte uzmanlar, disiplinler arası uzmanlık bilgilerini paylaşarak birlikte çalışırlar. Her profesyonel, kendi mesleki bilgilerinin koordinasyonundan ve ekibin diğer üyeleri ile bu bilgilerin paylaşılması ve uygulamada mesleki deneyimlerin aktarılmasından sorumludur. Tek bir uzmanlık alanı her suale cevap üretemez her bir alan değerlidir ve tüm uzmanlıklar eşit statüye sahiptir (Özdemir, 1999: 18; Auliffe, 2009: 26).

Psikiyatri ekibinde yer alanların ortak görüşü de ekip çalışmasının psikiyatri alanı için olmazsa olmaz olduğu yönündedir. Psikiyatri ekibinin bir parçası olan bir psikoloğun şu ifadesi psikiyatri alanında ekip çalışmasının önemini açıklar niteliktedir: *"Psikiyatri hizmetinin mutlak unsuru, bütün üyelerinin aktif olarak katıldığı ekip çalışması olmazsa olmaz bence... Bu üyelerin arasında, hekimi hemşiresi, psikoloğu, sosyal çalışmacısı, sağlık memuru gibi. Eklemeler olabilir ama çıkarımın olmaması gerekir"* (Çölgeçen, 2018: 133-134).

Ekip çalışmasının etkin bir şekilde gerçekleşmesi için ekip üyelerinin ortak hedeflere ve değerlere sahip olmaları, diğer takım üyelerinin yetkinliklerini anlamaları ve bunlara saygı duymaları, diğer disiplinlerden öğrenmeleri, karşılıklı güven sağlamaları ve farklı bakış açılarına açık olmaları gerekir. Etkili ekip çalışması, yatış sürelerini ve maliyetleri düşürmekte, gelişmiş hizmet sunmakta, gelişmiş hasta ve çalışan memnuniyeti sağlamaktadır. (Çıraklı vd. 2015 s. 143-144). Hastaya verilen bakımın sürekliliğini sağlama, hastayı kapsamlı ve bütüncül bir şekilde ele alma ve hasta ve çevresine destek sağlama gibi müracaatçı açısından faydalarının yanı sıra ruh sağlığı profesyonelleri açısından da pek çok yararı vardır. Bunlar (Mental Health Comission, 2006: 13):

- Tüm psikiyatri ekibi üyelerinin kimi zaman zorlu (şiddet, intihar vb.) kimi zaman karmaşık klinik çalışmaları sıkı sıkıya bağlı ekip desteği ile gerçekleştirmesi,
- Müdahale sürecinde tüm "biyo-psikososyal-kültürel" bileşenleri ele alma ve kapsamlı bakım hizmetini sunma için iş bölümü yapma,
- Hasta ve yakınlara yönelik, farklı profesyonellerin birden fazla değerlendirme yapmasından ziyade multidisipliner ekibin tüm üyelerinin en etkili şekilde hastaya yaklaşarak hizmete hemen erişmesini sağlama,
- Tıbbi alandaki diğer bir uzmanlık alanı hakkında daha fazla bilgi sağlama ve uygulamaya yönelik bu alan bilgisini özümseyerek beceri geliştirme,
- Profesyoneller arasında tecrübelerin paylaşılması ve her bir disiplinin müdahaleye yönelik farklı katkısı ile daha etkili bir tedavi ve bakım sağlama,

- Ekip toplantılarında vaka çalışmasının tüm ekip üyeleri tarafından değerlendirilebilmesi ve karşılıklı fikir alışverişi gerçekleştirme,
- Her ekip üyesinin iş tatmininin artmasını sağlayan yeni beceriler kazanması, karar verme sürecine katılabilmesi ve daha fazla sorumluluk üstlenmesi,
- Planlı ve koordineli hizmet sunma,
- Uygun maliyetli hizmet sunma,
- Bilgi paylaşımını arttırmak ve gerçekleştirilen uygulamaları kolaylaştırmadır.

Ekip çalışmasının bazı temel özellikleri bulunmaktadır. Her sağlık profesyonelinin eşit statüde olduğunu kabul etmek ve her üyenin mesleki deneyimlerinden faydalanmak bunlardan bir tanesidir. Tek bir sağlık profesyonelinin bir hastanın tıbbi, psikolojik ve sosyal açılardan bütün yönlerine hâkim olduğu ve onun tek kaynak olduğu düşünülemez. Ancak hâlen işlerin daha çok hekimin liderliğinde ilerlediği ve ekibin liderinin her zaman hekim olması gerektiği görüşünün hâkim olduğu görülmektedir. Ekibin başarısı için ekip çalışmasında, liderlik süreci paylaşılmalı ve yeri geldiğinde değiştirilebilir olmalıdır. Ekip üyeleri ise bu düşünceye açık olmalıdır (Lafçı vd., 2016: 55-62; Kılınç, 2001; Ulusoy ve Tokgöz, 2009: 55). Nitekim sağlık profesyonelleri ile yapılan görüşmelerde ekip çalışmasında liderin hekim olması gerektiği görüşü egemen olarak görülmüştür. Hatta kimi üyeler etkin ekip çalışması için bunu bir gereklilik saymaktadır (Çölgeçen, 2018, s. 102-109).

Psikiyatri Ekibi ve Sosyal Çalışmacı

Sosyal çalışmacılar, disiplinler arası ekiplerde genellikle kilit bir role sahiptir. Sosyal çalışmacılar, sağlık alanında hastaların sosyal yönlerini ve problemlerini daha iyi bir şekilde keşfetmesi ve hastanın bütüncül olarak değerlendirmesi açısından ekibin önemli parçasıdır. Psikiyatrik ekip içinde en önemli rollerinden birisi, çevre ve aile koşullarına ilişkin bilgi toplamak ve bu koşulların hastanın davranışlarına ve ruhsal problemine nasıl yansıdığını tanımlamak ve psikiyatri ekibi ile bu bilgileri paylaşmaktır (Auliffe, 2009, s. 130; Arıkan & Dilek, 1996, s. 13-15). İnterdisipliner ekip içinde sahip olduğu becerilerle; hizmet kullanıcılarını bütünsel bir bağlamda görebilmelerini sağlayan yönelimleri, değerleri ve etik duruşları bulunmaktadır ve bu özellikler kendilerine özgü niteliklerdir. Sosyal çalışmacılar hizmet kullanıcıları, bakım verenler, aileler ve profesyoneller arası ekiple ilişki kurma becerisine sahiptir. Kişiler arası kaliteli ilişki kurarak ekip çalışmasını desteklerler. Ekip içerisinde irtibat kurma, müzakere yapma ve hizmet kullanıcılarını kaynaklara bağlama konusunda özellikle güçlü becerilere sahiptirler (Wilson, 2008, s. 409). Tıbbi birimlerde ekip içinde sosyal çalışmacıların rolleri şöyle sıralanabilir (Duyan, 1996, s. 105):

- Sosyal çalışmacı, hasta ile çalışmada diğer ekip üyelerinden bilgi alarak ya da onlara bilgi vererek hizmeti yürütmeli,
- Ekip üyelerinden aldığı bilgilerle hastalara tedavi, bakım ve sağlık danışmanlığı için ekonomik, ruhsal ve sosyal açıdan gerekli olan bilgileri sağlamalı,
- Hastaneye/psikiyatri kliniklerine hasta yatışı ve taburculuk esnasında vaka değerlendirmesine katılmalı; ekip üyeleri ile mesleki konuları tartışmalı,
- Çalışmalarını gerektiğinde iş birliği içinde gerçekleştirmeli,
- Hekimlerle birlikte vizitlere katılarak onların önerileri doğrultusunda ve hastanın talebi doğrultusunda hastaya yardımcı olmalı,
- Hekimlere bilgi verip, önerilerini öğrenerek tedaviye yardımcı olmalı,
- Ekonomik, sosyal ve ruhsal açıdan hekimlere düşüncelerini aktarmalı.

NASW ise müracaatçılar, aileler/topluluklar adına iş birlikçi ortaklıkları teşvik etmek ve sürdürmek, güçlendirmek gibi rollerinden hareketle sosyal çalışmacıların rollerini sıralamıştır (2016: 32-33):

- Bağlı olduğu sağlık kuruluşunun görev ve işlevlerini benimserler, uygularlar,
- Sosyal çalışma perspektiflerini, değerlerini ve müdahaleleri diğer sağlık disiplinlerinden ayırt ederler,
- Sosyal hizmet rollerinin ve sorumluluklarının açıkça ifade edilmesi ve ekibin diğer üyelerine iletilmesini sağlarlar,
- Müracaatçının ve ailenin refahı ve iyilik hâlleri ile ilgili sağlık ekibinin diğer üyelerine psikososyal içgörü, rehberlik ve tavsiyelerde bulunurlar,
- Diğer ekip üyelerinin ve sağlık organizasyonlarının rollerini ekip üyelerine ve müracaatçılara anlatırlar,
- Sağlık hizmetleri ortamında hastayı desteklemek amacıyla gerekli bütün ekip üyeleri profesyoneller ve STK'lar ile etkili iletişim kurarlar,
- Bakım planlaması, hastanın sevki ve takibi açısından savunuculuk yaparlar,
- Gizlilik prensibine uygun hareket ederler ve müracaatçının bilgilerini diğer ekip üyeleri ile paylaşırken tarafsız davranırlar,
- Müracaatçılar, aileler ve topluluklar için etkili ve koordineli hizmetleri teşvik eden bir organizasyon kültürünü teşvik ederler,
- Müracaatçıların bakım hizmetlerine erişiminin ve sürekliliğinin arttırılması için ortaklıklar ve disiplinler arası ortaklıkları geliştirir ve sürdürürler,
- Müracaatçılar için hizmetleri planlamak ve iyileştirmek için uygun olduğunda ekip liderliğini paylaşırlar.

Sosyal çalışmacılar, ekip sürecinde odak alınan psikiyatrik bozukluğu olan bireylerin sosyal problemlerini diğer profesyonellere göre daha iyi teşhis eden, hastayı çevresi içinde değerlendiren, bütüncül perspektife önem veren, iletişim becerileri kuvvetli ve güvenli kişiler arası ilişkiler kurabilen ekibin önemli parçalarıdır.

Ancak sosyal çalışmacılar ekip içinde, Batıda etkili oldukları kadar, Türkiye'de etkili olamamaktadır.[3] Bunun başlıca nedeni, sosyal çalışmacıların nicelik olarak yetersizliğidir. Sosyal çalışmacı sayısı, DSÖ (2005) verilerine göre, yüz bin kişiye Almanya'da 477, Hollanda'da 176, İngiltere'de 58 olarak bildirilmiştir. Türkiye'de ise yüz bin kişiye 1 sosyal çalışmacı düşmektedir (Akarçay, 2013: 34; Ulaş, 2008: 3). Sağlık Bakanlığından elde edilen bilgiye göre, 2018/Ağustos itibarıyla bakanlığa bağlı olarak istihdam edilen sosyal çalışmacı sayısı, 1379'dur.

İhtiyacı karşılayan nitelikli ve güvenilir bir ruh sağlığı hizmeti ancak nicelik ve nitelik bakımından yeterli ekip üyelerinin bulunduğu uyumlu bir ekip ortamında gerçekleştirilebilir ki araştırmalarda psikiyatri ekibi üyelerinin hemen hepsi sosyal çalışmacıların ekip çalışmasına dâhil olamadığını ifade etmişlerdir. Hatta sosyal çalışmacıyla yaptıkları çalışmanın yüz yüze değil telefonla ya da konsültasyon istemi göndererek gerçekleştirildiği görülmüştür. Bir hemşirenin ifadesi bu durumu gözler önüne sermektedir. "*Ekibin içerisinde sosyal hizmet uzmanlarını göremiyorum. Sadece ihtiyaç durumunda, o da en zorda kalındığı zaman başvuru şeklinde oluyor... Yani telefonla görüşmek ekip çalışması ise evet*" (Çölgeçen, 2018, s. 107).

Psikiyatri alanında bütüncül yaklaşımın sağlanması ve hastanın kapsamlı olarak bütün yönleri ile değerlendirilmesi için hastanın durumu göz önünde bulundurularak bir ekip kurulması ve ekibin bütün üyelerinin etkileşim içinde çalışma yapması gerekmektedir. Bu açıdan sosyal çalışmacılar, ekip içinde hastaların sosyal problemlerine odaklanan; hastayı çevresi içinde değerlendiren; toplumla bağlantı kuran; iletişim becerileri kuvvetli bir sağlık profesyoneli olarak ekibin olmazsa olmaz parçasıdır.

---

[3] Ergün vd.'nin (2014) "Ülkemizdeki Psikiyatri Kliniklerinin Tedavi Edici Ortam Yönünden İncelenmesi" isimli çalışmasında 195 psikiyatri kliniği olan hastanelerle görüşülmüş; ekip üyelerinin sayılarının belirtildiği çalışmada sosyal çalışmacılar psikiyatri ekibinde yer almamışlardır (s. 8-19).

BÖLÜM 7

ÇOCUKLUK DÖNEMİ PSİKİYATRİK BOZUKLUKLARI

PSİKİYATRİK BOZUKLUKLARDA TANI VE SINIFLANDIRMA

Psikiyatrik hastalıklar, duygu, düşünce ve davranışlarda, değişik düzeylerde, tutarsızlık, yetersizlik, aşırılık ya da uygunsuzlukla karakterize olan, bireylerde uyum ve işlev bozukluklarına yol açan hastalıklardır. Amerikan Psikiyatri Birliği'nin *DSM-5 Tanı Ölçütleri Başvuru El Kitabı*'na göre,

> *"Ruhsal bozukluk, ruhsal işlevselliğin altında yatan ruhsal, biyolojiyle ilgili ya da gelişimsel süreçlerde işlevsellikte bir bozulma olduğunu gösteren, kişinin biliş, duygu düzenlemesi ve davranışlarında klinik açıdan belirgin bir bozukluk olmasıyla belirli bir sendromdur. Ruhsal bozukluklar genellikle belirgin bir sıkıntı ya da toplumsal, işle ilgili alanlarda ya da önemli diğer işlevsellik alanlarında yetersizlik ile gider" (APA, 2014: 5).*

Psikiyatrik bozuklukların tanımlanması ve sınıflandırılması için tüm dünyada kullanılan iki grup tanı ve sınıflama mevcuttur. Bunlar, Dünya Sağlık Örgütü tarafından geliştirilen ve bütün tıbbi hastalıkları içeren bir sınıflandırma olan ICD (Hastalıkların ve Sağlıkla İlgili Sorunların Uluslararası İstatistiksel Sınıflaması) ve Amerikan Psikiyatri Birliği tarafından geliştirilen *DSM* (Ruhsal Bozuklukların Tanı ve Sınıflaması) el kitabıdır.

Amerikan Psikiyatri Birliğinin sınıflandırması, *DSM Ruhsal Bozuklukların Tanı Ölçütleri Başvuru El Kitabı*'na göre, "Ruhsal bozukluklar; nörogelişimsel bozukluklar; şizofreni ve psikozla giden diğer bozukluklar; iki uçlu (bipolar) ve ilişkili bozukluklar; depresyon bozuklukları, kaygı (anksiyete) bozuklukları, obsesif kompulsif ve ilişkili bozukluklar, travma/stresörlerle ilgili bozukluklar, dissosiyasyon bozuklukları, bedensel belirti bozuklukları, beslenme ve yeme bozuklukları, dışa atım bozuklukları, uyku/uyanıklık bozuklukları, cinsel işlev bozuklukları, cinsel kimliğinden hoşnut olmama, yıkıcı bozukluklar, dürtü denetimi ve davranım bozuklukları, nörobilişsel bozukluklar, madde kullanımı ile ilişkili bozukluklar, kişilik bozuklukları, parafili bozuklukları ve diğerleri olarak sınıflandırılır (2014, s. 13-14).

DSM-IV, çok eksekli değerlendirmesinde beş eksen vardır (APA, 2000, s. 33-37):

- Eksen I: Klinik bozukluklar, klinik ilgi odağı olabilecek diğer durumlar.
- Eksen II: Kişilik bozuklukları, Mental Retardasyon.
- Eksen III: Genel Tıbbi Durumlar.
- Eksen IV: Psikososyal ve çevresel sorunlar.
- Eksen V: İşlevselliğin genel değerlendirilmesidir.

Çok eksenli sistem klinik bilgiyi düzenler ve biyopsikososyal modelin, klinik uygulamada, araştırma yapılırken ve eğitim verilirken uygulanmasına olanak sağlar.

Eksen IV, psikiyatrik bozuklukların tanı, tedavi ve gidişatını etkileyen psikososyal ve çevresel sorunları öne çıkarmak içindir. Psikososyal sorunlar psikiyatrik bir bozukluğun ortaya çıkması ya da alevlenmesinde rol oynayabilirken, aynı zamanda psikiyatrik bozukluğun bir neticesi olarak da gelişebilir. Psikososyal sorunlar, tam bir iyilik hâlinin sağlanması için üstesinden gelinmesi gereken sağlığın önemli boyutları arasında yer alır. Psikososyal ve çevresel sorunlar aşağıdaki kategorilere ayrılmıştır (APA, 2000, s. 33-38):

- Birincil destek grubu ile ilişkili sorunlar,
- Toplumsal çevre ile ilişkili sorunlar,
- Eğitim sorunları,
- Mesleki sorunlar,
- Barınma sorunları,
- Ekonomik sorunlar,
- Sağlık kuruluşlarına ulaşım sorunları,
- Yasal sistemle ilgili yaşanan sorunlar,
- Diğer psikososyal ve çevresel sorunlar.

Bu alan, kategorilerdende görüldüğü üzere psikiyatrik sosyal hizmet alanının ilgi alanı dâhilinde yer almaktadır. Tıbbi sosyal hizmet uygulama yönergesinde strandardize edilmiş sosyal inceleme raporunda da temel başlıklar aşağı yukarı bu bilgileri içermektedir. Sosyal hizmet çevresi içinde birey yaklaşımı içerisinde bu kategorilere yönelik sorunları ortaya koyar ve bu sorunlara yönelik çözüm önerileri sunar/uygular.

ÇOCUKLUK DÖNEMİ PSİKİYATRİK BOZUKLUKLARI

Çocukluk ya da bebeklik döneminde başlayan/görülebilen psikiyatrik bozukluklar mental retardasyon, öğrenme bozuklukları, motor beceriler bozukluğu, iletişim bozuklukları, yaygın gelişimsel bozukluklar, dikkat eksikliği/aşırı hareketlilik bozukluğu, tik bozuklukları, dışa atım bozukluğu gibi hastalıklardır. Bu çalışmada, zekâ geriliği (mental retardasyon), otizm ve dikkat eksikliği/aşırı hareketlilik bozukluğu ele alınacaktır.

ZEKÂ GERİLİĞİ (Anlıksal, Entelektüel Yetersizlik)

Zekâ üzerine farklı/çeşitli tanımlar mevcuttur. Pek çok hususta yaşanan tanımın imkânsızlığı burada da kendini gösterir. Nitekim uzmanlar dahi üzerinde ortak görüş oluşturamamakta farklı ölçütler/ölçümler kullanmışlardır.

Stoddard, "*Zor, karmaşık, soyut, ekonomik, hedefe adapte olma, sosyal değer ve orjinalliğin ortaya çıkması faaliyetlerini üstlenebilme yeteneği ve bunun gibi faaliyetlerin duygusal baskılara direç gösterilerek; enerji konsantrasyonu gerektiren durumlarda bile devam ettirilebilmesi*" şeklinde tanımlar (Stoddard, 1941, s. 250-251).

Thorndike ise mekanik, sosyal ve soyut zekâ olmak üzere üç boyutta ele alır. Soyut zekâ, sözlü/sembolik düşünme yeteneğini; mekanik zekâ, vücudu etkili bir şekilde kontrol etme ve nesneleri manipüle etme yeteneğini ve sosyal zekâ ise insanlarla iletişim kurma, sosyal ilişkileri anlama ve gerçekleştirme yeteneğini ifade etmektedir (Thorndike, 1920, s. 227-235).

Piaget ise çevreye uyum sağlama yeteneği olarak tanımlamıştır (Pal et al., 2004, s. 182; Piaget, 1950, s. 6-7).

Tüm bunlardan hareketle, zihnin öğrenme, öğrendiklerini hayata aktarabilme, yeni durumlara uyum sağlayabilme, çevresi ile etkili iletişim kurabilme, problem çözme ve yaşananlardan deneyim kazanma gibi yeteneklerini içeren zihinsel kapasite olarak tanımlanabilir. Zekâ da olduğu gibi zekâ geriliğinin de farklı tanımlama ve isimlendirmeleri kullanılmıştır. Zekâ yetersizliği; zekâ özürü; normalaltı zekâ; oligofreni; engellilik ve gelişimsel gecikme bu isimlendirmelerden bazılarıdır.

ABD, Kamu Yasası 111.256, Rosa Yasasıyla zekâ geriliği terimini anlıksal yetersizlik şeklinde değiştirmiştir. Bu anlamda *DSM-5 Tanı Ölçütleri Başvuru El Kitabı*'nda (2013), Zekâ Geriliği kavramı yerine Anlıksal (Entelektüel) Yetersizlik kavramı yer almıştır. Amerikan Zihinsel ve Gelişimsel Yetersizlikler Birliği'nin (American Association on Intellectual and Developmental Disabilities, AAIDD) zekâ geriliği için yaptığı tanım, "zekâ geriliği hem zihinsel işleyişte hem de çeşitli günlük sosyal ve pratik becerileri kapsayan uyarlanabilir davranışta önemli sınırlamalarla karakterize bir engeldir. Bu engel 18 yaşından önce ortaya çıkmaktadır" şeklindedir. Zekâ geriliği 18 yaşın altında başlayan, dil, motor, bilişsel ve sosyal alanları barındıran genel zihinsel işlevselliğin belirgin bir şekilde ortalamanın altında görülmesi ve bu durumla birlikte uyum bozukluğunun da bulunması ile tespit edilmektedir (AAIDD, 2010; Söhmen, 1998, s. 1041; Şenol vd., 2006, s. 532).

Zekâ geriliğinin belirlenmesi için farklı ölçütler kullanılır. *DSM-IV Tanı Ölçütleri El Kitabı'*nda genel entellüktüel işlevselliğin bir ya da birden fazla standart ve bireysel olarak uygulanan zekâ testlerinin değerlendirilmesi sonucu elde edilen zekâ bölümü (IQ) ile tanımlanır. Amerikan Psikiyatri Birliği tarafından hazırlanan *Ruhsal Bozuklukların Tanısal ve Sayımsal El Kitabı* (DSM-5, 2013), *Tanı Ölçütleri Başvuru El Kitabı'*nda Nörogelişimsel Bozukluklar ana başlığı altında "Anlıksal (Entellektüel) Yeti Yitimleri" alt başlığında şöyle tanımlanır (APA, 2014, s. 15-16):

"Anlıksal yetersizlik (anlıksal gelişimsel bozukluk), kavramsal, toplumsal ve uygulamalı alanlarda hem anlıksal hem de uyumsal işlev eksikliklerini kapsayan, gelişimsel evre sırasında başlayan bir bozukluktur. Üç ölçütün karşılanması gerekmektedir:

- *Hem klinik değerlendirme hem de bir bireye uygulanan, kabul gören bir zekâ ölçümü ile doğrulanan, akıl yürütme, sorun çözme, tasarlama, soyut düşünme, yargılama, okulda öğrenme ve deneyimlerinden öğrenme gibi anlıksal işlevlerde eksiklikler.*
- *Kişisel bağımsızlık ve toplumsal sorumluluk için gelişimsel ve toplumsal/kültürel ölçüleri karşılayamama ile sonuçlanan, uyum işlevselliğinde eksiklikler. Süregiden bir dayanak sağlanmadıkça, uyumsal eksiklikler, ev, okul, iş ve toplum gibi değişik çevrelerde iletişim, toplumsal katılım ve bağımsız yaşama gibi günlük yaşamın bir ya da birden çok etkinliğinde işlevselliği kısıtlar.*
- *Anlıksal/uyumsal eksiklik, gelişimsel evrede başlar. Ağırlık sınıflandırması; ağır olmayan, orta derecede, ağır/çok ağır şeklindedir.*

Anlıksal Yeti Yitimi tanısı, ICD-11'in Anlık Gelişimsel Bozukluk tanısı ile eşdeğerdir."

Sınıflandırma

Amerikan Psikiyatri Birliği ve Zekâ Yetersizliği Birliği Wechsler Zekâ Ölçeği puanlarını değerlendirerek dört zekâ düzeyi belirlemişlerdir. Bunlar *DSM-IV Tanı Ölçütleri El Kitabı*'nda hafif zekâ geriliği, orta derecede zekâ geriliği, ağır zekâ geriliği ve ileri derecede ağır zekâ geriliği olarak ele alınmıştır.

Tablo 1. Zekâ geriliği (Mental Retardasyon) ağırlık ve dereceleri

Gerilik Düzeyi	IQ Düzeyleri
Hafif Zekâ Geriliği	50-55 ile yaklaşık 70 arası
Orta Derecede Zekâ Geriliği	35-40 ile 50-55 arası
Ağır Zekâ Geriliği	20-25 ile 35-40 arası
İleri Derecede Ağır Zekâ Geriliği	20-25'in altında

Hafif Zekâ Geriliği

Hafif zekâ geriliği[4], eğitim tasnifine göre önceden "öğretilebilir" olarak nitelendirilen gruba karşılık gelir. Okul öncesinde belirgin kavramsal ayrımlar görülmeyebilir. Ancak okul çocukluğu döneminde okuma/yazma, sayısal ve zamanla ilgili becerilerde öğrenme güçlükleri yaşanılabilir. Yaşla ilgili beklentileri karşılamaları için bir ya da birden çok desteğe ihtiyaç gösterirler. Yaşıtları ile karşılaştırıldığında sosyal etkileşimde yeterince olgunlaşmadığı gözlemlenir. İletişim hususunda duygularını, davranışlarını düzenlemekte güçlükler yaşar. Başkaları tarafından kullanılma olasılığı kuvvetlidir. Kişisel bakım konusunda yaşına uygun bir işlevselliği mevcuttur. Ancak karmaşık günlük yaşam aktiviteleri için desteğe ihtiyaç duyar (APA, 2014, s. 17).

[4] *DSM-5 Tanı Ölçütleri Başvuru El Kitabı*'nda Hafif Zekâ Geriliği Kavramı yerine 'ağır olmayan' ifadesi kullanılmıştır.

Orta Derece Zekâ Geriliği

Kavramsal becerileri yaşıtlarını belirgin olarak hep geriden izler. Okul öncesi dönemde dil gelişimi ve becerileri yavaş gelişir. Okul dönemi, okuma/yazma ve sayısal becerilerde, zamanı, gecikme vardır. Toplumsal/iletişimsel davranışlarda yaşıtlarına göre belirgin farklılıklar bulunur. İlişki kurma yeteneği vardır ama iletişimsel/toplumsal kısıtlılıklardan etkilenir. Toplumsal yargılama ve karar verme yetenekleri sınırlıdır. Kişisel gereksinimlerini karşılayabilir ancak bu yetenekleri kazanmak için çok uzun bir süre eğitim almaları gerekir ve anımsatıcılara ihtiyaç duyar (APA, 2014, s. 18).

Ağır Zekâ Geriliği

Kavramsal becerileri sınırlıdır; yazılı dili, sayıları, zaman ve para gibi kavramları çok az anlar. Bakımverenlerinin desteği ile sorunların üstesinden gelebilir. Konuşma dili oldukça sınırlıdır; tek tek sözcükler ya da deyişlerden oluşabilir. Dil, yorum yapmaktan çok toplumsal iletişim amacıyla kullanılır. Günlük kişisel aktiviteler için desteğe ihtiyaç vardır. Bütün alanlarda beceri kazanımı için uzun süren eğitime ve desteğe ihtiyacı vardır. Az da olsa bir kesiminde kendini yaralama da dâhil olmak üzere, uyumsuz davranışlar görülür (APA, 2014, s. 19).

İleri Derece Ağır Zekâ Geriliği

Kavramsal becerileri simgesel süreçlerden çok fizik dünyayı kapsar. Kişisel bakım, iş ve eğlence/dinlence için amaca yönelik nesneleri kullanabilir. Yalın yönergeleri ya da el/kol devinimlerini anlayabilir. İsteklerini/duygularını genellikle sözel/simgesel olmayan iletişimle aktarır. Aile bireyleri, bakımverenler ve tanıdık olan kişilerle ilişki kurmaktan zevk alır el/kol devinimleri ve duygusal dışavurumlarla iletişimi başlatır ve yanıtlar. Günlük kişisel aktiviteler, sağlık bakımı ve güvenlik gibi alanların bazılarına katılım gösterebilse de tamamen başkalarına bağımlı yaşar. Ağır bedensel engelin eşlik etmediği durumlarda küçük bazı günlük işlere yardımcı olabilirler. Gerçekleştirilen etkinliklerin tamamı başkalarının desteği ile yapılır. Azımsanmayacak bir kısmında uyumsuz davranışlar görülebilir (APA, 2014, s. 20).

Yaygınlık

Zekâ geriliğinin kabul edilen tanımı ve değerlendirme tekniklerinin, çalışılan topluma ve sosyoekonomik yapısına göre farklı şekillerde ifade edilmesi epidemiyolojik çalışmalarda zorluklar yaşanmasına sebebiyet verir. Genel popülasyonun yaklaşık %1-3 arasını kapsadığı tahmin edilmektedir. Erkeklerde görülme ihtimali, kız çocuklarına göre fazladır. Ayrıca düşük sosyoekonomik düzeyde daha da artma eğilimi vardır. Zekâ geriliği olanların yaklaşık %85'ini hafif zekâ geriliği; yaklaşık %10'unu orta derecede zekâ geriliği; %3-4'ünü ağır zekâ geriliği ve %1-2'sini ileri derecede ağır zekâ geriliği oluşturmaktadır. Zekâ geriliğinin görülme sıklığı ABD'de %0,9-1,2; Hindistan'da %1,71; İspanya'da %0,33 ve Almanya'da binde 0,56 olduğu tahmin edilmektedir (APA, 2000; Zablotsky et al., 2019, s. 1; Sharma, 2016, s. 131; European Intellectual Disability Research Network, 2003, s. 13-35).

Türkiye'de ise 2019 yılı Ulusal Engelli Veri Sistemi'ne kayıtlı 499.168 zihinsel engelli bulunmaktadır. Bu sayı ülke nüfusunun yaklaşık olarak %0,6 sına tekabül eder. Ancak Engelli Sağlık Kurulu Raporu almak için yetkili hastanelere başvurmamış ve hizmet almak için devletle temasa geçmemiş bireyleri kapsamadığı için bu rakam yaklaşık olanı ifade etmektedir (T.C. Aile, Çalışma ve Sosyal Hizmetler Bakanlığı, 2019, s. 16-17).

Nedenler

Zekâ geriliğine neden olacak faktörler çok çeşitli ve değişkendir. Genellikle üç dönemde değerlendirilir (Okan ve Özdemir; 2005, s. 63; Söhmen, 1998, s. 1048-1051);

1) Prenatal (doğum öncesi) dönem; Down sendromu, trisomi 18 ve kliniferter sendromu gibi kromozomal bozukluklar; fenilketonüri, galaktozemi ve nörofibromatozis gibi gen anomalileri; an-

nede görülen kızamıkçık, toksoplazmozis ve herpes simpleks gibi doğum öncesi enfeksiyonları, gebeliğin erken döneminde radyasyona maruz kalma, gebenin civa, kurşun gibi ağır metallerle süreğen zehirlenmesi, hipotiroidi, gebelik esnasında alkol kullanımı, doğum öncesi kanamalar, çoğul doğumlar vb. etmenlerdir.

2) Perinatal (doğum sırası) dönem; bebeğin anne rahminde oksijensiz kalması anlamına gelen perinatal asfiksi; tıbbi yapılmayan doğuma bağlı komplikasyonlar; hipoglisemi, hiberbilirübinemi; bakteriyel menenjit ve sepsis gibi enfeksiyonlar bunların arasında yer almaktadır.

3) Postnatal (doğum sonrası) dönem; Menenjit, ensefalit gibi enfeksiyonel hastalıklar; kafa travmaları; kurşun zehirlenmesi; ileri derecede beslenme yetersizlikleri; hipotiroidizm ve bebeğin metabolik, hepatik, dolaşımsal, renal ve otoimmün sitemlerinde meydana gelen tıbbi sorunlar zekâ geriliğine neden olan etmenler arasında yer almaktadır.

Tedavi

Zekâ geriliğinin tedavisi için farklı yaklaşımlar olmakla birlikte uygulanan müdahalelerin her birey için aynı etkiyi göstermeyeceği gözönüne alınarak bireysel tedavi stratejileri geliştirilmesi kabul görmüştür. Kullanılan tedavi yöntemleri psikoterapi, davranış terapisi, ilaç tedavisi ve eğitsel tedavidir. Ancak hastalığın gelişmesine engel olmak için koruyucu önlemler alınması öncelikli yöntemler arasında yer alır. Tanı ne kadar erken konulursa hastalığın sebep olduğu hasar en aza indirgenebilir. İlerleyen dönemde buna yol açan çeşitli hastalıklara erken müdahalede; zekâ geriliği olasılığını azaltmaktadır. Bunlar arasında fenilketonüri, galaktozemi gibi özel diyetle müdahale edilebilecek; septal defekti olanlara kalp cerrahisi yöntemi uygulanabilecek ve çeşitli hormon, vitamin ve enzim tedavileri ile zekâ geriliğinin önüne geçilebilecek hastalıklar yer almaktadır. Aynı zamanda bebeğin yaşına uygun davranışlar sergileyip sergilemediğinin takip edilmesi, sağlık ve beslenme eğitimleri, gelişmiş prenatal bakım, genetik danışmanlık gibi müdahaleler de önleyici yöntemler arasında yer alır (Corcoran and Walsh, 2006, s. 46-47; Crocker, 1982, s. 4501-451).

İlaç tedavisi, özellikle agresyon, dışarıya ve kendine yönelik saldırgan davranışlar, dikkat ve hiperaktivite problemleri, depresyon ve anksiyete gibi problemler zekâ geriliği olan çocuklar ve ergenlerde sıkça gözlemlenen sorunların üstesinden gelmek amacıyla uygulanır. Kullanılan ilaç grupları sıklıkla; antipsikotikler, stimulanlar ve diğer dikkat eksikliği ve hiperaktivite bozukluğu ilaçları, duygudurum düzenleyiciler ve diğer antiepileptik ilaçlar, antidepresanlar, anksiyolitikler, endokrinolojik ajanlar, vitaminler ve diğer ajanlardır. Fakat bu bireyler ilaç yan etkilerine daha açık olduklarından bazı hususlara dikkat edilmesi gerekir (Karadağ ve Gökçen, 2017, s. 272; Szymanski and King, 1999, s. 24).

- İlaç tedavisi, bireyi/çevresini tüm yönleri ile değerlendirip ele alan genel tedavi planının bir parçası olmalıdır.
- Bireyin fonksiyonelliğinde ilaç kullanımına bağlı bir azalma olmamalıdır.
- Birey mümkün olan en düşük etkili dozu almalı ve doz azaltmaları periyodik olarak yılda en az bir kez denenmelidir.
- Yan etkiler ve olumsuz sonuçlar açısından kişi sürekli olarak değerlendirilmelidir.
- İlaç kullanımı istenen sonuca götürmelidir, aksi takdirde söz konusu ilaca süresiz olarak devam etmenin herhangi bir anlamı bulunmamaktadır.

Zekâ geriliğinin tedavisinde kullanılan yöntemlerden bir diğeri ise *psikoterapi*dir. Etkili sonuçları görülmesine rağmen bu alandaki çalışmalar çok azdır. En fazla kullanılan yöntem davranışsal terapi yaklaşımıdır. Temel yaşam aktivitelerini ve öz bakım becerilerini geliştirmek amacıyla bu teknik tercih edilmektedir. Ayrıca hastanın yıkıcı davranışlarının azaltılması ve bazı sosyal davranışların kazandırılması amacıyla da tercih edilir. Bernstein tarafından zekâ geriliği olan bireylere yönelik gerçekleştirilen içgörü yönelimli psikoterapinin hedefleri ortak hedefleri yansıtmaktadır. Bunlar (Wagner, 1988, s. 40; Şenol vd., 2006, s. 536; Bernstein, 1985);

1. Üzücü semptomları hafifletmek,
2. Sosyal olarak kabul edilemez davranışları düzeltmek,
3. Olumlu duygusal deneyimler biriktirmek,
4. Psikiyatrik rahatsızlığı ortadan kaldırarak tam potansiyeli gerçekleştirmek,
5. Tecrübe biriktirmek.

Psikoterapinin hafif zekâ geriliği olan bireylerin gerekli dil becerileri mevcutsa ve yaklaşımlar uygun şekilde bireyin özelliklerine göre düzenlenirse birey, aile ve grup terapisinden faydalanabileceği öngörülür. Genellikle beceri odaklı yaklaşım benimsenir. Örneğin, akran baskısının ne olduğunun ve nasıl ele alınacağının öğretilmesi bireyin kendisini uygunsuz veya zarar verebilecek sömürü ve davranışlara karşı korumasını sağlayabilir. Erken yaşta özel eğitim alması da oldukça önemlidir. Böylelikle okul öncesi dönemde zekâ kapasitesi anlaşılarak özel eğitim/öğretim planlanabilir. Ayrıca okul dönemine ulaştığında zekâ seviyesine uygun olarak hangi kurumda eğitim alması gerektiği ve nasıl bir akademik eğitimin verileceği önceden belirlenebilir (Şenol vd., 2006, s. 537).

Zekâ geriliği tanısı konmuş çocukların ebeveynleri de bir takım destekleyici tedavi yöntemlerine ihtiyaç duymaktadırlar. Bu anlamda ailelere yönelik çeşitli konularda eğitim imkânları sağlama ve grup terapileri özellikle ilk teşhis aşamasında oldukça önemlidir. Yeni tanı almış çocukların aileleri hastalık ve çocuğun durumu hakkında eğitime, yaşadıkları kayıp ve öfke, kendini suçlama gibi duygularını ifade etme imkânına ve bu süreçten sonra nelerin yapılabileceği ile ilgili bilgilendirme ve tavsiyeye ihtiyaç duyarlar. Ayrıca toplumsal damgalama da ailenin karşılaştığı önemli sosyal sorunlar arasında yer almaktadır. Bu anlamda ailenin özelliklerine ve ihtiyaç duydukları konulara yönelik bütüncül bir yaklaşımla desteklenmeleri gerekir. Bu durumda ancak pek çok profesyonelin bir arada olduğu ekip çalışması ile gerçekleştirilebilir (Corcoran and Walsh, 2006, s. 45).

OTİZM AÇILIMI KAPSAMINDA BOZUKLUK

Otizm, yaşamın ilk yıllarında belirtilerini göstermeye başlayan, iletişimi ve davranışı etkileyen gelişimsel bir bozukluktur. *DSM-IV*'te yaygın gelişimsel bozukluklar başlığı altında rett bozukluğu, çocukluğun dezintegratif bozukluğu, asperger bozukluğu ve başka türlü adlandırılamayan yaygın gelişimsel bozukluk ile birlikte sınıflandırılmıştır (APA, 1994). Ancak *DSM-5* (2013)'te otistik bozukluk, asperger bozukluk ya da başka türlü adlandırılamayan yaygın gelişimsel bozukluk kesin tanısı almış kişilere otizm açılımı kapsamında bozukluk tanısı konmalıdır ifadesi eklenmiş ve bu bozukluklar ayrı ayrı değerlendirilmemiştir (APA, 2014).

Otizm, ilk olarak 1943 yılında Leo Kanner tarafından "bebeklik otizmi" ismiyle, yaşamın ilk yıllarında görülen, sosyal ilişki ve iletişim alanlarında ciddi bozukluklarla karakterize olan ve şizofreniden belirli çizgilerle ayrılabilen bir bozukluk olarak tanımlanmıştır. Otizm ile şizofrenin ayrı bozukluklar olduğu konusunda fikir birliği oluşunca "infantil otizm" ilk olarak 1980'de *DSM-III*'e girmiştir.

Otizm açılımı kapsamında bozukluk *Ruhsal Bozuklukların Tanısal ve Sayımsal El Kitabı, Tanı Ölçütleri Başvuru El Kitabı*'nda şu şekilde ele alınır (APA, 2014);

A. Değişik biçimleriyle toplumsal iletişim ve etkileşimde süregiden eksiklikler:

- Karşılıklı sosyal ve duygusal ilişki kurabilmede eksiklik.
- Toplumsal etkileşimdeki sözel olmayan iletişim davranışlarında eksiklikler.
- İlişki kurma, ilişkilerini sürdürme ve ilişkileri anlama eksiklikleri.

B. Sınırlı, yineleyici davranış örüntüleri, ilgiler ya da etkinlikler:

- Stereotipik/tekrarlı motor hareketleri, nesne kullanımı ya da konuşma

- Sıradanlık dışına esneklik göstermeme ya da törensel sözel/ sözel olmayan davranışlar.
- Yoğunluk/odaklanma bakımından anormal denilebilecek düzeyde sınırlı ve değişiklik göstermeyen ilgi alanları.
- Duyusal uyaranlara karşı çok yüksek ya da düşük düzeyde tepkili davranma veya çevrenin duyusal yönlerine olağan dışı ilgili olma.

C. Bu belirtiler ergen gelişim evresinde başlamış olmalıdır.

- Belirtiler okul, iş vb. toplumsal alanlarda klinik olarak bir bozulmaya neden olur.
- Anlıksal yetiyitimi ve otizm sıklıkla birlikte ortaya çıkar.

Otizm yaşam boyu süren, yaşla ve olgunlaşma ile yaşanan belirtilerde ve bu belirtilerin şiddetinde bireylerarası farklılıklar gösteren nöropsikiyatrik bir bozukluktur. Erken bebeklik döneminden itibaren göz teması kuramama; konuşmada gecikme/konuşmama; kucağa alınmak gibi beden teması gerektiren davranışlardan kaçınma; hep aynı oyunları oynama; dönen objelere karşı aşırı ilgili olma (çalışmakta olan çamaşır makinasını uzun süre seyretme vb.); sıklıkla yineleyici el, kol ve beden hareketleri yapma; yaşına uygun akran ilişkisi geliştirememe; diğer insanlara karşı ilgisizlik; ışık, gürültü veya sıcaklık gibi duyusal girdilere diğer insanlardan daha duyarlı veya daha az duyarlı olma gibi davranışları sergileyebilirler. Bu özelliklerin yanında sıklıkla fobi, korku, öfke nöbetleri ve saldırganlık gibi çeşitli sorunlar da gösterebilirler. Bu bireyler, bu hususlarda zorlanma yaşasa da matematik, bilim, müzik ve sanatta üstün yeteneklilik, güçlü görsel ve işitsel hafıza ve olayları ayrıntılı olarak öğrenebilme ve bilgileri uzun süre hafızasında tutabilme gibi birçok güçlü yönleri de olabilir. Tedaviler ve hizmetler, bir kişinin semptomlarını ve işlevini geliştirebilir. Amerikan Pediatri Akademisi, tüm çocukların otizm için taranmasını önerir. Tüm bakımverenler otizm taraması veya değerlendirmesi hakkında uzman görüşü almalıdır (NIMH, 2018; Kerimoğlu vd., 2008, s. 747-748; Yavaş, 1998, s. 1080-1081).

Yaygınlık

Otizm, ırk, etnik köken, sosyoekonomik durum gözetmeksizin bütün toplumlarda görülür. Epidemiyolojik veriler otizmin küresel yaygınlığını 160'da 1 gösterir. Ama birçok düşük ve orta gelirli ülkede otizm yaygınlığı henüz bilinmediği için bu tahmin ortalama bir rakamı temsil eder (WHO, 2013, s. 6). Otizm yaygınlığını belirlemek için gerçekleştirilen bazı çalışmalar değerlendirildiğinde, Chakrabatri ve Fombonne (2005)'nin Birleşik Krallık'ta 10 bin 903 kişiyi kapsayan çalışmasında otizm yaygınlık oranının 10 bin kişide 22 olduğu tespiti yer almıştır. Madsen ve arkadaşlarının 2002 yılında Danimarka'da 63 bin 859 kişiyi kapsadığı çalışmalarında otizm yaygınlığı 10 binde 7,2'dir. Oliveira ve arkadaşlarının 2007 yılında Portekiz'de 67 bin 795 kişiyi kapsadığı çalışmalarında ise yaygınlık 10 binde 16,7'dir. Elsabbagh ve arkadaşları, Avrupa'da otizm oranını 10 binde 10 olarak değerlendirmişlerdir (Elsabbagh et al., 2012, s. 168). 2011 yılında Güney Kore'de 55 bin 266 kişinin dâhil edildiği bir çalışmada otizm yaygınlığı yüzde 2,64 iken, 2008 yılında Çin'de 25 bin 521 kişinin dâhil edildiği çalışmada bu oran 10 binde 9,8, Japonya'da ise 2005 yılında 32 bin 791 kişinin değerlendirildiği çalışmada 10 binde 37,5 olarak tespit edilmiştir. Amerika'da 2000 yılından bu yana yapılan çalışmalar neticesinde otizm yaygınlığı ortalama 10 binde 21,6 olarak hesaplanmıştır (Honda et al., 2005; Kim et al., 2011; Zhang et al., 2008; Elsabbagh et al., 2012, s. 164-171).

Türkiye'de ise henüz kapsamlı bir inceleme gerçekleştirilmemiştir. Ancak 2019 yılında sağlık bilgi sistemlerindeki veri kodlarından elde edilen hesaplamalara göre 38.661 otizmli ve yaygınlığı 10 binde 4,71 olduğunu göstermektedir (Tohum Otizm Vakfı, 2020: 8).

Nedenler

Otizmin uzun yıllar boyunca anne ve bebeği arasındaki bağ kopukluğundan kaynaklandığı düşünülmekteydi. Otizmli bir kadının gerçek hayat hikâyesini konu alan "Temple Grandin" isimli filmde Temple'a ilk tanı konulduğu sahnede anne ile hekim arasındaki görüşme bu durumu net bir şekilde ortaya koymaktadır. Anne hekime otizmin neden kaynaklandığını sorar hekim ise şöyle cevap verir;

"Çocuğun anne ile arasında bağ kopukluğundan olabileceği tahmin ediliyor. Bu çok acımasızca bir ifade ama çocuğun fiziksel ilgiye en çok ihtiyaç duyduğu anda annenin soğuk ve ilgisiz davranması gibi"(Jackson, 2010).

Uzun dönem anne çocuk arasındaki ilişkiden kaynaklandığı düşünülse de gerçekleştirilen pek çok çalışma bunu desteklememiştir. Otizmin ilk tanımlanmasından günümüze kadar oluş nedeni hakkında kesin bir sonuca ulaşılamamıştır. Ancak genetik etkenler, nörobiyolojik etkenler ve çevresel ve ailesel etkenler otizmin nedenleri arasında değerlendirilmektedir.

Genetik etkenler, otizmin gelişiminde genetik etkenlerin rol oynadığına ilişkin yapılan çalışmalarda otistik çocukların kardeşlerinde genel popülasyona oranla 50-100 kat daha fazla otizm görülmüştür (Yavaş, 1998, s. 1079-1085). İkiz çalışmalarında ise geçiş oranının çift yumurta ikizlerine göre tek yumurta ikizlerinde %90 daha fazla olduğu tespit edilmiştir (Yosunkaya, 2013, s. 85). Bu bulgular, otizmin nedenleri arasında genetik faktörün önemli yer tuttuğunu göstermektedir.

Nörobiyolojik Etkenler, otizmi olan bireylerle yapılan çalışmalarda nöroanatomik, nörofizyolojik, nörokimyasal bozukluklar görülmüştür. Bunun yanında otizm yanında bireylerde zekâ geriliği, işitme kaybı ve farklı tıbbi bozukluklarda bulunabilmektedir. Genetik bozukluklar arasında en sık olarak frajil x sendromu, otizmle birlikte görülebilmektedir. Ayrıca serebral palsi, fenilketonüri, tuberosklerozis, trizomi 21'de otizme eşlik edebilmektedir (Pehlivantürk vd., 2003, s. 89; Kerimoğlu vd., 2008, s. 745-746). Prenatal (doğum öncesi), perinatal (doğum sırası) ve postnatal (doğum sonrası) etmenleri değerlendirdiğimizde ise otizme sebep olan faktörler arasında gebelik komplikasyonları ve doğum travmaları yer alabilmektedir. Vitamin B6 eksikliğininde otizmin potansiyel bir nedeni olabileceği öne sürülmekle beraber çeşitli EEG anormallikleri ve epilepsi otizmli bireylerde sıklıkla görülebilmektedir. Nöroanatomik anormallikler açısından ise otizmli bireylerde beyin sapı anormalliklerinden sıkça bahsedilmektedir (Yavaş, 1998, s. 1079-1088).

Çevresel ve Ailesel Etkenler, çevresel etkenler değerlendirildiğinde gıdalar, vitaminler ve toksinlerin otizmle ilişkisini araştıran pek çok çalışma bulumaktadır. Bu çalışmalardan bazıları otizmin D vitamini ile bağlantısına yönelik çalışmalardır. Otizmin D vitamini ile bağlantısına yönelik çalışmalar yapılmış ve bu eksikliğin otizmli çocuklarda yaygın olarak görülen bir sorun olduğu tespit edilmiştir (Özlü, vd., 2020, s. 113). Hatta D vitamini eksikliği olan çocuklarda D vitamini tedavisi ile ortadan kaybolan bazı otizm belirtilerinin bulunduğu yapılan bazı çalışmalarda ifade edilmiştir (Ali vd., 2016, s. 17; Cannel, 2008, s. 750). Tartışılan bir diğer çevresel etmen ise ağır metallerdir. Otizmli çocukların saçlarında ağır metal seviyelerinin yükseldiği ve temel minarellerin ise seçici olarak tükendiği tespit edilmiştir. Gebelikte ilaç kullanımı da çevresel etkenler arasındadır. Annenin gebelikte yüksek ateşi, psikososyal stres varlığı, vb. etkenler de beyin gelişimini olumsuz etkileyerek otizme sebep olabilecek çevresel etmenler arasındadır (Al-Farsi vd., 2013; Özbaran, 2014, s. 171-172).

Çocukluğun ilk dönemlerinde aile içerisinde yaşanan ileri derecede stres veya travma, ebeveynlerdeki psikiyatrik bozukluklar, anne-baba-çocuk iletişimi ve etkileşimindeki anormallikler otizmin ailesel etkenleri arasında görülebilmektedir. Bunun yanında yüksek eğitimli olma ve ilerlemiş baba yaşının da otizmle ilişkili olduğu yapılan çalışmalarda tespit edilmiştir (Çolak, 2016, s. 38-39; McAdoo & DeMyer, 1977, s. 162). Ayrıca ailesel herhangi bir etkenin otizme neden olmadığını tespit eden çalışmalar da bulunmaktadır (Cantwell vd., 1978, s. 289-290).

Tedavi

Otizmin tedavisinde, kapsamlı bir değerlendirme sonrasında, yaygın olarak kullanılan yöntemler özel eğitim, bilişsel davranışsal tedavi ve aile desteğidir. Uygulanan tedavi yöntemleri tam anlamıyla iyileşmeyi sağlamamakla birlikte bazı semptomları hafifletmek ve otizmli birey ve ailesinin yaşam kalitesini arttırmak için gerçekleştirilmektedir. Tedavide en önemli nokta, bütün hastalıklarda olduğu gibi erken tanı ile uygun tedavi yönteminin erkenden başlatılmasıdır. Otizmli bireylerde erken tanı uyum becerilerini oldukça arttırabilmektedir (Yavaş, 1998, s:1079-1098; Korkmaz, 2010, s. 37-44).

Tedavi yöntemleri değerlendirildiğinde, otizmli çocuklar icin erken dönem yoğun davranışsal terapilerin tam ölçekli IQ üzerinde yüksek düzeyde olumlu etkisi olduğu belirlenmiştir. Ayrıca dil, sosyal ve oyun etkinlikleri gibi beceri alanlarını, günlük yaşam becerilerini ve sosyalleşme yeteneğini de önemli ölçüde geliştirmektedir (Corcoran and Walsh, 2006: 79; Özeren, 2013, s. 57-62). Yoğun davranışsal terapilerin yanında konuşma ve dil terapileri, uğraş terapileri, bireysel psikoterapiler tedavi yöntemleri arasında yer almaktadır. Müzik terapilerinin otizmli çocuklar ve ergenlerde etkili olduğu yapılan çalışmalarda ifade edilmiştir (Whipple, 2004, s. 90-106). Yoğun ve uzun sureli uygulamalı davranış analizi (UDA) müdahalelerinin entelektüel işlevsellik, dil gelişimi, günlük yaşam becerileri ve sosyal işlevsellik üzerine pozitif etkileri olduğu gerçekleştirilen bir diğer çalışmada belirtilmiştir (Virues-Ortega, 2010, s. 387-399). Bununla birlikte NPDC (OSB Ulusal Mesleki Gelişim Merkezi) (2003)'nin raporuna göre, otizmli bireylerin tedavisine yönelik etkinliği kanıtlanmış bilimsel dayanaklı uygulamalar bulunmaktadır. Bunlar; akran aracılı uygulamalar, anne baba uygulamaları, ayrımlı pekiştirme, beceri analizi, egzersizler, görsel destekler, ipucu sunma, işlevsel davranış değerlendirmesi, kendini yönetme, model olma, pekiştirme, replikli öğretim, sosyal beceri öğretimi, teknoloji destekli öğretim ve uygulama, temel tepki öğretimi ve yapılandırılmış oyun grupları gibi uygulamalardır (Cavkaytar, 2016, s. 125-126).

Otizm tedavisinde en fazla öne çıkan müdahale, eğitimdir. Eğitim, temel sosyal, bilişsel, iletişimsel ve uyarlanabilir becerilerin kazanılmasını teşvik etmektedir. Bu bakımdan eğitim programları yüksek düzeyde yapılandırılmalı ve çocuğun bireysel ihtiyaçlarına göre yönlendirilmelidir. Eğitim konusunda en önemli noktalardan biri, erken eğitimdir. Gelişim riski taşıyan çocukların erken dönemde gerekli destek ve eğitimi alamaması gelişimlerinin gecikmesine ve akranları arasında büyük farklılıkların çıkmasına neden olmaktadır. Otizm tedavisinin etkili olabilmesi için gerçekleştirilen müdahaleler kapsamlı olmalı ve çeşitli disiplinlerden profesyonelleri içermelidir. Ebeveyn katılımı, tedavinin etkililiği için oldukça önemlidir. Profesyoneller, uygun eğitim yerleşimi elde etmek için erken, sürekli, yoğun ve aile katılımlı çalışmalıdır (Corcoran and Walsh, 2006: 80; Cavkaytar, 2016, s. 95-106).

Otizmli çocukların tedavisinde aile katılımı hayatidir. Bu bakımdan ailenin de sürecin en başından itibaren desteklenmesi gerekir. Aile bireylerinin yaşadıkları duygusal, sosyal, ekonomik sorunlar karşısında başa çıkma becerilerini arttırmak amacıyla psikososyal destek, birey ve aile çalışmaları, grup tedavileri, sosyoekonomik destek gerçekleştirilmesi gereken bazı müdahaleler arasında yer almalıdır. Aileler çocuklarının gelişimini desteklemesi konusunda kapsamlı eğitim programları ile de desteklenmelidir.

İlaç tedavisi otizmin sosyal etkileşim, iletişim gibi temel belirtilerinde bir değişikliğe yol açmaz. Ancak sıklıkla görülebilen saldırganlık, aşırı hareketlilik, endişe, kendine zarar verme, yineleyici motor hareketleri, uyku ve yeme sorunları gibi davranış sorunlarını azaltmak amacıyla kullanılır (Korkmaz, 2010, s. 37-44).

DİKKAT EKSİKLİĞİ/AŞIRI HAREKETLİLİK BOZUKLUĞU

İşlevselliği ya da gelişimi bozan dikkatsizlik, aşırı hareketlilik ve dürtüsellik gibi klinik özellikleri ile karakterize olan dikkat eksikliği aşırı hareketlilik bozukluğu nörogelişimsel bir bozukluktur. Çocukluk ve ergenlik döneminde sıklıkla karşılaşılan bu psikiyatrik bozukluk akademik, mesleki ve toplumsal alanlarda kendini gösterebilmektedir. Hayat boyu süren bu bozukluk bireylerin ve ailelerin yaşam kalitesini olumsuz yönde etkilemektedir. *DSM-5*'te dikkatsizlik ile aşırı hareketlilik ve dürtüsellik ayrı başlıklarda değerlendirilmişlerdir (APA, 2014, s. 29-32).

Dikkatsizlik, gelişimsel düzeye uygun olmayan ve toplumsal, mesleki ve eğitim ile ilgili etkinlikleri olumsuz etkileyen, dikkatsizce yanlışlar yapma; dikkati sürdürmekte güçlük çekme; dinlemiyor gibi görünme; sorumlulukları tamamlayamama; düzensizlik; zihinsel çaba gerektiren işlerden kaçınma; nesneleri kaybetme; unutkanlık ve dış uyaranlar karşısında dikkatin kolay dağılması gibi belirtilerden en az altısının 6 aydan fazla sürmesidir.

Aşırı hareketlilik ve dürtüsellik, çoğunlukla kıpırdama, ayaklarını vurma; yerinde oturamama; uygun olmayan ortamlarda koşturma ya da tırmanma; sessizce oyun oynayamama; her an hareket hâlinde olma; aşırı konuşma; sırasını bekleyememe; başkalarının sözünü kesme gibi belirtilerden en az altısının 6 aydan fazla sürmesidir. Birleşik görünüm, dikkatsizliğin baskın olduğu görünüm ve aşırı hareketliliğin/dürtüselliğin baskın olduğu görünüm olmak üzere 3 alt grubu bulunmaktadır. Teşhis için dikkatsizlik ya da aşırı hareketlilik-dürtüsellik belirtilerinin birkaçı 12 yaşından önce ortaya çıkmış olması gerekmektedir. Günlük hayatı, eğitim ve iş hayatını, sosyal çevre ilişkilerini olumsuz etkileyen DEAHB'nda erken tanı önemlidir. Ancak tanı çoğunlukla çocuklar okula başladıktan sonra öğretmenlerinin farketmesinin ardından konulabilmektedir. Aşırı hareketlilik-dürtüselliğin baskın olduğu türde tanı koymak görece daha kolayken, dikkatsizliğin baskın olduğu çocuklarda daha zordur (APA, 2014, s. 29-32; Şenel, 2013, s. 78-80).

Yaygınlık

Dikkat eksikliği/Aşırı hareketlilik bozukluğu, çocukluk dönemi psikiyatrik bozuklukları arasında en yaygın görülenidir. *DSM-IV Tanı Ölçütleri El Kitabı*'na (2000) göre, bu bozukluğun okul çağı çocuklarında dünya genelinde %3-5 arasında olduğu öngörülmektedir. Alanyazında ise yaygınlık çoğunlukla çocuk ve ergenlerde %5-10 iken, erişkinlerde %4 civarındadır (Kerimoğlu vd, 2008, s. 780; Vidal et al., 2014, s. 104-112; Tuğlu & Şahin, 2010, s. 75-116).

Türkiye'de gerçekleştirilen çeşitli çalışmalarda DEAHB yaygınlığının %5-14 civarında olduğu tespit edilmiştir (Motavallı, 1994; Baysal, 2011).

Cinsiyetler açısından ise görülme sıklığının erkeklerde kızlardan 2-10 kat fazla olduğu tespit edilmiştir. Bunun yanında bazı çalışmalarda ise aşırı hareketlilik-dürtüsellik belirtilerinin baskın olduğu tipin erkeklerde daha fazla oranda, dikkat eksikliğinin baskın olduğu tipin ise kadınlarda daha fazla oranda görüldüğü tespit edilmiştir (Kaymak Özmen, 2010, s. 1-10; Shooshtary et al., 2010, s. 88-92; Yapıcıoğlu vd., 2011, s. 177-184). Yaş ilerledikçe yaygınlıkta düşüşün yaşandığı gözlemlenmiştir (Skounti et al., 2007, s. 117-123).

Nedenler

Dikkat eksikliği/Aşırı hareketlilik bozukluğunun ortaya çıkış nedeni tam olarak belirlenememiştir ancak diğer psikiyatrik hastalıklarda olduğu gibi genetik, nörobiyolojik ve çevresel etkenlerin üzerinde durulmaktadır.

Genetik Etkenler, dikkat eksikliği/aşırı hareketlilik bozukluğunun diğer pek çok hastalıkta olduğu gibi genetik geçişli bir bozukluk olduğunu ortaya koyan çok sayıda aile, ikiz ve evlat edinme çalışması yapılmıştır. DEAHB tanısı almış bireylerin yakın akrabalarında %10-35 arasında görülme riskinin olduğu, kardeşlerde %32 civarında görülme riskinin olduğu, tek yumurta ikizlerinde %50-84 iken çift yumurta ikizlerinde ise %30-40 görülme riskinin bulunduğu tespit edilmiştir. Anne-baba DEAHB tanılı olan çocuklarda ise görülme riski %57 civarındadır. Evlat edinme çalışmaları da ailevi geçişi destekleyici niteliktedir (Kayaalp, 2008, 62, s. 147-152; Şenol & Şener, 1998, s. 1119-1130).

Nörobiyolojik Etkenler, nörogörüntüleme teknikleri ile elde edilen bilgiler dikkat eksikliği/aşırı hareketlilik bozukluğunun biyolojik temellerine dikkat çekmektedir. DEAHB'de seçici dikkat, sürekli dikkat ve görsel-uzaysal dikkat bileşenlerin işlevlerinde yetersizlikler ve güçlükler tespit edilmiştir. Bu bağlamda pek çok çalışmada elde edilen bilgiler ışığında dikkat işlevlerinde baskın olan sağ yarıkürenin,

DEAHB tanılı bireylerde işlevsel bozukluğu olduğu ileri sürülmektedir (Durukan vd., 2008, s. 358-364). Nörotransmitterler ise DEAHB'nin nedenini anlama noktasında öne çıkan alanlardandır. Dopamin ve norepinefrin düzeylerinin DEAHB tanılı çocuklarda düşük oranda bulunduğu tespit edilmiştir. Dopamin ve norepinefrin prefrontal korteksin işlevinde düzenleyici rol oynamaktadır. Preforontal korteks, işlemsel hafızayı kullarak uyarıların alınarak açığa çıkarılmasını ayarlar. Dopamin ve norepinefrinin yüksek düzeyde bulunması bu işlevselliği bozabilmektedir (Kayaalp, 2008, s. 147-152). Dopaminin hiperaktivite ve öğrenme sorunlarıyla ve DEAHB'de sorunlu olduğu düşünülen operant ödül mekanizmalarında ve çalışma belleğinde de önemli rol oynadığı saptanmıştır (Goldman-Rakik, 1991, 110-117; Öncü & Şenol, 2002, s. 111-119).

Çevresel Etkenler, DEAHB'nin meydana gelişinde çeşitli çevresel faktörlerinde rol oynadığı düşünülmektedir. Bunların arasında annenin hamile kalma esnasında ve hamilelik sürecinde paternal sigara kullanımı, prenatal dönemde alkol/madde maruziyeti, kurşun maruziyeti, hamilelikte annenin ilaç kullanımı, düşük doğum ağırlığı, doğum sırasında yaşanan sorunlar ve ihmal ve istismara uğrama gibi çevresel etkenler rol oynamaktadır (Gül & Öncü, 2018, s. 148-185).

Tedavi

Dikkat eksikliği/aşırı hareketlilik bozukluğu tedavisinde yaygın olarak kullanılan yöntemler psikoeğitim, psikoterapi ve ilaç tedavisidir. DEAHB çocuk ya da yetişkinin hayatında pek çok alanı etkilediği için kapsamlı bir değerlendirme yapılarak uygun olan tedavi yöntemi tercih edilmelidir. Akademik, mesleki ve toplumsal alanlardaki işlevselliği arttırmak amacıyla iyi bir tedavi bahsedilen bütün tedavi yöntemlerini içermelidir. Nonfarmakolojik tedavi yöntemleri arasında psikoeğitim, aile eğitimi, sosyal beceri eğitimi, bilişsel davranışsal terapi, bilinçli farkındalık eğitimi, omega-3 yağ asitleri ve neurofeedback başlıcalarıdır (Çalışkan & Tarakçıoğlu, 2019, s. 16-23).

Psikoeğitim bozukluğun tedavisi, gidişatı ile ilgili hasta ve ailesinin eğitimini ve bilgilendirici danışmanlık verilmesini ifade eder. Psikiyatri ekibi üyeleri tarafından verilen psikoeğitim, hastaların ve ailelerin hastalığı anlaması, kabul etmesi ve başarılı bir şekilde baş etme becerileri kazanması amacıyla gerçekleştirilir. Psikoeğitimin temel hedefleri, hasta bireyler ve aileler için farmakolojik ve nonfarmakolojik tedaviye uyum sağlamak, çocuğun ya da yetişkinin eğitim, mesleki, davranışsal ve sosyal ilişkiler alanlarında işlevselliğinin arttırılması için öneriler vermek, karşılaşılabilecek güçlükler hakkında bilgilendirme yapmak ve yaşam kalitesini yükseltmektir.

Aile eğitim programları ise ebeveynlerin pozitif davranışlarının pekiştirilmesi, çocukların davranış özelliklerine uygun yanıtlar verilmesini sağlamayı amaçlamaktadır. DEAHB için aile eğitimi oldukça önemli bir yöntemdir. Ebeveyn eğitim programlarına örnek olarak AnneBaba/Çocuk Etkileşim Terapisi, Yeni Forest Programı, Üç P Olumlu Anne-Babalık Eğitimi, Uyumsuz Çocuklara Yardım Programı gibi programlar gösterilebilir (Abikoff vd., 2015, s. 618-631).

Bilinçli farkındalık eğitimi, kişinin kendi düşünce ve eylemlerine dikkatini artırmak amacıyla gerçekleştirilen bilişsel temelli bir terapidir. *Neurofeedback* ise edimsel koşullanma prosedürlerinin kullanıldığı kendi kendini düzenleme eğitimidir. *Sosyal beceri eğitimi* ile çocuklara grup içerisinde uygun becerilerin kazandırılması hedeflenmektedir. *Omega 3* desteği ise DEAHB semptomları olan kişilerde farmakolojik tedavinin yanında olasılıkla yararlı bir yardımcı olabileceği belirtilmektedir. Bu tedaviler bazı çalışmalarda kısmen etkili bulunurken bazılarında ise etkili olduğuna yönelik herhangi bir kanıta ulaşılamamıştır (Çalışkan& Tarakçıoğlu, 2019, s. 16-23).

Farmakolojik tedavilerde kanıtlanmış etkileri ve az yan etkileri sebebiyle ilk olarak tercih edilenler uyarıcılardır. Uyarıcı ilaçlardan en sık kullanılanları Dekstroamfetamin ve Metilfenidattır. Metilfenidat DEHB olan çocukların %75'inde belirgin bir etki göstermektedir. Trisiklik antidepresanlar, alfa 2 agonistleri, venlafaksin, bupropion ve atomoksetin de kullanılan ilaçlar arasında yer almaktadır (Kerimoğlu vd., 2008, s. 783; Kayaalp, 2008, s. 147-152).

VAKA İNCELEMESİ

T.C.
SAĞLIK BAKANLIĞI HASTANESİ
SOSYAL HİZMET BİRİMİ
SOSYAL İNCELEME RAPORU (ÖRNEK)

RAPOR TARİHİ

DÜZENLEYEN S. Ç. :

İNCELEME NEDENİ: Tanısı konulan psikiyatri hekimi A. Ç tarafından sosyal inceleme raporu talebiyle tarafımıza havale edilmiştir.

İNCELEMEYE KONU HASTANIN;

TC Kimlik No: ....

Adı Soyadı: S. Y.

Anne-Baba Adı: A.Y.- C.Y.

Doğum Yeri-Yılı: İ.-08.03.2015

Cinsiyeti-Öğrenimi: E-

Adres ve Telefonu: ....

Anne-Babanın Birlikte Yaşayıp-Yaşamadığı: Anne-baba boşanmış, ayrı yaşamakta.

Engele İlişkin Raporların Tarihi ve Tanısı: Sağlık kurulu raporunda %80 otizm, %50 hafif mental retardasyon tanısı yer almaktadır.

BİLGİ KAYNAKLARI:

Görüşme Yapılan Yer: Hastane, Ev

Görüşme Yapılanlar: Anne, dede (R.A.), anneanne (D.A.), baba

- 08.06. 2020 tarihinde hastanede anne ve dede ile gerçekleştirilen görüşme
- 10.06.2020 tarihinde ev ziyaretinde anne, dede ve anneanne ile yapılan görüşme
- 14.10.2020 tarihinde Özel Rehabilitasyon Merkezi psikoloğu ile görüşme
- 16.10.20 tarihinde baba ile telefonla görüşme

- 27.07.2020 tarihinde hastane tıbbi sosyal hizmet servisinde anne ile görüşme

SORUNUN TANIMI:

Hastanın geliş öyküsü: .... tarihinde S. Y.'nin iletişim kurmama, konuşma geriliği ve göz temasının olmaması vb. şikâyetleri ile hastanenin psikiyatri polikliniğine annesi A.Y. tarafından getirilmiştir. Psikiyatri hekimi A. Ç tarafından sosyal inceleme raporu talebiyle birimimize havale edilmiştir.

Y. çiftinin evliliğinden dünyaya gelen S. Y: 2015 İ. şehri doğumlu, bekâr, ilkokula ve özel rehabilitasyon merkezine devam etmektedir. ...... Hastanesinin 08.06.2020 tarih ve .... Sayılı sağlık kurulu raporunda %80 otizm, %50 mental retardasyon tanısı yer almaktadır. SY'nin annesi, kök ailesiyle birlikte ikamet etmektedir. Sözlü iletişimi ve sosyal iletişimi yetersiz olduğu, sinirli ve takıntılı davranışlar sergilediği tarafımıza beyan edilmiştir.

Aile bireylerine ilişkin bilgiler:

Anne A. Y.; 1994 İ şehri doğumlu, bekâr, 1 çocuk annesi, lise mezunu, herhangi gelir getirici bir işte çalışmamakta, boşandıktan sonra anne ve babası ile birlikte yaşamaktadır.

Baba C. Y.; 1990 İ şehri doğumlu, evli, 2 çocuk babası, ortaokul mezunu, bir inşaat firmasında işçi olarak çalışmakta, 2. evliliğini gerçekleştirmiş, her evliliğinden 1 çocuğu bulunmaktadır.

Kök aileye ilişkin bilgiler:

Dede R. A.: 1960 İ sehri doğumlu, evli, 4 çocuk babası, ilkokul mezunu, 37 sene işçi olarak çalışmış ve emekli olmuş, kronik hastalıkları bulunmakta bu sebeple bir işte çalışmak istediğini ifade etse de çalışamamaktadır. 2 odalı bir evde kirada oturmaktadır.

Anneanne D. A.: 1958 Y şehri doğumlu, evli, 4 çocuk annesi, okuma yazma yok, ev hanımı.

Ebeveynler ve sosyal kurumlarla görüşmeler sonucunda elde edilen bilgi ve izlenimler aşağıda yer almaktadır:

Anne A.Y. lise eğitimini tamamladıktan sonra C.Y. ile 2013 yılında görücü usulü ile evlenir. C.Y. nin annesi ile yaşamaya başlarlar. 2015 yılında oğlu S. Y. dünyaya gelir. Eşi C.Y.'nin düzenli bir işinin olmaması, yaşanan konutun kira olması, kayınvalide ile yaşanan sorunlar ve evlilik ilişkisinde karşılıklı anlaşamamaya dayalı yaşanan gerginlik aile yapısının bozulmasına yol açar ve çift S. Y. doğduktan 6 ay sonra boşanır. Çocuğun velayeti anne A.Y.'ye verilir. A.Y.'nin çekirdek ailesinde yaşanan çatışmalar ailenin parçalanmasına sebep olur ve oğlu S. Y. ile kök ailesinin yanına dönüş yapar.

S. Y. 2 odalı evin tek odasında annesi ile birlikte kalmaktadır. Gerçekleştirilen aile ziyaretinde S. Y.'nin ayrı bir yatağının olmadığı annesi ile birlikte uyuduğu gözlemlenmiştir.

Baba C.Y. boşanmanın ardından ilk zamanlarda oğlu ile sık sık olmasa da görüşmeye devam eder. Ancak S. Y.'nin baba tarafından beyan edildiği üzere, "tuhaf davranışları" sebebiyle görüşme çok sınırlandırılır. Baba-oğulun 7 ayı aşkın bir süredir görüşmediği, bu iletişim kopukluğunun ise ebeveyn-çocuk ilişkisinde bir yabancılaşmaya sebep olduğu gözlemlenmiştir. S. Y., 25-26 aylıkken konuşmaya başlamış olsa da sonra yavaş yavaş konuşması geriler. Hiç kimse ile iletişim kurmamaya başlar. Göz teması kurmaz ve sürekli sallanır. Babasının yanında olmaması sebebiyle böyle davrandığını düşünen anne herhangi bir hastalıktan şüphelenmez. Birkaç ay önce bir devlet okulunun anaokuluna gönderilen S. Y.'nin öğretmeni otizmden şüphelenip anneye çocuğun hastaneye götürülmesi gerektiğini söyler. Bu şüphenin sonucu olarak annesi tarafından hastaneye götürülen S. Y.'nin %80 otizm, %50 mental retardasyon tanısı aldığı tarafımıza beyan edilmiştir.

HASTANIN SAĞLIK VE FİZİKSEL DURUMU:

S. Y., %80 otizm, %50 mental retardasyon tanısı almıştır. Birlikte yaşamını sürdürdüğü dede koroner arter hastası, anneanne ise diyabet hastasıdır. Annenin herhangi bir fiziksel sağlık sorunu yoktur. Ancak çocuğunun hastalığı, yaşanan sosyoekonomik problemler, boşanan eşle gerilimli ilişki vb. sebepler nedeniyle psikolojik sorunlar yaşadığı annenin kendisi tarafından beyan edilmiştir. Psikiyatri hekimi tarafından depresyon tanısı almıştır ve L. ve S. isimli ilaçları kullanmaktadır.

HASTANIN PSİKO-SOSYAL VE AİLEVİ DURUMU:

S. Y.'nin anne ve babası o çok küçükken ayrılır. Baba ile ilişkileri yok denecek kadar azdır. Annesi bu durumun oğlunu çok ifade etmese de üzdüğünü, onun hareketlerinden anladığını belirtmiştir. Anneanne ve dede tarafından sıklıkla torunlarının bir sorunu olduğu hastaneye götürülmesi gerektiği söylenmiş olmasına rağmen anne bu durumu kabul etmek istemediğini ancak öğretmeninin de aynı şeyi söyleyince zorlanarak da olsa hastaneye gittikleri tarafımıza beyan edilmiştir. Anne depresyon tanısı ile ilaç kullanmaktadır. Gerçekleştirilen ev ziyaretinde annenin oğlunu konuşmaya ve sarılmaya zorladığı ve istediği davranışları göremeyince ağlama krizine girdiği gözlemlenmiştir. Anne bu durumla baş edemediği için ağlamaya başlamıştır.

Anneannenin ise hem torunu hem kızı hem de eşi için arabulucu rol üstlenmeye çalıştığı gözlemlenmiştir. Aile fertlerinin günün çoğunluğunu televizyon karşısında iletişim kurmayarak geçirdiği, S. Y.'nin ara sıra öfke nöbetleri geçirdiği, televizyonda istediği kanal açılmadığı ve istediği yiyecek verilmediği zaman öfke patlamaları yaşadığı, kendine zarar verici davranışlarda bulunduğu ve çok zor sakinleştirildiği, annenin ise süreçle baş etmekte zorlandığı için sıklıkla bağırdığı ve ağladığı gözlemlenmiştir. Anne çocuğunun hastalığının babasının ilgisizliğinden kaynaklandığını belirtmektedir. Sıklıkla eski eşinden bahsetmekte ve başına gelenlerin tamamının eski eşinin suçu olduğunu ifade etmektedir. Annenin kendi babası ile mesafeli bir ilişkisi bulunmaktadır. AY'nin eğitim hayatına devam etme isteğine rağmen ailesinin isteği üzerine gerçekleştirdiği evlilik, bireyin kök ailesi olan iletişimin çatışmalı hâle gelmesine sebep olmuş, bu çatışma durumu hayatın organizasyonunda çeşitli aksaklıklara sebep olmuştur. Kişinin gelecekle ilgili planlarının sekteye uğraması, kişinin ailesine yönelik olumsuz bir duygu durumuna bürünmesine sebebiyet verir. Adı geçen kişi babasını bu evlilik nedeniyle suçlu görür ve bu suçluluk ailesine yönelik bir öfkeye yol açar. Bu durum anneanne tarafından tarafımıza beyan edilmiştir.

<u>HASTANIN BARINMA VE EKONOMİK DURUMU:</u>

S. Y. ve annesi kök aile ile yaşamaktadır. Dede ve anneannenin yaşadığı 2 odalı konut, 4 katlı binanın giriş katındadır ve aylık 800 TL kira ödenmektedir. Evdeki eşyalar oldukça eski olmakla birlikte ev temiz ve düzenlidir. Anne ve S. Y. aynı odayı paylaşmaktadır. Odada yatak hâline getirilmiş bir çekyat ve 2 kapaklı bir gardrop bulunmaktadır. S. Y. annesi ile aynı yatağı paylaşmaktadır. Odanın bir köşesinde S. Y.'ye ait oyuncakların bulunduğu bir sepet ve bir sehpanın üzerinde kitaplar bulunmaktadır. Dede aylık 1692 TL emekli maaşı almaktadır. Anne A.Y.'nin sigortası bulunmamaktadır. Baba üzerinden sağlık yardımı almaktadır. Eski eşten alınan aylık 1000 TL nafaka ile geçimlerini sürdürmektedirler. Bu paranın bir kısmı ile S. Y.'nin ihtiyaçları karşılanırken kalanı ailenin aylık gıda masrafları için harcanmaktadır. Ailenin aylık toplam geliri 2692 TL'dir. 800 TL kira ücreti ödemektedirler. Aile 4 kişiden oluşmaktadır, kişi başına düşen aylık gelir 673 TL'dir.

DEĞERLENDİRME:

Otizm tanısı yeni konulmuş olan S. Y.'nin birlikte yaşadığı annesinin hastalığı kabullenememiş olduğu gözlemlenmiştir. Anne konulan tanının doğru olmadığını düşünmekte, inkâr sürecindedir. Birlikte yaşanan aile fertleri hastalık hakkında fikir sahibi değildir. Hastaya nasıl davranmaları gerektiğini bilmemektedirler. Hastalığın tedavisi konusunda da bilgi sahibi değildirler.

S. Y., annesi ile birlikte kök aile ile yaşadığı için aile yapısı dikey yapıya sahip geniş aile özelliği taşımaktadır. Aile içi ilişki ve iletişim örüntüleri değerlendirildiğinde suçlayıcı, zayıf, geçmişteki sorunların bugüne taşındığı bir iletişimin olduğu gözlemlenmektedir.

Ailenin ekonomik sıkıntı yaşadığı değerlendirilmiştir. S. Y.'nin kendine ait bir odası ve yatağı da bulunmamaktadır.

Aile fertlerinden anne hariç herkes kronik hastalıklara sahiptir, dede kalp hastası, anneanne diyabet hastasıdır ve düzenli ilaç kullanmaktadırlar. Anne ise depresyon hastasıdır. Tedavi için düzenli ilaç kullanmaktadır. S. Y. otizm hastasıdır ve öfke nöbetleri yaşamaktadır.

S. Y., babası ile görüşmemektedir. Anne bu durumdan dolayı oğlunun üzgün olduğunu dile getirmektedir.

Anneanne, ailenin toparlayıcı özelliğe sahip üyesidir. Kızının yaşadığı süreçte yanında olmaya çalışmakta ve onu desteklemektedir. Eşi ile kızı arasında iletişim kurmaya çalışmaktadır. Torununa karşı ise sakin ve olumlu bir tutum sergilemektedir.

Anne A.Y.'nin evlilik birliği içinde yaşadığı hayal kırıklığı, babası ile mesafeli ilişkisi, S. Y.'nin yaşadığı bozukluk, eski eşinin oğlu ile ilişkisi gibi nedenlerle depresyon yaşadığı görülmektedir. Gün içerisinde üstesinden gelemediği durumlar karşısında bağırma ve ağlama davranışları göstermektedir. Üniversiteye gidememesine ilişkin bir ukdesi bulunmaktadır.

Söz konusu tespitler doğrultusunda ihtiyaç analizi ve sorun çözümüne yönelik çalışmaları içeren bilgiler aşağıda sunulmuştur;

Öncelikle S. Y.'nin eğitimi için harekete geçilmiştir. S. Y. Rehberlik ve Araştırma Merkezi Müdürlüğü'ne özel eğitim ve değerlendirme kurulu değerlendirmesi için yönlendirilmiştir. Alınan rapor doğrultusunda destek eğitimi için rehabilitasyon merkezine yönlendirilmiştir. Evine yakın eğitim ve rehabilitasyon merkezleri araştırılmıştır ve anne ile birlikte eve yürüme mesafesinde olan bir özel eğitim ve rehabilitasyon merkezi seçilmiş ve oraya yönlendirilmiştir.

14.10.2020 tarihinde Özel Rehabilitasyon Merkezi psikoloğu ile gerçekleştirilen telefon görüşmesinde S. Y. hakkında bilgiler edinilmiştir. Eğitime başlamadan önce konuşmayan S. Y.'nin eğitimden sonra 2 kelimeli cümleleri kurduğu, şarkılar söylemeye çalıştığı ve tuvalet, yemek gibi temel gereksinimlerini kendisinin yapabildiği ifade edilmiştir.

S. Y.'nin kendisini birkaç cümle ile ifade edebilmesi ile birlikte baba özlemini dile getirdiği kurum psikoloğu tarafından dile getirilmiştir. Bu sebeple baba ile 16.10.20 tarihinde telefon aracılığı ile görüşme gerçekleştirilmiştir. Baba oğlunun tuhaf davranışları sebebiyle artık görüşmediklerini dile getirmiştir. Süreç hakkında bilgilendirilen baba, rehabilitasyon merkezi psikoloğu ile görüşerek oğlu hakkında bilgi almayı kabul etmiştir. Oğlu ile ilişkisinin düzenlenmesi konusunda yardıma ihtiyacı olduğunu belirtmiştir.

S. Y.'nin kendine zarar verici davranışlarını ve öfke nöbetlerini önlemeye yönelik ilaç tedavisi uygulanmaktadır. Ayrıca rehabilitasyon merkezinde özel eğitim ve rehabilitasyon kurumunda RAM tarafından belirlenmiş ve temel sosyal, bilişsel, iletişimsel ve uyarlanabilir becerilerin kazanılmasına yönelik eğitim programı sürdürülmektedir. Otizm tedavisinde son dönemlerde ön plana çıkan aile katılımlı tedavinin etkili olabilmesi için rehabilitasyon merkezinde ailelerin evlerinde çocuklarının eğitimlerinin nasıl destekleyebilecekleri ile ilgili bilgiler verilerek desteklenmektedir. Bunun yanında annenin yaşadığı stresi azaltmaya ve depresyonun neden olduğu pek çok alandaki işlevsizliği önlemeye yönelik 27.07.2020 tarihinde hastane tıbbi sosyal hizmet servisine randevu verilerek bireysel görüşme gerçekleştirilmiş ve psikososyal destek sağlanmıştır. Bir dahaki görüşmeye kadar hedefler belirlenmiştir. 15.09.2020 tarihli ikinci bir randevu verilmiştir.

Anne A.Y.'nin otizm bozukluğu olan çocukların ebeveynleri ile gerçekleştirilmesi hedeflenen grup çalışmasına dâhil edilmesi ilerleyen planlamalar arasında yer almaktadır.

Anne ile yapılan görüşmelerde üniversiteye gitme isteği olduğu gözlemlenmiştir. Annenin üniversite sınavına girme isteği değerlendirilerek bu yönde teşvik edilmiştir. Üniversiteye hazırlık kitapları temin edilmiştir. Anne, evde anneannenin S.Y. ile ilgilendiği zamanlarda ve rehabilitasyon merkezinde oğlunu beklediği zamanlarda sınava hazırlanmayı hedeflediğini dile getirmiştir.

S. Y.'nin kendine ait bir yatağı olması için gönüllü bir kişiye ulaşılarak S. Y. ve annesi için tek kişilik 2'şer tane baza ve yatak temin edilmiştir. S. Y.'nin bakımının aile yanında desteklenmemesi hâlinde kurum bakımı zaruriyeti oluşacağından, aileye **Sosyal Ekonomik Destek Yönetmeliğinin 6. maddesinin 1. fıkrasının (b) bendi ve 13. maddesinin 1. fıkrasının (a) bendi gereğince Anne A.Y.'ye 2015 doğumlu S. Y. için 1 yıl süreli yardım bağlanması karar verilmiştir.**

Sosyal Çalışmacı

BÖLÜM 8

ERGENLİK DÖNEMİ PSİKİYATRİK BOZUKLUKLARI

Ergenlik dönemi psikiyatrik bozuklukları temel başlığında değerlendirilecek bozukluklar; majör depresyon bozukluğu, beslenme ve yeme bozuklukları ve anksiyete bozukluklarıdır.

MAJÖR DEPRESYON BOZUKLUĞU

Majör Depresyon Bozukluğu; tüm nüfusu etkileyen, sık görülen, atakları uzun süren, kronikleşme ve tekrarlama oranı yüksek, bireyin fiziksel, ruhsal ve sosyal sağlığında yeti yitimine neden olan ağır ruhsal bir bozukluktur. Majör depresyonun yaygınlığı, bireysel ve toplumsal maliyetleri göz önünde bulundurulduğunda, psikiyatrik hastalık olmanın ötesinde önemli bir halk sağlığı sorunu olduğu görülür. Majör depresyon; bir insanın hayattan zevk alma yeteneğini ortadan kaldırabilecek ve en basit günlük görevleri bile yerine getiremeyecek, fiziksel, psikolojik ve bilişsel kapasitede düşüşe neden olabilecek yaygın fakat ciddi bir hastalıktır (Markus et al., 2012, s. 6).

Yaygınlık

DSÖ'ye göre, unipolar depresyon, Yeti Yitimine Ayarlanmış Yaşam Yılının (DALY) önde gelen nedenlerinden biridir ve dünya çapında yaklaşık 350 milyon kişinin bu psikiyatrik bozukluğa maruz kaldığı tahmin edilmektedir (Fekadu et al., 2017, s. 1). 2015 yılında küresel nüfusun depresyon oranı %4,4 olarak tahmin edilmektedir. Erkeklerde bu oran %3,6 iken, kadınlarda depresyon oranı %5,1 ile daha yaygın olarak görülmektedir. 2005 ve 2015 yılları arasında depresyonla yaşayan toplam tahmini kişi sayısı %18,4 oranında artmıştır (WHO, 2017: 3). Tükiye'de ise Türkiye Hastalık Yükü Çalışması'na göre (2004), özürlülükle kaybedilen yaşam yıllarının (YLD) ilk 20 nedeninin dağılımı incelendiğinde unipolar depresyon bozuklukları erkeklerde %6,4 oranla osteoartritten sonra 2. sırada yer alırken, kadınlarda %10,7 ile 1. sırada yer almaktadır (T.C. Sağlık Bakanlığı, 2011a, s. 6).

Belirtiler

Majör depresyon *DSM-5 Tanı Ölçütleri Başvuru El Kitabı*'nda, çökkün duygudurum, neredeyse bütün etkinliklere karşı ilgide azalma ya da bunlardan zevk almama durumu, kilo vermeye çalışmıyorken çok kilo verme ya da alma, iştahsızlık, uykusuzluk çekme ya da aşırı uyuma, ajitasyon ya da yavaşlama, bitkinlik ya da içsel gücün kalmaması, değersizlik ve aşırı suçluluk duyguları, düşünmekte ya da odaklanmakta güçlük çekme ve yineleyici ölüm düşünceleri gibi durumların aynı iki haftalık dönem boyunca en az beşinin bulunması ve işlevsellik düzeyinde değişikliğin görülmesi ile karakterize bir bozukluktur. Hiçbir zaman bir mani ya da bir hipomani döneminin geçirilmemesi gerekmektedir (APA, 2014: 92-94).

Depresyon tüm nüfusu etkileyen ve yıllara göre görülme sıklığı yüksek oranda artan yaygın psikiyatrik bozukluklardan biridir. Birey kadar çevresi ve bakımını üstlenenler üzerinde de oldukça olumsuz etki oluşturmaktadır. Depresyonda suçluluk ve değersizlik düşünceleri sonucu intihar girişimleri görülebilmektedir. Majör depresyon, intihar için önemli bir risk faktörüdür. İntihar, *DSM-5*'te de majör depresyon bozukluğunun belirtileri arasında ele alınmıştır. Özellikle depresif atak intihar sonucu ölümlerde en sık saptanan tanıdır. Yapılan çalışmalarda da depresyonun yüksek oranda intihara sebep olduğu belirlenmiştir. Örneğin, bir çalışmada intihar kurbanlarının yaklaşık %60'ının majör depresif bozukluk ve diğer duygudurum bozukluklarından mustarip olduğu bulunmuştur. Öte yandan yatarak tedavi gören majör depresif bozukluğu olan kişilerin intiharı ile yaşam boyu ölüm riski genellikle %15 civarında bildirilmiştir. Bir başka çalışmada ise depresyonun toplumdaki intihar riskini 20-30 kat arttırdığı ve psikiyatrik hastalıklar arasında intihar oranı en yüksek olan grubun depresyon hastaları olduğu bildirilmiştir (Dumais et al., 2005: 2116; Ak vd., 2013: 96; Güleç, 2016: 22; Özer vd., 2015: 284).

Tedavi

Majör depresyon tedavi edilmediğinde erken ölüm, fiziksel, psikolojik ve sosyal sağlıkta ve işlevsellikte bozulma, sosyal hayata adapte olamama ve ekonomik problemler gibi olumsuz sonuçlar oluştururken, tanının doğru konulması ve uygun bir şekilde tedavinin yapılması ile hastanın yaşam kalitesini arttırmak mümkün olabilmektedir. Majör depresyonun üç tedavi biçimi vardır (Semiz vd., 2016: 91-92; Başoğlu ve Buldukoğlu, 2015: 2-10):

- Psikofarmakolojik ajanlar (Antidepresanlar, antipsikotikler ve duygudurumu düzenleyiciler),
- Psikoterapiler (Psikodinamik terapi, Bilişsel Davranışçı terapi, Kişiler Arası İlişkiler terapisi, Aile ve Çift terapisi, Psikoanalitik Psikoterapi, Psikoeğitimler),
- Psikosomatik sağaltım (Elektrokonvulzif tedavi, Transkranial Manyetik Stimülasyon) uygulamalarıdır.

Majör depresyon pek çok alanda işlevselliğe etki ettiği için tek bir tedavi yöntemi ile müdahale edilmemelidir. Bahsedilen tedavi yöntemleri hastanın kapsamlı değerlendirmesi sonucunda planlanarak bütüncül yaklaşım çerçevesinde gerçekleştirilmelidir. Bütüncül yaklaşım ancak etkili ekip çalışması ile sağlanabilir ve psikiyatrik sosyal çalışmacılar bu ekibin etkili bir üyesidir.

Sosyal sağaltımda sosyal çalışmacıların etkili roller üstlendiği tespit edilmiştir. Uygun sosyal hizmet müdahalesi ile hastaların yardım alma motivasyonlarının yükseldiği, kişiler arası ilişkilerinde meydana gelen sorunları çözüme kavuşturma konusunda daha istekli hâle geldikleri ve sosyal problem çözme becerilerinin geliştikleri gözlemlenmiştir (Corney, 2984, s. 1-47; Tuncay & Oral, 2018, s. 114-139).

Tedavisinde dikkat edilmesi gereken önemli bir nokta intihar riskidir. Depresyonun toplumdaki intihar riskini arttırdığından daha önce bahsedilmişti. Bu bakımdan depresyon vakalarına müdahale ederken intihar riski açısından da hastanın değerlendirilmesi ve intihar düşüncesine yönelik etkili sağaltım yaklaşımın uygulanması gerekmektedir. İntiharı önlemede birincil, ikincil ve üçüncül önleme çalışmaları gerçekleştirilmektedir. Önleme çalışmalarına ilişkin daha ayrıntılı bilgi "Koruyucu Ruh Sağlığı Hizmetleri Alanında Sosyal Çalışmacının Rol ve Sorumlulukları" bölümünde verilmiştir. Bu bakımdan örneklerle ifade etmek gerekirse;

- *Birincil önleme* toplumun farkındalığının arttırılmasını içermektedir. Örneğin, intihar davranışına karşı toplumsal bilinci arttırmak için okul sosyal hizmeti uygulaması ile bölgede bulunan okulların tamamında eğitimler verme.
- *İkincil önleme* yüksek risk altındaki bireyleri belirlemek ve uygun sağaltım yaklaşımını tespit ederek etkili müdahalede bulunmaktır. Örneğin, depresyon bozukluğu tanısı konulmuş bir hastanın intihar düşüncesinin olup olmadığını belirleyerek ihtiyacı olan psikososyal desteği sağlama.
- *Üçüncül önleme* ise intihar girişiminde bulunmuş kişilere odaklanmaktadır. Bu bağlamda Türkiye'de Sağlık Bakanlığının Temel Sağlık Hizmetleri Genel Müdürlüğü Ruh Sağlığı Bölümü'nce yürütülen İntihar Önlenmesi çalışmaları kapsamında "Acil Serviste İntihar Girişimlerine Psikososyal Destek ve Krize Müdahale Programı" önemli bir uygulama olarak karşımıza çıkmaktadır. Bu uygulama ile intihar girişiminde bulunup acil servislere başvurmuş hastalara yönelik uygun zamanda ihtiyaca yönelik psikososyal tedaviyi belirleyerek müdahalede bulunmak amaçlanmaktadır.

BESLENME VE YEME BOZUKLUKLARI

Beslenme ve yeme bozuklukları, bireylerin yeme davranışlarındaki bozukluklar ve vücut ağırlığı ya da şeklini algılamada yaşanan karakterize olan psikiyatrik bozukluklardır. Anoreksiya nervoza ve bulumia nervoza başlıca iki beslenme ve yeme bozuklukları arasında yer alır. Bunların dışında *DSM-5 Tanı Ölçütleri El Kitabı*'nda (2014) yer alan beslenme ve yeme bozuklukları, pika, geri çıkarma bozukluğu, kaçıngan/kısıtlı yiyecek alımı bozukluğu, tıkanırcasına yeme bozukluğu ve tanımlanmamış beslenme ve yemek bozukluklarıdır. Bu bölümde Anoreksiya nervoza ve Bulumia nervoza ele alınacaktır.

Anoreksiya Nervoza

Anoreksiya nevroza, enerji alımını kısıtlama tutumu neticesinde belirgin bir biçimde düşük vücut ağırlığına sahip olma durumudur. Bu bozukluğa sahip bireyler kilo almaktan aşırı derecede korkmaktadırlar. Beden imajının bozukluğu, kilo almama ya da kilo kaybı amacıyla kusma, aşırı spor yapma, zayıflamak amacıyla laksatif ilaçlar, diüretik ilaçlar ya da lavmanın uygunsuz kullanımı anoreksiya nervozanın klinik özellikleri arasında yer almaktadır. Hastalar hastalıklarını reddetmekte ve tedaviye direnç göstermektedirler. Devamlı olarak yetersiz ve dengesiz beslenmek tüm sistemleri etkilemektedir. Hasta solgun görünümdedir, saçları azalmış ve kurudur, kan basıncı, nabzı ve vücut ısısı düşüktür. Bu psikiyatrik bozukluk zamanla kronikleşir ve psikososyal işlev bozukluklarına ve ölümle sonuçlanabilecek biyolojik sorunlara yol açabilir (APA, 2014, s. 173-174; Gönenir Erbay & Seçkin, 2016, s. 473-477).

DSM-5 anoreksiya nervoza tanı ölçütleri şunlardır:

- Gereksinime göre enerji alımını kısıtlamasına bağlı belirgin bir biçimde düşük vücut ağırlığı,
- Kilo almaktan ve şişmanlamaktan korkma ya da belirgin düşüklükte vücut ağırlığına rağmen kilo almayı güçleştiren davranışlarda bulunma,

- Kişinin vücut ağırlığı ve biçimini algılaması ile ilgili bozukluğun bulunmasıdır.

Anoreksiya nervozanın alt türleri bulunmaktadır. Kişinin son üç ay içerisinde yineleyen tıkınırcasına yeme ya da çıkarma davranışlarının olmayıp yalnızca diyet yaparak ya da aşırı spor yaparak kilo kaybettiği görünüm olan *kısıtlayıcı tür* ve son üç ay içerisinde tıkanırcasına yeme ya da çıkarma davranışının olduğu *tıkınırcasına tür* alt tipleridir (APA, 2014, s. 173-175).

Bulumia Nervoza

Bulumia nervozada, durdurulamayan yeme atakları ile çok kısa sürede yüksek kaloride besin tüketimi durumu söz konusudur. Bunun ardından hastalar bir süre rahatlama duygusu yaşasalar da sonrasında pişman olup kilo almamak için kendilerini kusturma, laksatif, diüretik ya da zayıflatıcı diğer ilaçları kullanma gibi uygunsuz ödünleyici davranışlara başvururlar. Vücut ağırlıkları anoreksiya nervoza hastalarının aksine normal ya da normalin üzerinde görülmektedir (Aytaç & Hocaoğlu, 2016, s. 158-163). *DSM-5* bulumia nervoza tanı ölçütleri şunlardır:

- Yineleyici tıkanırcasına yeme dönemleri ve bu dönemlerin benzer koşullarda, benzer sürede çoğu bireyin yiyebileceğinden daha çok yiyeceği ayrı bir zaman biriminde yeme ve bu dönem sırasında yemek yeme denetiminin ortadan kalktığı duygusunu yaşama ile belirli olması,
- Kilo almaktan kaçınmak için kusma, zayıflamak amacıyla ilaçları yanlış yere kullanma, neredeyse hiç yemek yememe ya da aşırı egzersiz yapma gibi uygunsuz ödünleyici davranışların bulunması,
- Yukarıda bahsedilen davranışların her ikisinin de ortalama, üç ay içinde, en az haftada bir kez olması,
- Kendililik değerlendirmesi, vücut biçiminden ve sahip olunan kilodan yersizce etkilenme ve

- Bu bozukluğun sadece anoreksiya nervoza dönemlerinde ortaya çıkmamasıdır.

Tıkanırcasına yeme davranışı çoğunlukla duygusal sorunlar sebebiyle ortaya çıkabilmektedir. Bireylerin kaygılı, gergin ve mutsuz hissettiği durumlarda meydana gelir. Ancak bu duyguları yatıştırmaktan ziyade suçluluk ve utanç duygusu ile birlikte olumsuz duyguların artmasına sebep olabilmektedir.

Yaygınlık

Yeme bozukluklarının yaşam boyu yaygınlığı kadınlarda %8,4 iken erkeklerde %2,2'dir. 1 yıllık yeme bozukluğu yaygınlığı kadınlarda %2,2 iken, erkeklerde %0,7 olarak görülmektedir. Kıtalara göre nokta prevalansın ağırlıklı ortalamaları Amerika'da %4,6, Avrupa'da %2,2 ve Asya'da %3,5'tir. Bu oranlar yeme bozuklukları kategorisine giren bütün bozuklukları kapsamaktadır (Galmiche et al., 2019, s. 1402–1413). Türkiye'de 2011 yılında 2907 kişi ile gerçekleştirilen çalışmada ise ergenlerde yeme bozukluğu nokta prevalansı %2,33, ergen kızlarda ise %4,03 olduğu saptanmıştır (Vardar & Erzengin, 2011, s. 1-8). Anoreksiya nervoza ve bulumia nervoza yaygınlıkları kadın cinsiyetinde erkek cinsiyetine oranla daha fazla görülmektedir. Anoreksiya nervoza yaygınlığı kadınlarda %0,3-0,9 iken, erkeklerde %0,1- 0,3'tür ve en yüksek başlangıç yaşı 14-19'dur. Bulumia nervoza yaygınlığı ise kadınlarda %1-2,0 iken, erkeklerde %0,3-0,5'tir (Hale & Logomarsino, 2019, s. 179-198). Bulumia nervozanın başlangıcı anoreksiya nervozaya göre daha geç yaşta ergenliğin sonlarına doğru başlamaktadır (Ertan, 2008, s. 25-30).

Nedenler

Yeme bozukluklarının nedenleri net olarak ortaya konulamamıştır. Bununla birlikte bazı çalışmalarda ele alınan temel nedenler bulunmaktadır. Bunlar; biyolojik, psikolojik ve sosyal etmenlerdir.

Biyolojik etmenler, genetik faktörler ve nörobiyolojik faktörlerdir. Genetik faktörler, yeme bozukluklarının etiyolojisinde doğrudan ya da dolaylı olarak etki gösterir. Bazı aile ve ikiz çalışmaları bunu desteklemiştir. Ailesinde ya da akrabalarında yeme bozukluğu olan bireylerin olmayanlara oranla bu bozukluğa sahip olma olasılığı daha fazladır (Strober et al., 2000, s. 393-401; Lilenfeld et al., 1998, s. 603-610). İkizlerle yapılan çalışmalarda ise bu oran daha fazla ortaya çıkmaktadır (Bulik et al., 2000, s. 1-20). Anoreksiya nervozada; hipotalamik-hipofizer-gonadal eksende, ergenlik öncesi dönemde gerileme gözlenir. Klinik ve laboratuvar incelemede "hipotalamik hipogonadizm" mevcuttur. Hastalığın iyileşmesi neticesinde bu durumun düzelmesi beklenir (Yücel, 2019, s. 39-44).

Psikolojik etmenler, depresyon ve anksiyete gibi eşlik eden psikiyatrik bozuklukların varlığı; mükemmeliyetçilik, takıntılı olma, aşırı uyum, düşün benlik saygısı gibi kişilik özellikleri ve vücudundan hoşnut olmama gibi faktörlerdir (Rikani et al., 2013, s. 157-161).

Sosyal etmenler ise aile içi iletişim problemleri, bağlanma sorunları, yetersiz ebeveynlik, vücut ağırlığı üzerine toplumsal vurgu, cinsel istismar geçmişi, sosyal destek yoksunluğu, sosyal kaygı, sosyal izolasyon gibi etmenlerdir (Corcoran and Walsh, 2006: 234-237; Rikani et al., 2013, s. 157-161).

Tedavi

Yeme bozukluklarının tedavisinde standart bir yaklaşım olmamakla birlikte hastalık fiziksel, psikolojik ve sosyal alanların her birini etkilediği için tedavi planları da bu yönde oluşturulmalıdır. Bu bakımdan tek bir tedavi yöntemi değil biyolojik, psikolojik ve sosyal tedavilerin birlikte ekip çalışması içerisinde gerçekleştirildiği bütüncül bir tedavi planı uygulanmalıdır. Alanyazında yeme bozukluklarının tedavisinde çoğunlukla bahsedilen tedavi yöntemleri psikoterapi, aile terapisi, grup terapisi, diyet tedavisi ve farmakolojik tedavilerdir (Gürdal, 1999, s. 21-27). Ayrıca hastalığın sosyal nedenlerden ortaya çıktığı ve meydana gelmesi ile beraber sosyal sorunlara da sebep olduğu düşünüldüğünde psikososyal tedavi için sosyal çalışmacı da tedavi ekibinin içerisinde yer almalıdır.

Anoreksiya nervozada mortalite oranı yüksektir. Fiziksel nedenler ve özkıyım sebebiyle ölüm oranı %5-18 arasında seyretmektedir. Bulumia nervoza anoreksiya nervozaya göre daha iyi bir seyir göstermektedir. %70 oranında iyileşme söz konusu iken mortalite oranı %6'dır. Psikiyatri ekibi tarafından bu durum göz önünde bulundurularak kapsamlı bir tedavi stratejisi oluşturulmalıdır (Gönenir Erbay, 2016, s. 473-477).

ANKSİYETE BOZUKLUKLARI

Anksiyete bozuklukları ergenlerde en sık görülen psikiyatrik bozukluklar arasında yer almaktadır. Anksiyete dönem dönem herkesin yaşayabildiği tehlikeli olarak algılanan durumlar karşısında yaşanan duygulardır. Anksiyete'nin sürekli olarak ortaya çıkması, bireyin akademik, mesleki ve sosyal yaşamında işlev bozukluklarına sebep olması ve uzun süre devam etmesi patolojik olduğunun göstergesidir. *DSM-5*'e göre anksiyete (kaygı) bozuklukları, ayrılma anksiyetesi bozukluğu, seçici konuşmazlık (mutizm), özgül fobi, toplumsal kaygı bozukluğu (sosyal fobi), panik bozukluğu, agorafobi, yaygın kaygı bozukluğu, maddenin/ilacın yol açtığı kaygı bozukluğu, başka bir sağlık durumuna bağlı kaygı bozukluğu, tanımlanmış diğer bir kaygı bozukluğu ve tanımlanmamış kaygı bozukluğu olarak sıralanmıştır. Burada yaygın anksiyete bozukluğu konusu ele alınmıştır.

Yaygın Anksiyete Bozuklukları

Yaygın anksiyete bozukluğu, kontrol altına alınamayan aşırı endişe, korku, kaygı ve bedensel-psikolojik belirtiler içeren oldukça yaygın bir hastalıktır. Sürekli hissedilen kaygı ve endişe durumu, yaygın anksiyete bozukluğu tanısı olan bireylerin sosyal hayatında, mesleki ve akademik hayatında, kişiler arası ilişkilerinde işlevselliğini önemli ölçüde etkiler.

DSM-5 (2014), Yaygın Anksiyete (Kaygı) Bozukluğu tanı ölçütleri şunlardır:

- En az altı aylık bir sürenin çoğu gününde, bireylerin birtakım aktiviteler ve olaylarla ilgili olarak aşırı bir kaygı ve kuruntu hissetmesi durumu söz konusudur. Örneğin, okula giden bir ergenin/çocuğun derslerde başarılı olamayacağına ilişkin sürekli olarak hissettiği kaygı.

- Kuruntuların kontrol altına alınması oldukça güçtür.
- Bu kaygı ve kuruntuya, dinginleşememe, kolay yorulma, odaklanamama, kolay kızma, kas gerginliği ve uyku bozuklukları belirtilerinden en az 3'ü eşlik eder.
- Hissedilen kaygı ve kuruntu pek çok alanda işlevsellikte düşmeye sebep olur.

Yaygın anksiyete bozukluğu sık görülmesine ve pek çok alanda işlev bozukluğuna yol açan bir hastalık olmasına rağmen yeterince tanınmayan psikiyatrik bir bozukluktur. Bu hastalıkta fiziksel ve psikolojik semptomlar bir arada görülür. Fiziksel şikâyetler arasında kas gerginliği, çarpıntı, göğüs ağrısı, kalp hızında yükselme, nefes almada güçlük, çabul yorulma, irritabl bağırsak senromu gibi yakınmalar, psikolojik belirtiler arasında ise huzursuzluk hissi, kuruntu, konsantrasyon güçlüğü gibi yakınmalar mevcuttur. Çoğunlukla bu hastalığa sahip bireyler fiziksel yakınmaları sebebiyle psikiyatri alanı dışında uzmanlık alanlarına başvurmaktadır (Ünsalver & Balcıoğlu, 2006, s. 115-116; Gosselin & Laberge, 2003, s. 351).

Yaygınlık

Anksiyete bozuklukları oldukça yaygın olarak görülen psikiyatrik bozukluklar arasındadır. 12 aylık anksiyete bozukluğu yaygınlığı %18,1 oranında görülmektedir. Yaygın aknsiyete bozukluğunun ise 12 aylık yaygınlığı %3,1'dir (Kessler vd., 2005, s. 617-627). Yaygın anksiyete bozukluğunun yaşam boyu prevalansı %4,1-6,6'dır. Türkiye'de gerçekleştirilen bir çalışmada 4 aylık süre zarfında psikiyatri kliniğine başvuran 950 hastanın %10,3'üne yaygın anksiyete bozukluğu tanısı konulmuş ve kadınlarda görülme oranı %12,8 iken erkeklerde %6 oranında görüldüğü bildirilmiştir. Yaygın anksiyete bozukluğunun başlangıç belirtileri genellikle kademeli olarak artış ve şiddetlenme göstermektedir. Hastalığın başlangıç yaşı çoğunlukla ergenlik dönemidir.

Ortalama 20 yaş öncesinde başlar ve alevlenme iyileşme dönemleri ile giden kronik seyir gösterir (Özcan vd, 2006, s. 276-285; Saatçioğlu, 2001, s. 61).

Tedavi

Yaygın anksiyete bozuklukları sosyal, mesleki, eğitim vb. alanlardaki işlevsellikte bozulmalara sebebiyet verdiği için tedavide, pek çok psikiyatrik bozuklukların tedavisinde olduğu gibi bütüncül sağaltım yaklaşımı tercih edilmelidir. Öncelikle erken tanının önemine burada da dikkat çekmek gerekir. Erken tanı ile kapsamlı tedavinin başlatılması hastalığın seyrini olumlu olarak etkileyecektir. Bunun yanında sosyal çalışmacının, hemşirenin de dâhil olduğu bir ekip çalışması ile hastanın düzenli takiplerinin gerçekleştirilmesi, psikoeğitimlerin devamlılığının sağlanması tedaviyi destekleyecek önemli etkenler arasında yer alır (Ünsalver & Balcıoğlu, 2006, s. 118).

Yaygın anksiyete bozukluğunun tedavisinde alanyazında belirtilen yöntemler farmakolojik ve nonfarmakolojik tedavilerdir.

Nonfarmakolojik tedaviler arasında psikoterapiler, relaksasyon teknikleri eğitimi ve psikoeğitim gibi yöntemler bulunmaktadır. Temel psikoterapötik yaklaşımlar; bilişsel davranışçı, destekleyici ve içgörü yönelimli yaklaşımlardır. Bilişsel davranışçı tedavinin anksiyete bozuklukları tedavisinde etkili olduğuna dair kanıtlar mevcuttur. Bilişsel tedavi hastanın yoğun kaygıya sebep olan bilişsel çarpıtmalarını hedefler. Davranışçı tedavi ise biyofeedback, progresif rahatlama ve stres yönetimi gibi yöntemlerle hastanın sorun çözmeye yönelik becerilerinin geliştirilmesini hedefler. Sürece ailenin katılımı da önemlidir. Destekleyici psikoterapide, çevresel stresin azaltılması; içgörü yönelimli psikoterapide ise çatışmaların çözümlenmesi temel amaçtır. Gerçekleştirilen bazı çalışmalarda psikoeğitimlerin tedaviyi destekleyici nitelikte olduğu da tespit edilmiştir (Ersoy vd., 2003, s. 327; Ünsalver & Balcıoğlu, 2006, s. 118).

Farmakolojik tedavide ise buspiron, hidroksin ve selektif serotonin reuptake inhibitörü kullanılmaktadır (Baykal, 2017, s. 544-545).

VAKA İNCELEMESİ

T.C.

SAĞLIK BAKANLIĞI

TRSM

HASTA BİLGİ FORMU

RAPOR TARİHİ

DÜZENLEYEN S. Ç. :

İNCELEMEYE KONU HASTANIN;

TC Kimlik No: ....

Adı Soyadı: K. L.

Doğum Yeri-Yılı: D.-13.04.1990

Medeni Durumu: Evli

Cinsiyeti-Öğrenimi: K. Lise mezunu

Mesleki Durum: Şu an çalışmıyor, daha önce iş deneyimi olmamış.

Adres ve Telefonu: ....

Sağlık Güvencesi: SGK

Gelir Durumu: Hastanın eşi çalışıyor ve asgari ücret alıyor.

Ailede Psikiyatrik Hastalık Öyküsü: Hasta ailede başka bir kişide psikiyatrik hastalığın olmadığını belirtti.

Madde Kullanımı Öyküsü: Hasta sigara kullanıyor.

Tanı: Majör Depresyon

BİLGİ KAYNAKLARI:

Görüşme Yapılan Yer: .... TRSM

Görüşme Yapılanlar: K.L. ve eşi M.L.

Hastanın geliş öyküsü: Hasta 2 çocuk (6 ve 7 yaşlarında) annesi, ev hanımıdır. Eşi ile ailesinden izinsiz olarak evlenen K.L.'nin ailesi onunla görüşmemektedir. Eşi M.L.'nin kız kardeşleri ile de arasının bozuk olduğunu ifade eden K.L., çevresinde iletişim kurabildiği kimsenin bulunmadığını beyan etmiştir. K.L., yaklaşık 1 yıl önce yemeden içmeden kesilmiş, çocuklarına yönelik ilgisi azalmış, günlük gerçekleştirdiği (yemek yapma, çocuklarının günlük bakımları vb.) aktiviteleri gerçekleştirmeyi bırakmış, sürekli uykulu ve yataktan çıkamaz hâle gelmiş. Babalarının çocukları ile başka bir odada oyun oynadığı esnada yatak odasında ilaç içmek suretiyle intihar girişiminde bulunmuş ve acil müdahalenin ardından .... Ruh Sağlığı ve Hastalıkları Hastanesi'nde 34 gün yatış gerçekleşmiş. Hastaya Majör Depresyon tanısı konulmuş. Taburculuğundan 9 ay sonra yeniden aynı belirtiler görülmüş ve çocuklarına olan ilgisi azalmış, iletişim kurmayı bırakmış ve eşi yeniden intihar girişiminde bulunabileceğinden korkarak hastaneye başvurmuş ve yeniden hastaneye yatırılmış. 24 gün hastanede yatışı gerçekleşen K.L., hekim tarafından tarafımıza yönlendirilmiştir. Görüşme esnasında kendisini iyi hissettiğini tarafımıza beyan etmiştir.

Atak Sayısı Mani: Yok

Atak sayısı: -

Atak Sayısı Depresyon: Var

Atak sayısı: 2

Mevsimsel Özellik: Var

Mevsimsel Özellik Detay: Hasta özellikle sonbahar ve kış aylarında depresif özellikler gösterdiğini belirtti.

Ataklar Arası Düzelme: Hastanın tarafımıza yönlendirmeden önce ataklarının benzerliği ve ilaç tedavisinin devam etmesine rağmen atakları arasındaki düzelmenin şu ana kadar olmadığını gösterir.

Psikotik Özellik: Yok

Psikotik Özellik Detay: -

İntihar Girişimi: Var

İntihar Girişimi Sayısı: 1

EKT Uygulaması: Yok

EKT Uygulaması Sayısı: -

Genel Sağlık Durumu: İlaç tedavisine etki edecek, işlevselliğini kısıtlayacak herhangi bir kronik, kalıtsal, fiziksel hastalığa sahip değildir.

Önceki İlaç Tedavileri: T. 10 mg 1*1 akşam, P. 10 mg 1*1 sabah

Kullanılan İlaçlar: T. 10 mg 1*1 akşam, P. 10 mg 1*1 sabah

İlaç Yan Etkileri: Herhangi bir yan etki yaşamadığını tarafımıza belirtti.

RİSK DEĞERLENDİRME FORMU

A)Kendine Zarar Verme Riski

Daha önce kendine zarar vermiş mi/intihara teşebbüs etmiş mi?: Evet

Ailede intihar eden var mı?: Hayır

Kendisini çaresiz veya umutsuz hissediyor mu?: Hayır

Ciddi bunalımdan geçiyor mu?: Hayır

Ayrı/dul/boşanmış: Hayır

İşsiz/emekli: Evet

Kontrolsüzlük duygusu var mı?: Evet, geçmişte yaşadığı durumları kafasına çok taktığında yaşamak istemediğini ancak şu anda çocuklarını düşündüğü için bir daha asla böyle bir girişiminde bulunmayacağını ifade etti.

Aileden veya arkadaş çevresinden biri yakın zamanda intihar etmiş mi?: Hayır

Hayatında yakın zamanda gelen büyük olay var mı?: Evet

Ağır fiziksel hastalık/özür var mı?: Hayır

Daha önce şiddete başvurmuş mu?: Hayır

Alkol veya uyuşturucu kullanımı: Hayır

İntihar düşüncesi var mı?: Evet

Kendine zarar verme planı ya da niyeti var mı?: Evet

İntihar için kullanılabilecek araçlara erişimi var mı?: Evet, her birey kadar bu araçlara erişimi mevcut.

Sosyal olarak tecrit edilmiş mi?: Evet. Ailesi tarafından izinsiz evliliği sebebiyle reddedilmiş ve iletişim tamamen koparılmış. Eşinin kız kardeşleri tarafından da dışlandığını hissetmekte.

B) Başkalarına Zarar Verme Riski

Daha önce şiddet olayları var mı?: Hayır

Daha önce silah kullanmış mı?: Hayır

Alkol veya uyuşturucu kullanımı var mı? Hayır

35 yaş altı?: Evet

Kişiyi tetiklediği bilinen etkenler var mı?: Hayır

Başkalarına zarar vereceğine dair ifade var mı?: Hayır

Daha önce tehlikeli ve fevri davranışları olur mu?: Hayır

Başkalarıyla ilgili paranoyak yanılgıları var mı?: Hayır

Şiddet içerikli ve telkin edici sanrıları var mı?: Hayır

Öfke ve kızgınlık belirtileri: Hayır

Cinsel olarak uygun olmayan davranışlar: Hastada dönemsel cinsel isteksizlik bulunuyor.

Zihni şiddet içerikli düşüncelerle dolu mu?: Hayır

Tedaviye katılımı az mı?: Hayır

Silahlara erişimi var mı?: Evet, her birey kadar bu silahlara erişebilir.

C) <u>Savunmasızlık Riski</u>

Daha önce ihmale maruz kalmış mı?: Hayır, hasta tarafımıza böyle bir maruziyet belirtmedi.

Kötü beslenme: Dönemsel olarak evet.

Alkol uyuşturucu kullanımı var mı?: Hayır

Beden sağlığını idare etmede zorluk çekiyor mu?: Hayır

Bilişsel bozukluğu var mı?: Hayır

Tedaviye katılımı az mı?: Hayır

Daha önce istismara uğramış mı?: Hasta tarafımıza bu konuda herhangi bir bilgi vermedi.

Barınma sorunu var mı/evsiz mi?: Hayır

Maddi sorunlar: Hayır

Toplum desteklerinden yoksunluk: Hayır

İlaçlı tedaviye uymama: Hayır

Daha önce başkaları tarafından suistimal edilmiş mi?: Hasta tarafımıza bu konuda herhangi bir bilgi aktarmadı.

D) <u>Alevlenme Riski</u>

Birden fazla alevlenme öyküsü: Hayır

Alevlenmeyi önleyici plan: Evet

Bilişsel bozukluklar: Hayır

Uyuma zorluğu ya da uyuma alışkanlığında değişiklikler: Hayır

Yalnız yaşıyor: Hayır

Hastalığını iyi kavramıyor: Hayır

İlaçların olumsuz yan etkileri: Hayır

Yakın zamanda stres faktörleri var mı?: Evet, hastanın kök ailesi ve eşinin ailesi ile ilgili yaşadığı sorunlar stresörler arasında bulunmaktadır.

Risk Faktörleri Bağlamı ve Mevcut Bağlam

Hastanın kök ailesi ve eşinin ailesi ile yaşadığı sorunlar, çevresinde iletişim kurduğu kimsenin bulunmaması risk faktörleri arasındadır.

Güçlü Yanlar ve Koruyucu Faktörler

Hastanın çocuklarının annesiz kalmalarını istemediğine yönelik güçlü inancı, çocuklarının varlığı, eşinin destekleyici yaklaşımı, iyileşmeye istekli olması, TRSM'ye isteyerek gelmesi ve bilişsel süreçlerinin iyi oluşu hastanın güçlü ve koruyucu yönlerini oluşturmaktadır.

Risk Değerlendirmesinin Özeti

Hastanın mevcut durumu göz önüne alındığında ilaçlarının düzenli kullanımı sonucu risk faktörleri sürekli olarak incelenecek, intihar düşüncesi açısından değerlendirilecek ve aile görüşmeleri sağlanacak.

Risk Yönetimi Planı

Riskin azaltılmasına yönelik stratejiler içerisinde hastanın daha yakından izlenmesi, ev ziyaretleri, kendine zarar verecek araçlara erişiminin sınırlandırılması, aile desteğinin arttırılması, arkadaş çevresi veya toplum kuruluşları ile ilgili müdahaleler, birinci basamak sağlık hizmetlerine erişimin arttırılması, sosyal işlevselliğinin arttırılması, ilaçlı tedavinin izlenmesi yer almaktadır.

Kısa vadeli kriz yönetimi stratejileri: Hastanın aile görüşmelerini sağlamak, intihar düşüncesinin önlenmesine yönelik bireyselleştirilmiş çalışma gerçekleştirmek, TRSM etkinliklerine katılımını sağlamak, diğer hastalar ile iletişimi arttırıcı grup çalışmaları gerçekleştirmek, ev ödevleri ile sorumluluklarını geliştirmek.

Uzun vadeli kriz yönetimi stratejileri: Hastanın sosyal işlevselliğini arttırmak, hastanın ekonomik hayata katılımı sağlamak, bireysel iyilik hâlini en üst düzeye çekmek.

BAKIM FORMU

Mevcut Durum: Hasta iletişime kapalı, konuşma sırasında sıkça sessizlik yaşanmakta herhangi bir şeyi yaparken içinden gelmediğini hatta bazen içinden konuşmanın bile gelmediğini tarafımıza belirti ancak tedaviye uyumlu ve sosyal hayata katılımını sağladığı için TRSM'ye gelmeye ve aktivitelere katılmaya istekli.

Amaç/Hedef:

- Hastanın mevcut olan iletişimini geliştirmek
- Hastada mevcut isteksizliği gidermek
- İntihar düşüncelerini önleme çalışmaları gerçekleştirmek
- Sosyal hayata katılımını arttırmak
- Sosyal işlevselliğini arttırmak

Strateji veya Müdahaleler:

- Hasta iletişimini geliştirmek için daha çok sosyal alana katılımını sağlamak ve TRSM etkinliklerine katılımını arttırmak.
- Hastada mevcut isteksizliği gidermek daha çok hareket etmesini sağlamak amacıyla aile desteğine başvurulup daha çok spor aktivitelerine yönlendirme. Gün içinde ufak yürüyüşler yapmasını sağlamak vb.
- Hastanın ailesi ile iletişim kuramamasından kaynaklanan stresi azaltmak amacıyla ve hastanın intihar düşüncelerini yakından takip etmek ve önlemek amacıyla hastayla bireysel görüşmeleri arttırmak, bu görüşmeler dâhilinde hastanın güçlü yanlarını keşfedip bu yönlere odaklanıp öz saygıyı arttırmak.

Sorumluluklar ve Zaman Çerçevesi:

Hastanın poliklinik görüşmelerine 2 haftada bir, bireysel görüşmelere de haftada 1şeklinde planlanıp 2 ay sonucunda mevcut durum yeniden gözlemlenip yeni bakım planı uygulanacaktır.

SONUÇ:

Hastanın sosyal hayata katılımı ile birlikte iletişim becerileri gelişti, görüşmeler sırasında daha istekli konuşmaya başladı, daha önceki görüşmelerdeki mimiksiz yüz ifadesi yerini daha hevesli ve mutlu bir ifadeye bıraktı.

Hastanın TRSM etkinliklerine katılımı arttı, eşi ile yapılan telefon görüşmelerinde de evdeki durumunun eskisine oranla daha iyi olduğu, çocukları ile kurduğu bağın ve iletişimin kuvvetlendiği, ev içi sorumlulukları yapmada artış olduğu ve iletişim kurmada daha istekli olduğu tarafımıza iletildi.

Hastanın kök ailesi ile olan sorunları devam etmektedir. Bu durum hastada hâlen strese neden olmaktadır. Ancak gerçekleştirilen bireysel görüşmelerde bu konu hakkında konuşmasını sağlamak hastanın rahatlamasını sağlamaktadır.

Eşinin ailesi ile yaşanan çatışmalar konusunda da eşinin desteği ile sorunların üstesinden gelindiği hasta tarafından ifade edilmiştir.

Gerçekleştirilen görüşmelerde hastanın intihar düşüncesine sahip olmadığı tespit edilmiştir. Ancak yine de hasta bu konuda gözlemlenmeye devam edilmektedir.

Hastanın sosyal işlevselliğinin arttırılmasına yönelik çalışmalar devam etmektedir.

Sosyal Çalışmacı

BÖLÜM 9

YETİŞKİNLİK/YAŞLILIK DÖNEMİ PSİKİYATRİK BOZUKLUKLARI

Yetişkinlik dönemi psikiyatrik bozuklukları temel başlığında ağır ruhsal bozukluk (Severe Mental İllness) kapsamına giren Şizofreni açılımı kapsamında ve psikozla giden bozukluklar ve bipolar bozukluk ele alınmıştır. Ağır ruhsal bozukluk (Severe Mental İllness), NIMH'e göre bir ya da daha fazla temel yaşam aktivitesine etki eden ya da sınırlandıran, ciddi işlevsel bozulmaya yol açan zihinsel, davranışsal ya da duygusal bir bozukluk olarak tanımlanmaktadır (https://www.nimh.nih.gov/). 2011 yılında yürürlüğe giren Toplum Ruh Sağlığı Merkezleri hakkında yönergeye göre, ağır ruhsal bozukluk, bilişsel, yönetsel ve sosyal beceri alanlarındaki yıkıcı etkisi nedeniyle yeti yitimi ile giden şizofreni ve benzeri psikotik bozukluklar ve duygudurum bozuklukları gibi kronik psikiyatrik hastalıkları kapsamaktadır. Yaşlılık dönemi psikiyatrik bozuklukları arasında ise Alzheimer hastalığı ele alınmıştır.

ŞİZOFRENİ AÇILIMI KAPSAMINDA VE PSİKOZLA GİDEN DİĞER BOZUKLUKLAR

*DSM-5 Tanı Ölçütleri El Kitabı'*nda şizofreni açılımı kapsamında ve psikozla giden diğer bozukluklar başlığı altında değerlendirilen bozukluklar, şizotipal kişilik bozukluğu, sanrılı bozukluk, kısa psikoz bozukluğu, şizofreniform bozukluk, şizofreni, şizoaffektif bozukluk, maddenin/ilacın yol açtığı psikoz bozukluğu, başka bir sağlık durumuna bağlı psikoz bozukluğu, katatoni, başka bir sağlık durumuna bağlı katatoni bozukluğu, tanımlanmış diğer bir şizofreni açılımı kapsamında ve psikozla giden diğer bozukluk ve tanımlanmamış şizofreni açılımı kapsamında ve psikozla giden diğer bozukluktur.

ŞİZOFRENİ

Şizofreni, uzun yıllardan beri psikiyatri alanının en çok uğraştığı ve tıptaki tüm gelişmelere rağmen hâlen sıklığı, yaygınlığı, nedeni, tanı ve tedavisi konusunda belirsizliğini sürdüren bir hastalıktır. Psikiyatrik bozuklukların arasında en ağırı olarak bilinen şizofreni, genç yaşta başlayan, insanın kişiler arası ilişkilerden ve gerçeklerden uzaklaşarak kendine özgü bir içine kapanım dünyasında yaşadığı; duyuş, düşünüş ve davranışlarda önemli derecede bozuklukların meydana gelmesiyle karakterize bir ağır ruhsal bozukluktur (Öztürk, 1983, s. 138).

Şizofreni, ruhsal bozuklukların *Tanı Ölçütleri Başvuru El Kitabı DSM-5*'te, sanrılar, varsanılar, darmadağın konuşma, ileri derece de dağınık davranış ya da katatoni davranışı ve negatif belirtilerden iki veya daha fazlasının bir aylık bir sürenin önemli bir kesiminde bulunduğu ve bu bozukluğun süregiden bulgularının en az altı ay sürdüğü bir bozukluk olarak tanımlanmaktadır. Bu bozukluğun başlangıcından itibaren kendine bakım, mesleki ve kişiler arası ilişkiler gibi alanlarda işlevsellikte gerilemeler meydana gelir. Çocukluk ya da ergenlikte başlamışsa eğer eğitim, kişiler arası ilişkiler gibi alanlardaki işlevsellik beklenen düzeye ulaşamaz (APA, 2014, s. 49).

Yaygınlık

Şizofreni sıklık ve yaygınlığı açısından, her türlü toplumda en sık görülen psikiyatrik bozukluklar arasında yer alır. Dünyada yaklaşık %1 oranında yaygınlığa sahiptir. Veri toplama ve tanılama farklılıklarına rağmen dünyanın birçok ülkesinde yaygınlık açısından dikkate değer bir tutarlılık söz konusudur (Corcoran and Walsh, 2006, s. 415). DSÖ verilerine göre, dünya çapında şizofreni hastalarının sayısı yaklaşık 29 milyon olarak tahmin edilmektedir, bunlardan 20 milyonu gelişmekte olan veya az gelişmiş ülkelerde yaşamaktadır (WHO, 1998, s. 7). Hastalığa yakalanma oranı, kadınlarda ve erkeklerde aynı olmakla birlikte başlama yaşı ve gidişatı farklılık göstermektedir. Evli kişilerde, bekâr ve ayrı yaşayanlara göre prevelansın daha düşük olduğu ve evliliğin hastalığa karşı koruyucu bir unsur olduğu iddiası vardır. Yapılan çalışmalarda şizofreni hastalarının iyileşme oranları %10-60 arasında olmakla birlikte, bütün hastaların yaklaşık olarak %20-30'luk kesiminin normal yaşantısını sürdürebildiği tahmin edilmektedir (Kocal vd. 2017, s. 252-260).

Ulusal ruh sağlığı enstitüsünün gerçekleştirdiği Epidemiological Catchment Area araştırma projesinin verilerine göre, şizofreninin yaşam boyu yaygınlığının ABD nüfusunun %1,3'ü olduğu belirtilmiştir. Yaygınlık oranları ülkeden ülkeye yapılan çalışmalarda farklılık göstermektedir. Kanada'da yapılan bir çalışma da yaşam boyu hastalanma riski (morbidity risk) %0,6, İzlanda'da yapılan bir çalışma da %0,3, İsrail'de ise %0,7 oranında bulunmuştur (Bland vd., 1988; Stefânsson vd., 1991; Levav vd, 1993; Corcoran and Walsh, 2006, s. 415; WHO, 1997, s. 86).

Türkiye'de şizofreninin yaşam boyu yaygınlığı 1000 kişide 8,9 olarak bulunmuştur (Binbay vd., 2011, s. 43). Türkiye Hastalık Yükü Çalışması'nda özürlülükle kaybedilen yaşam yıllarının (YLD) İlk 20 nedeninin dağılımı (2004) gözden geçirildiğinde şizofreni oranının erkeklerde %2.5 iken kadınlarda %2,1 olduğu görülmektedir (T.C. Sağlık Bakanlığı, 2011a, s. 5).

Belirtiler

Şizofreninin başlangıcı, akut veya sinsi olabilir. Belirli bir başlangıç biçimi bulunmaz. Yavaş geliştiği durumlarda uzun süre hiç kimse belirtilerin farkına varmayabilir. Bu yavaş bozulmaya kademeli başlangıç ya da sinsi şizofreni denilmektedir. Şizofreninin yavaş geliştiği durumların yanında birkaç hafta ya da gün içinde davranışlarda dramatik değişiklikler ile meydana gelen ani gelişim olabilir. Bu ani değişimlere ise hızlı veya ani başlangıçlı şizofreni denilmektedir. Hastalığın başlangıcı öncesinde şaşkınlık, depresyon, uykusuzluk, öz bakımını aksatma, dikkatini odaklamada güçlük, toplumdan uzaklaşma, anksiyete, olağan dışı davranışlar gibi ön belirtiler olmaktadır. Bu durum bazen birkaç hafta ya da ay sürerken çoğu zaman birkaç yıla kadar uzamaktadır. Belirtiler zaman içinde değişebilir. Şizofreni genellikle geç ergenlik yıllarında ve 30'lu yaşların ortalarında başlamaktadır. Erkeklerde başlangıç yaşı daha çok 18-25 yaşları arasında iken, kadınlarda daha çok 25-30'lu yaşların ortalarında başlamaktadır. Nadir olarak ergenlik öncesi dönemde başlamaktadır. Bunun yanında daha ileri yaşlarda da başlayabilmektedir. Ortalama 24 yaşında ilk negatif belirtiler görülürken pozitif belirtiler ortalama 28 yaşında görülmektedir. Hastalığın gidişi değişkendir. Kimilerinde alevlenme ve yatışmalarla giderken, kimileri kronik olarak hasta kalır (WHO, 1992, s. 4; Köroğlu, 2012, s. 39).

Şizofreni için ayırt edici niteliği olan belirtiler genel olarak ikiye ayrılmaktadır. Bunlar pozitif belirtiler ve negatif belirtilerdir (Köroğlu, 2012, s. 33; Corcoran& Walsh, 2006, s. 412);

Pozitif belirtiler, normalin dışında aşırılık ya da çarpıklıklardan oluşur. Bu belirtiler, düşünce içeriğindeki çarpıklıklar (hezeyanlar), algı çarpıklıkları (hallüsinasyonlar), dil ve düşünce sürecindeki çarpıklıklar (darmadağın konuşma) ve kesintisiz, darmadağın ya da katatonik davranışı kapsamaktadır.

Negatif belirtiler, normal davranış olarak düşünülen şeyin azalmasını temsil eder. Bu belirtiler ise duygulanımda donukluk, düşünme ve konuşmanın akıcılığında azalma (konuşamazlık, aloji) ve amaca yönelik bir davranışı başlatamamayı kapsamaktadır.

Nedenler

Şizofreninin meydana geliş nedenleri henüz kesin olarak aydınlatılamamıştır. Genel görüş hastalığın asıl nedeninin beynin bir gelişim bozukluğundan kaynaklandığını ileri sürse de bu hastalığın ortaya çıkışında çeşitli faktörlerin rol oynadığı ifade edilmektedir.

Bunlar; genetik nedenler, biyolojik nedenler ve çevresel nedenlerdir (Özpoyraz ve Taman, 1998, s. 27). Şizofreninin genetik etiolojisini ortaya koymak amacıyla aile, ikiz ve evlat edinme çalışmaları yapılmıştır. Gerçekleştirilen çalışmalarda genetik etkenlerin şizofreninin meydana gelişinde oldukça önemli bir parametre olduğu tespit edilmiştir. Ancak şu ana kadar şizofreninin oluşumu ile ilgili kesin bir bağlantısı olan gen tanımlanamamıştır. Bazı kromozomlarda şizofreni aday bölgelerinin bulunduğuna dair güçlü kanıtlar tespit edilmiştir (Kocal vd., 2017, s. 255-256). Biyolojik etkenler değerlendirildiğinde ise beyinde şizofreniye özgü biyokimyasal bir bozukluk bulunup bulunmadığını değerlendirmek amacıyla pek çok çalışma yapılmıştır. Bunlar arasında dopamin, seratonin, norepinefrin ile ilgili çalışmalar mevcuttur. Gerçekleştirilen çalışmalardan çok önemli veriler elde edilmiş olsa da varsayımların çoğunluğu kesin olarak doğrulanamamıştır (Özpoyraz & Taman, 1998, s. 27). Çevresel nedenler gözden geçirildiğinde ise hamilelik ve doğum komplikasyonları, hamilelik sırasında influenza epidemilerine maruz kalma, Rh faktörü uyuşmazlığı, annenin gebelikte madde kullanımı gibi etkenler sayılabilir (Yavuz, 2008, s. 50).

Klinik Tipleri

DSM-IV tanı kritelerine göre sınıflandırılmış 5 klinik tipi vardır (Yavuz, 2008, s. 53-54; Songar, 1977, s. 267; Demir, 2012, s. 253). Bunlar:

- Paranoid tip,
- Dezorganize tip,
- Katatonik tip,
- Ayrışmamış tip ve
- Rezidüel tiptir.

Ayrıntılı olarak ele alındığında (Yavuz, 2008, s. 53-54; Songar, 1977, s. 267; Demir, 2012, s. 253);

Paranoid tipte, düşünce içeriğinde bozukluklar (hezeyanlar, sanrılar) baskındır. Sıklıkla halüsinasyonlar görülmektedir. Geç yaşta ortaya çıkmaktadır. Bu tip etkilenme hezeyanları (benim hakkımda konuşuyorlar, bana atıf yapıyorlar), persekusyon hezeyanları (kötülük görme sanrısı, bana zarar verecekler, beni takip ediyorlar vb.) ve büyüklük hezeyanları (kendisine olağan dışı olumlu özellikler atfetmesi) ile kendini göstermektedir. Diğer tiplere göre daha geç yaşta başlamaktadır.

Dezorganize tip, erken başlangıç ve kronik seyir ile karakterizedir. Düşünce ve devinim bozuklukları baskındır. Kişilikte dağılma ve yıkım hızlıdır. Davranışlar ilkel ve çocuksudur. Yüzeysellik, uygunsuz davranışlar, tutarsız sanrılar, yineleyici basmakalıp konuşmalar ile kendini göstermektedir.

Katatonik tipte, hareket bozuklukları görülmektedir. Kişi belli bir pozisyonda uzun süre kalabilir, çevre ile ilişkisi yok gibidir, yemez içmez, uzun süre yatağında kalabilir. Ya genel bir yavaşlama hâli ya da fazla faaliyet bu tipte dikkat çeken belirtilerdendir.

Ayrışmamış tip, paranoid, dezorganize veya katatonik türe ayrışmamıştır. Belirtiler karışıktır ve belirgin bir şekilde hiçbir tipe uymaz.

Rezidüel tip ise negatif belirtilerle seyreden süreğen şizofrenik bozukluktur. Duygu küntlüğü, vurdumduymazlık, toplumdan kopukluk, otizm gibi belirtiler görülür.

Tedavi

Şizofrenin tedavisi açısından en önemli unsur, ilaç tedavisidir. Bunun yanında psikoterapiyi de kapsayan psikososyal girişimler klinik iyileşmeye önemli katkı sağlamaktadır. İlaç tedavisinde en önemli ilaç grubu, antipsikotik ilaçlardır. İlaç tedavisinde sınırlı yanıt alındığında ve şizofreni hastalarının belirtilerinde hızlı düzelme amaçlandığında Elektrokonvulsif Terapi (EKT) alternatif bir seçenek olarak günümüzde kullanılmaya devam edilmektedir. Şizofreninin tedavisi açısından oldukça önemli olan ve yapılan çalışmalarda olumlu geri bildirimlerin alındığı tedavi yöntemlerinden bir tanesi de bilişsel-davranışçı terapidir. Bilişsel Davranışçı Terapi

(BDT) ile hastalara yaşadıkları belirtiler ve onlara verdikleri tepkiler üzerinde daha mantıklı bakış açıları kazandırarak belirtilerin şiddetini azaltmak, nükslerini önlemek, sosyal yaşama uyumu sağlamak ve işlevsel kapasitelerini arttırmak hedeflenmektedir (Kocal vd.,2017, s. 263-264; Arslantaş, vd. 2009, s. 4; Sungur ve Yalnız, 1999, s. 161-162). Sosyal beceri eğitimi de kullanılan bir diğer psikososyal tedavidir ve ilaç tedavisine uyumu arttırdığı ve negatif belirtiler üzerinde olumlu katkı sağladığı yapılan çalışmalarda tespit edilmiştir (Eckman vd., 1992; Dobson vd., 1995).

Tedavi açısından bir diğer yöntem aile tedavisidir. Toplum temelli ruh sağlığı hizmetleri ile hastaların aileleriyle birlikte geçirdiği vakit artmış ve hastalar çoğunlukla ailelerin sorumluluğuna bırakılmıştır. Bu açıdan aile tedavisi hastalıkla başetme stratejilerini geliştirmek, aile içi gerginliği azaltmak, aile üyelerine sosyal destek sağlamak ve hastalığın takibi açısından aile ile iş birliği kurmak ve sürdürmek amacıyla gerçekleştirilmektedir.

*Aile ile çalışma*da öne çıkan ekip üyesi, sosyal çalışmacılardır. Sosyal çalışmacıların aile ile çalışırken dikkat etmesi gereken hususlar şöyle sıralanır (Bland, 1987);

- Sosyal çalışmacı, ailenin yaşadığı stres, üzüntü, öfke gibi duyguların meşruiyetini kabul etmeli ve etkili bir sosyal hizmet yardımı almaya hakları olduğunu kabul etmelidir. Görüşmelerde bir sosyal çalışmacının "aileler hastalarını hastaneye bırakıp kaçıyorlar" ifadesi, ailelerin yaşadığı duygusal baskıyı gözler önüne serer niteliktedir. Bu durum karşısında aileye yönelik yargılayıcı bir tutum gösterilebilir. Oysaki onlar evlatları/eşleri için yas tutan kendilerini çaresiz hisseden; hastalığın göz ardı edilen kurbanlarıdır. Profesyoneller olarak öfkenin ötesine bakmalı ve sorunun kaynağı ve ciddiyeti anlaşılmalıdır.
- Hastalığın süreğen doğası gereği, aile ile çalışma uzun vadeli bir süreci gerektirir. Verilen eğitimler aileler için etkileyicidir ancak hastalığın sebebiyet verdiği duygusal, ekonomik ve sosyal sorunları büyük ölçüde ortadan kaldırmaz. Bu se-

beple sürdürülen ilişki uzun süreli olmalıdır. TRSM'ye kayıtlı hastaların yakınları için günümüzde böyle bir hizmet hedeflenmiştir.

- Ailelerle görüşmelerde uygun dil kullanılmalıdır. Tıbbi, hukuki terimler karşıdaki bireyin anlayabileceği şekilde ifade edilmelidir.
- Hasta ve yakınları damgalanmaktan korktukları için TRSM'ye başvuramamaktadırlar. Hatta bazı sosyal çalışmacılar ev ziyaretleri esnasında kapıdan kovulmuştur. Çünkü ev ziyaretleri için kullanılan servis aracının üzerinde büyük harflerle "Toplum Ruh Sağlığı Merkezi" yazmaktadır. O güne kadar komşularından bu durumu saklayan aileler, ev ziyaretine gelen ekibe büyük bir tepki ile yaklaşmış ve onları kovmuştur. Çözüm ise aracın üzerinden yazıyı kaldırmak olmuştur. TRSM'nin hizmet alanı içinde yer alan hastaların büyük bir çoğunluğu bu hizmetten faydalanmamaktadır. Bu konuda, hasta ve yakınlarının çekincelerinin de farkında olarak ayrıntılı bilgilendirme çalışmaları ile hizmet doğru bir şekilde hasta ve yakınlarına anlatılmalıdır.
- Bakımverenler grup çalışmaları ile de desteklenmelidir. Kendi kendine yardım grupları, destek grupları, sosyalizasyon grupları vb. grup çalışmaları aile bireylerinin aynı sıkıntıyı çeken insanlarla paylaşım yapmasını sağlayarak yaşanan stresin hafiflemesine yardımcı olacaktır.

ŞİZOAFFEKTİF BOZUKLUK

Şizoaffektif bozukluk, 1933'de Kasanin tarafından ilk tanımlanışından beri, tanımı ve tanısı konusunda oldukça tartışmalıdır. Şizoaffektif bozukluk kavramı hem şizofreni hem de duygudurum bozukluğu belirtileri ile başvuran hastaların tanısı için kullanılmıştır. Ancak bu iki hastalık grubunun belirtilerinin ne zaman ve ne boyutta hastayı etkilediği konusu tartışmalıdır. Dolayısıyla şizofreni ve manik depresyondan farklı ancak ikisinin de özelliklerini taşıyan bir tanı kavramı gittikçe daha fazla kullanılmaya başlanmıştır. *DSM-5 Tanı ölçütleri Başvuru El Kitabı*'na göre, şizoaffektif bozukluk majör bir duygudurum dönemiyle (majör depresyon ya da mani dönemi) eş zamanlı olarak şizofreninin A tanı ölçütünün (sanrılar, varsanılar, darmadağın konuşma, ileri derecede dağınık davranış ya da katatoni davranışı ve negatif belirtilerin ikisinden ya da daha fazlasından her birinin bir aylık bir sürenin önemli bir kesiminde bulunması) karşılandığı, kesintisiz bir hastalık sürecinin olması olarak ifade edilmiştir. Şizoaffektif bozukluğun iki alt tipi vardır. Bunlar, *bipolar tür* (mani dönemi hastalık görünümünün bir kesimini kapsıyorsa) ve *depresyon türü* (yalnızca majör depresyon dönemleri hastalık görünümünün kesimleriyse)dür. Çalışmaların çoğunda şizoaffektif bozukluk, şizofreniye göre hastalık öncesinde işlevselliğin daha yüksek olduğu, tetikleyici bir olayın saptanabildiği, döngüsel ve hızlı başlangıçlı belirtilerin görüldüğü ve iyileşme oranlarının daha yüksek olduğu bir rahatsızlıktır (Cotton et al., 2013, s. 169; Cheniaux et al., 2007, s. 210; Malaspina et al., 2013, s. 22, APA, 2014, s. 51-52; Vırıt vd., 2009, s. 205, Padhy ve Hedge, 2014, s. 3).

Yaygınlık

Şizoaffektif bozukluğun tahmini yaygınlığı %0,2 ile %1,1 aralığındadır. Başlangıç yaşı değişmektedir fakat unipolar veya bipolar bozukluk tanısına oranla daha genç yaşta başlama eğilimindedir. Kadınlarda erkeklere oranla daha fazla görülmektedir. Şizoaffektif bozukluğu olan kişilerin %66'sının kadın olduğu düşünülmektedir. Farklı çalışmalarda şizoaffektif bozukluklarda iyileşme oranları %29 ila %83 arasında değişkenlik göstermiştir. Hastaların %20-30'u kalıcı psikotik belirtiler ile seyreden yıkıcı bir seyir göstermektedir. Genel olarak hastalığın seyri şizofreni ile duygudurum bozukluğu arasında bir yerlerdedir (Malhi et al., 2008, s. 221; Marneros, 2003, s. 204; Padhy ve Hedge, 2014, s. 5; http://www.emedmd.com).

Tedavi

Şizoaffektif bozukluğun tedavisi ise şizofreni veya duygudurum bozukluklarının tedavisi için uygulanan yöntemlerle aynıdır. Akut dönemde genellikle antipsikotik ilaçlar kullanılır. İdame tedavisinde ise genellikle alt tip gözönünde bulundurularak ona uygun ilaç tedavisi uygulanır. İlaç tedavilerine yanıtın yetersiz olduğu durumlarda elektrokonvulzif tedavi (EKT) faydalı olabilmektedir (Malhi et al., 2008, s. 221; Marneros, 2003, s. 204; Padhy ve Hedge, 2014, s. 5; http://www.emedmd.com). Ayrıca ilaç tedavisi psikoterapi ve psikososyal tedavilerle desteklenmektedir.

BİPOLAR BOZUKLUK

Manik-depresif hastalık olarak da bilinen bipolar bozukluk, ruh hâli, enerji, aktivite düzeyleri ve günlük görevleri yerine getirme becerilerinde olağan dışı değişimlere neden olan bir beyin bozukluğudur ve belirtileri şiddetlidir. Yüksek mortalite, morbidite ve hemen her alanda işlev kaybına yol açtığı bilinen; yineleme ve iyileşmelerle seyreden ciddi ve süreğen bir psikiyatrik bozukluktur. Semptomlar hasarlı ilişkilere, kötü iş veya okul performansına ve hatta kişinin intiharına dahi yol açabilir. Hastalık, hasta ile çevresindekilerin de yaşamını olumsuz yönde etkiler. Ancak tedavisi mümkündür ve bu hastalığa sahip insanlar tam ve üretken bir hayat sürdürebilir (NIHM, 2009, s. 1; Singh & Bowden, 2006, s. 24; Akkaya vd., 2012, s. 31).

Bipolar bozukluk, belli bir düzen olmaksızın yineleyen depresyon, hipomani, mani ya da karma görünümlü duygudurum dönemlerinin görüldüğü kronik seyirli bir duygudurum bozukluğudur. Bipolar bozukluğun doğru teşhisi klinik pratikte zorlayıcıdır. İlk psikiyatriste başvuru sırasında bipolar hastalarının %69'una tanı konulamamaktadır. Bu durumun birtakım sebepleri vardır. Hastalığın başlangıcı bir depresyon atağı ile başlamaktadır ve tek kutuplu depresyona benzemektedir. Bu açıdan hastalara unipolar depresyon tanısı konulabilmektedir. Ayrıca hastalık için geçerli bir biyolojik belirteç bulunmamaktadır. Tanıyı güçleştiren nedenlerden bir tanesi de hipomanik hatta manik dönemlerin hastalar tarafından anlatılmamasıdır. Özellikle hipomaninin hoşa giden bir durum olmasıdır. Ayrıca ek tanılı durumların fazla olması da tanı konulmasını güçleştiren bir etkendir. Belirtilerin başlangıcından tanı konulana kadar ortalama yaklaşık 10 yıllık bir süre geçmektedir. Bu nedenle klinik değerlendirmenin rolü oldukça önemlidir. Bipolar bozukluğu diğer durumlardan ayırt etmek için hipomanik dönemlerin saptanması ve uzunlamasına değerlendirme çok önemlidir (Öztürk ve Çam, 2017, s. 66; Grande et al., 2016, s. 1561; Eroğlu ve Özpoyraz, 2010, s. 206; Altıntaş vd., 2005, s. 49).

Yaygınlık

Bipolar bozukluk, milliyet, etnik köken veya sosyoekonomik statüden bağımsız olarak dünya nüfusunun %1'inden fazlasını etkilemektedir. Son yıllarda spektrum olarak düşünüldüğünde bu oranın %5 olarak görüldüğü tahmin edilmektedir ve oldukça önemli bir sağlık sorunu olup gençler arasında engelliliğin önde gelen nedenlerinden birini temsil etmektedir. Bipolar bozukluk genellikle geç ergenlik veya erken yetişkinlik döneminde görülmektedir. Başlangıç yaşının 15 ila 30 yaş arasında olduğu kabul edilmektedir (Yeloğlu ve Hocaoğlu, 2017, s. 42; Grande et al., 2016, s. 1561; Googwin, 2016, s. 661).

Sınıflandırma

Bipolar bozukluk *DSM-5 Tanı Ölçütleri Başvuru El Kitabı*'nda, Bipolar I Bozukluğu, Bipolar II Bozukluğu, Siklotimi Bozukluğu, Tanımlanmış Diğer Bir İkiuçlu ve İlişkili Bozukluk ve Tanımlanmamış İkiuçlu ve İlişkili Bozukluk olarak sınıflandırılmıştır. DSM-5 atak ölçütleri incelendiğinde (APA, 2014, s. 63-89);

*Majör Depresyon dönemi*nin, çökkün duygudurum, etkinliklere karşı ilgide belirgin azalma ya da bunlardan zevk almama, kilo vermeye çalışmıyorken çok kilo verme ya da kilo alma, uykusuzluk çekme ya da aşırı uyuma, bitkinlik ya da içsel gücün kalmaması, değersizlik, aşırı ya da uygunsuz suçluluk duyguları ve özel eylem tasarlamaksızın yineleyici kendini öldürme düşünceleri, girişimi ya da kendini öldürmek üzere özel bir eylem tasarlama gibi özelliklerle karakterize olan bir dönem olduğu görülür.

Mani Dönemi, benlik saygısında abartılı bir artış ya da büyüklük düşünceleri, uyku gereksiniminde azalma, her zamankinden daha konuşkan olma, düşünce uçuşmaları, dikkat dağınıklığı, kötü sonuçlar doğurabilecek etkinliklere aşırı katılma gibi özelliklerin toplumsal ya da işle ilgili işlevsellikte belirgin bir düşmeye neden olacak derecede bulunması, kişinin kendisine/başkalarına bir kötülüğünün dokunmaması için hastaneye yatırılmasını gerektirecek denli ağır olduğu ya da psikoz özelliklerinin olduğu dönemdir.

Hipomani dönemi ise mani dönemiyle aynı özellikleri içermektedir. Fakat mani döneminde kabarmış, taşkın ya da çabuk kızan, olağan dışı ve sürekli bir duygudurumun ve amaca yönelik etkinlikte ve içsel güçte, olağan dışı ve sürekli bir artışın olduğu ayrı bir dönemin, en az bir hafta süreyle, neredeyse her gün, günün büyük bir bölümünde bulunması ifadesi yer alır. Hipomani döneminde ise kabarmış, taşkın ya da çabuk kızan, olağan dışı ve sürekli bir duygudurum ve etkinlikte ve içsel güçte, olağan dışı ve sürekli bir artışın olduğu ayrı bir dönemin, en az dört ardışık gün süreyle, neredeyse her gün, günün büyük bölümünde bulunması ifadesi yer almaktadır.

Tedavi

Bipolar bozukluk hayat boyu süren ve tekrarlayan bir hastalık olduğundan, bozukluğu olan kişilerin bipolar semptomların kontrolünü sağlamak için uzun süreli tedaviye ihtiyacı vardır. Etkin bir bakım tedavi planı, nüksü önlemek ve semptom şiddetini azaltmak için ilaç ve psikoterapiyi içermektedir. İlaç tedavisinin yetersiz olduğu durumlarda elektrokonvulsif terapi (EKT) kullanılan yöntemlerden birisidir. İlaca ek olarak kullanılan yöntemlerden olan psikoterapi veya "konuşma" terapisi, bipolar bozukluk için etkili bir tedavi yöntemi olabilmektedir. Bipolar bozukluğu olan bireyler için kullanılan psikoterapi tedavileri arasında, bilişsel-davranışçı terapi, aile odaklı terapi, kişiler arası ve sosyal ritim terapisi ve psikoeğitim gibi terapi yöntemleri yer almaktadır (NIHM, 2009, s. 9-17; NYS Office of Mental Health, 2008, s. 7-10).

Hastalığın yaygınlığı ve neden olduğu işlev kayıplarının büyüklüğü sebebiyle tedavisi konusunda üstünde önemle durulması gerekir. Bipolar bozukluk tanılı hastaların öz kıyım riskinin oldukça yüksek oranda olduğu görülür. Bu açıdan hastaların özellikle intihar riski açısından takip edilmesi gerekmektedir. Aynı zamanda bipolar bozukluk tanılı hastaların işsizlik oranı yüksektir, büyük bir kısmı hayatları boyunca evlenememektedirler, evli olanların ise evlilik ilişkileri olumsuz yönde etkilenmektedir ve yaklaşık olarak %10'u adli vakalara karışmaktadırlar (Schaffer, et al., 2015, s. 789-792; Yeloğlu ve Hocaoğlu, 2017, s. 50; Kesebir vd.,2013, s. 293; Akkaya vd., 2012, s. 31-32; Saka vd., 2001, s. 284). Bu durumlar göz önünde bulundurularak psikiyatri ekibi tarafından ilaç tedavisi, psikoterapi ve psikososyal tedavinin bir arada olduğu bütüncül bir tedavi planı oluşturulmalıdır. Ayrıca tedavi yalnızca hasta bireylere değil bakım veren aile bireylerine yönelik olarak da sunulur.

NÖROBİLİŞSEL BOZUKLUKLAR

DSM-5 Tanı Ölçütleri El Kitabı'nda (2014) nörobilişsel bozukluklar başlığı altında değerlendirilen bozukluklar, deliryum, yeğin ve ağır olmayan nörobilişsel bozukluklar, Alzheimer hastalığına bağlı yeğin ya da ağır olmayan nörobilişsel bozukluk, yeğin ya da ağır olmayan frontotemporal nörobilişsel bozukluk, lewy cisimcikleri olan yeğin ya da ağır olmayan nörobilişsel bozukluk, yeğin ya da ağır olmayan vasküler nörobilişsel bozukluk, çarpmayla beyin yaralanmasına bağlı yeğin ya da ağır olmayan nörobilişsel bozukluk, maddenin/ilacın yol açtığı yeğin ya da ağır olmayan nörobilişsel bozukluk, HIV enfeksiyonuna, prion hastalığına, Parkinson hastalığına, huntington hastalıklarına bağlı yeğin ya da ağır olmayan nörobilişsel bozukluk ve başka bir sağlık durumuna ya da çoğul etkene bağlı yeğin ya da ağır olmayan nörobilişsel bozukluklardır. Bu çalışmada Alzheimer hastalığı ele alınacaktır.

ALZHEİMER

Nörobilişsel bozukluklar arasında yaygın olarak görülen alzheimer hastalığı, merkezî sinir sisteminde nöron ve sinaps kayıpları ile ortaya çıkan, bilişsel işlevlerde gerileme, davranışsal değişimler, öz bakımda yetersizlikler ve psikiyatrik belirtiler ile karakterize nörodejaneratif bir hastalıktır. Alois Alzheimer, 1907 yılında ileyleyici demans bozukluğu olan 51 yaşındaki bir kadında bu hastalığın klinik ve patolojik özelliklerini tanımlamıştır. Hastalık kademeli olarak ilerlemektedir ve hastalık ilerledikçe semptomlar hem hasta hemde ailesi için giderek daha rahatsız edici hâle gelmektedir (Gilman, 1996, s. 231; Smith, 1998, s. 2).

DSM-5 alzheimer hastalığına bağlı yeğin ya da ağır olmayan nörobilişsel bozukluk tanı ölçütleri şöyledir:

- Yeğin nörobilişsel bozukluk tanı ölçütleri; bir ya da birden fazla bilişsel alanda belirgin gerileme olduğu yönünde bireyin, yakınının ya da klinisyenin kaygı duyması, çeşitli ölçümlerle bilişsel yeterlilikte önemli ölçüde bozulmanın tespit edilmesi ve bilişsel gerilemenin gündelik aktivitelerde bağımsız davranmayı güçleştirmesini içerir.
- Ağır olmayan nörobilişsel bozukluk tanı ölçütleri ise bir ya da birden fazla bilişsel alanda çok belirgin olmayan gerileme olduğu yönünde bireyin, yakınının ya da klinisyenin kaygı duyması, çeşitli ölçümlerle bilişsel yeterlilikte çok önemli ölçüde olmayan bozulmanın tespit edilmesi ve bilişsel eksikliklerin günlük hayatı ve bağımsız davranmayı engellememesini fakat çaba gerektirmesini içerir.

Yukarıda bahsedilen yeğin ya da ağır olmayan nörobilişsel bozukluklar için tanı ölçütleri karşılanır. Ayrıca bir ya da birden çok bilişsel alanda sessiz ve gizli başlayan, yavaş ileleyen bozulma söz konusudur. Olası ya da olabilir Alzheimer hastalığı için tanı ölçütleri ise;

- Aile öyküsünden ya da kalıtımsal ölçümlerden bir Alzheimer genetik mutasyon kanıtı,

- Bellek, öğrenme ve başka bir bilişsel alanda gerileme, bilişte uzu süreli, ilerleyici ve aşamalı gerileme, başka bir hastalık etkenine bağlı olduğuna ilişkin bir kanıtın olmaması.

Yukarıdaki maddelerden en az birinin olması hâlinde *olası Alzheimer tanısı* konur.

- Aile öyküsünden ya da kalıtımsal ölçümlerden bir Alzheimer genetik mutasyon kanıtı yoksa ve şu 3 ölçütün her biri varsa *olabilir Alzheimer hastalığı tanısı* konur,
    - o Bellek ve öğrenmede gerileme,
    - o Bilişte uzu süreli, ilerleyici ve aşamalı gerileme,
    - o Başka bir hastalık etkenine bağlı olduğuna ilişkin bir kanıtın olmaması.

Yaygınlık

Alzheimer hastalığı, tüm demans vakalarının yaklaşık olarak %70'ini oluşturur. ABD'de yaklaşık 5,5 milyon kişi Alzheimer hastalığından etkilenmekte ve dünya çapındaki yaygınlığının 24 milyona kadar çıktığı tahmin edilmektedir. Hem gelişmiş hem de gelişmekte olan toplumların nüfusunun hızla yaşlandığı göz önüne alındığında, yaygınlığın 2040'a kadar her 20 yılda iki katına çıkması beklenmektedir. İleri yaş Alzheimer için en önemli risk faktörüdür ve 2030'da dünya genelinde yaşlı nüfusun 2000'li yıllardan bu yana 2 kattan fazla artarak 973 milyon olacağı öngörülmektedir. Bu durum Alzheimer hastalığının önümüzdeki yıllarda maliyetli bir halk sağlığı yükü olacağını göstermektedir (Mayeux& Stern, 2012, s. 2-3; Castellani, 2010, s. 3).

Yaygınlık yaşla birlikte katlanarak artmaktadır. 65-74 yaşları arasında sıklık %3 civarlarında iken 85 ve üzeri yaşta bu oran neredeyse %50' ye yükselmektedir. Cinsiyette, Alzheimer hastalığının yaygınlığını etkiler. Alzheimer tanısı alan tüm hastaların üçte ikisi kadınlardır. Bunun yanında Alzheimer için çeşitli risk faktörleri, eğitim düzeyi, birinci derece yakınlarda Alzheimer hastalığının görülmesi, geçmişte depresyon, kafa travması öyküsü ve apolipoprotein E (ApoE) ϵ4 allelinin varlığıdır (Castellani, 2010, s. 3; Apostolova 2016, s. 419-420).

Türkiye istatistik ve projeksiyonlara göre hızla yaşlanan bir ülkedir ve yaşlılık oranı açısından 167 ülke arasında 66. sırada yer almaktadır. 2008-2040 arasında Türkiye'de yaşlı nüfusta, %201'lik bir artışın olacağı beklenmektedir. Alzheimer hastalığının yaygınlığı ile ilgili yapılan çalışmalar yetersiz olsa da ülkemizde 2017 yılı itibari ile yaklaşık 600.000 kişinin bu hastalıkla mücadele ettiği düşünülmektedir. Sağlık Bakanlığı sistemine kayıtlı olan hastalardan cinsiyetlerine göre değerlendirme yapıldığında kadınlarda erkeklerden daha sık görülmekte ve yaş bakımından ise yaygınlığın en yüksek olarak 70-84 yaşları arasında olduğu gözlemlenmektedir (Özbabalık & Hussein, 2017, s. 21-25).

Belirtiler

Hastalık çoğunlukla 65-70 yaş civarında başlamaktadır. Sinsi ve ilerleyicidir. Bellek ve bütün bilişsel işlevlerde bozulma ve yıkım olur, hastanın öz bakım, ilişkiler ve uyum işlevlerinde gerilemeler görülür, yaşlılık öncesi meydana gelen türünde ilerleme hızlıdır. Erken dönemde dahi dil, anlama, ifade etme alanlarında sorunlar, amnezi, afazi, apraksi ve agnozi[5] görülebilir (Eker, 2008, s.

---

[5] Amnezi, Alzheimer hastalığında çoğunlukla ilk görülen belirtidir. Amnezi, yeni bilgileri öğrenme yeteneğinin kaybıdır. Başlangıçta unutkanlık söz konusudur, aynı ifadeleri tekrar etme, eşyaların yerini unutma ve hatırlayamama vardır. Bellekteki bozulma yakın zamandaki olaylarla ilgilidir. Hasta erken yaşam dönemlerini ve duygusal yükü fazla olan yakın zamana ait olayları hatırlayabilir.
Afazi, adlandıramama olarak da ifade edilen Alzheimer hastalarında sık rastlanan bir işlev kaybıdır. Kelime bulmada zorluk çekme, objelerin isimlerini bulmakta zorlanma ile görülen dil bozukluklarıdır.
Apraksi, motor beceri gerektiren hareketlerin uygulama becerisinin bozulmasıdır. Örneğin, hastalığın ilerleyen dönemlerinde hastanın elbiselerini giyememesidir.
Agnozi ise kişinin duysal bir bozukluğa sahip olmadan o duyu aracılığıyla öğrendiği bir şeyi tanıyamamasıdır.

90-91). Hesaplama erken dönemde bozulur, hatırlayamama ve tanıyamama belirgindir. Hastaların büyük bir çoğunluğunda ruhsal belirtiler bulunmaktadır. Hastalığın ilerleyen dönemlerinde ise kendine bakamama, altına kaçırma, kilo kaybı, yataktan çıkamama ve beyinde genel bir yıkım sonrası ölüm görülür (Öztürk& Uluşahin, 2008, s. 666-667).

Gidişatı genellikle 3 aşamada değerlendirilmektedir (Koca, vd., 2017, s. 83-85; Öztürk& Uluşahin, 2008, s. 666-668; Eker, 2008, s. 90-91);

Birinci aşama, erken evrede denilen bu evre erken tanı açısından en önemlidir. Erken dönemde destek, bakım ve tedavi ile hastaların bilişsel yetilerinin geliştirilebilmesi, hasta ve hasta yakınlarının sürece kendilerini hazırlaması ve yaşam kalitesinin arttırılabilmesi için bu evre hayati önem taşımaktadır. 2-4 sene sürer. Bu süre zarfında bellekte bozulma, bilişsel işlevlerde gerileme, tanınan kişilerin ve objelerin isimlerini unutma, depresif ruh hâli, şüphecilik, çevreye ilginin azalması, başıboş gezme, mesleki ve sosyal etkinliklerden uzaklaşma görülür.

İkinci aşama, orta evre de denilen bu evrede, hastalığın belirtileri daha net ve kısıtlayıcıdır. Bilişsel yetilerde belirgin bozukluk söz konusudur. Konuşma bozukluğu, objeleri tanıyamama, sanrılar ve halüsinasyonlar, davranış sorunları, hesap yapamama ve parkinsonizm belirtileri görülebilir. Bu evrede bakımverenlerin yükü artmıştır.

Üçüncü aşama, ileri evrede denilen bu aşamada ise hasta bakımverenlere tamamen bağımlıdır. Hasta yatalak hâle gelir, idrar ve gaita kaçırma söz konusudur, öz bakım tamamen başkasına bağımlı olarak yapılabilir. Hasta çocuklarını hatta kendisini dahi tanıyamaz. İleri evre Alzheimer hastalarının en sık ölüm nedenleri, yatak yarası enfeksiyonları, akciğer embolisi/enfeksiyonu, kalp yetmezliği, serebral enfarktüstür. Bu evre bakım verenler için oldukça zordur. Bakım verme günün büyük bir bölümünü kaplar.

Tedavi

Alzheimer hastalığının tedavisi çok yönlüdür. İlaç tedavisinin yanında hastalığın gidişatı ile ilgili sürekli bir danışmanlığın verilmesi, hastanın davranışsal ve nörolojik olmayan durumlarının yönetilmesi ve ailenin desteklenmesi gerekmektedir. Bu da farklı uzmanlık alanlarından hekimlerin hemşirelerin, sosyal çalışmacı ve psikologların birlikte etkileşim hâlinde çalıştığı bir ekip çalışması ile gerçekleştirilebilir.

Alzheimer hastalığı tedavisinde kullanılan ilaçlar üç temel grupta ele alınabilir. Birinci grupta kolin esteraz inhibitörleri ve muskarinik ve nikotinik agonistler gibi merkezî kolinerjik etkili ilaçlar; ikinci grupta nörotoksik madde inhibitörleri ve üçüncü grupta ise östrojen, antidepresanlar yer alır. Bu ilaçlar tamamen iyileşme sağlamamakla birlikte belirtileri azaltabilmekte, yeti yitimini yavaşlatmakta ve hastalığın gidişatını geciktirebilmektedir (Yüksel, 2000, s. 137-141).

Hastaları sosyal aktivitelere, yetişkin gündüz bakım merkezlerine ve egzersiz programlarına katılmaya teşvik etmek ve hem hastaları hem de bakıcıları destek gruplarına katılmaya teşvik etmek önemlidir. Sosyal çalışmacıların Alzheimer hastalarına bakım sürecinde temel rolleri psikoeğitim ve danışmanlık, birey ve grup müdahaleleri, duygusal destek, vaka yönetimi, taburculuk planlaması gibi rollerdir. Hasta ve hasta yakınlarının hastalık, hastalığın belirtileri ve gidişatı, bakım yükü gibi konularda başa çıkma becerilerinin arttırılması hedeflenir (Shinan-Altman, 2014, s. 73-74). "bakım verme hâline gelme" planlanamaz bir durum olduğu için bakım sürecinde aile bireylerin desteklenmesi oldukça önemlidir. Hasta yakınları bakımın getirdiği fiziksel, psikolojik ve sosyal açılardan meydana gelen sorunlarla başetme konusunda yalnız kalmamalıdır. Bu noktada hem sosyal destek sistemleri harekete geçirilmeli hem de profesyonel uzmanlar olarak duygusal destek sağlanmalıdır.

Türkiye'de bakım hizmetleri kurumsal bakım ve evde bakım olarak ele alınmaktadır. Dünyada olduğu gibi ülkemizde de Alzheimer hastaları çoğunlukla aile üyelerinin bakım sorumluluğundadır. Daha önce de bahsedildiği üzere bakımveren aile bireyleri hastalığın bakımında yaşanan zorluklar nedeniyle, ekonomik, kişisel, psikolojik, sosyal, aile içi ilişkiler ile ilgili zorluklar yaşamaktadır. Hangi hizmet türünden faydalanılırsa faydalanılsın hasta ve bakımverenlerine sağlanacak sosyal hizmet desteği çok önemlidir. Kurum bakımı, ailesi yanında bakılması mümkün olmayan hastalara Aile ve Sosyal Politikalar Bakanlığı, belediyeler, kamu kurumları, STK'lar ve özel sektörlere bağlı bakım kuruluşları tarafından yürütülen uzun süreli, yatılı bakım desteğidir. Evde bakım ise hastanın yaşadığı ortamda tanı, tedavi, rehabilitasyon ve kişisel bakımlarının profesyonellerce evinde gerçekleştirilmesini amaçlayan hizmet türüdür (Özbabalık & Hussein, 2017, s. 27-40).

Çocukluk, ergenlik, yetişkinlik ve yaşlılık dönemlerine ait değerlendirilen psikiyatrik bozuklukların her biri tıbbi bir sorun olmanın ötesinde insani ve sosyal bir kavram olarak ele alınmalıdır. Psikiyatrik bozukluklar, bireyi tek başına etkilemekten ziyade ailesi, çevresi ve bütün toplumu etkileyen çok boyutlu hastalıklardır. Psikiyatri hastalarının yaşadığı bireysel sorunlar bireysel olmaktan öte toplumsal sorunlardır. Bireyi biyopsikososyal bir varlık olarak değerlendirmek ve sosyal çevresi içerisinde birey olduğunu kabul etmek tedavinin ilerlemesinde öncül koşullardan biridir. Bu anlamda psikiyatrik bozukluğu olan bireylerin tam bir iyilik hâlini sağlamak ve meydana gelen sorunların çözümü açısından hastalığın biyolojik ve psikolojik boyutunu etkileyen sosyal boyutunun göz ardı edilmemesi gerekmektedir.

VAKA İNCELEMESİ

T.C.

SAĞLIK BAKANLIĞI

TRSM

HASTA BİLGİ FORMU

RAPOR TARİHİ

DÜZENLEYEN S. Ç. :

İNCELEMEYE KONU HASTANIN;

TC Kimlik No: ....

Adı Soyadı: M.Y.

Doğum Yeri-Yılı: M.-22.07.1986

Medeni Durumu: Evli

Cinsiyeti-Öğrenimi: K. Açık öğretimden lise okuyor.

Mesleki Durum: Şu an çalışmıyor, daha önce iş deneyimi olmamış.

Adres ve Telefonu : ....

Sağlık Güvencesi: SGK

Gelir Durumu: Hastanın eşi çalışıyor ve asgari ücret alıyor.

Ailede Psikiyatrik Hastalık Öyküsü: Hasta ablasının psikiyatrik hastalığının mevcut olduğunu ve ilaç kullandığını ama net bir bilgisi olmadığını belirtti.

Madde Kullanımı Öyküsü: Hastanın herhangi bir madde, sigara ve alkol kullanımı yok

Tanı: Bipolar Bozukluk

BİLGİ KAYNAKLARI:

Görüşme Yapılan Yer: .... TRSM

Görüşme Yapılanlar: M.Y. ve eşi S. Y.

Hastanın geliş öyküsü: ...... Hasta 1 buçuk yıl önce yemeden içmeden kesilmiş öz bakımı becerileri gerilemiş, iletişim kurmayı bırakmış, eşinin kendisini aldattığına dair şüpheleri oluşmuş ve aşırı kıskançlık hissetmiş, içe kapanıklığı artmış. 2019 eylül ayında .... Ruh ve

Sinir Hastalıkları Eğitim ve Araştırma Hastanesine yatışı yapılmış, orada 1 ay yatış gerçekleşmiş, yatıştan yaklaşık 6 ay sonra aynı semptomlar yeniden görülmüş, öz bakım mekanizması gerilemiş ve eşine yönelik kıskançlık davranışları sergilemiş, bu durum üzerine hastaneye yeniden yatışı yapılmış 38 gün hastanede yatmış. Taburculuğu esnasında hekim tarafından tarafımıza yönlendirilmiştir. Hasta taburculuk sonrası kendisini iyi hissettiğini ifade etmiştir.

Atak Sayısı Mani: Yok

Atak sayısı: -

Atak Sayısı Depresyon: Var

Atak sayısı: 2

Mevsimsel Özellik: Var

Mevsimsel Özellik Detay: Hasta özellikle sonbahar ve kış aylarından depresif özellikler gösterdiğini belirtti.

Ataklar Arası Düzelme: Hastanın tarafımıza yönlendirmeden önce ataklarının benzerliği atakları arasındaki düzelmenin şu ana kadar olmadığını gösterir.

Psikotik Özellik: Yok

Psikotik Özellik Detay: -

İntihar Girişimi: Yok

İntihar Girişimi Sayısı: -

EKT Uygulaması: Var

EKT Uygulaması Sayısı: 4

Genel Sağlık Durumu: İlaç tedavisine etki edecek, işlevselliğini kısıtlayacak herhangi bir kronik, kalıtsal, fiziksel hastalığa sahip değildir.

Önceki İlaç Tedavileri: O. 20 mg 1*1 akşam, A. 5mg 1*1 sabah

Kullanılan İlaçlar: O. 20 mg 1*1 akşam, A. 5mg 1*1 sabah

İlaç Yan Etkileri: Herhangi bir yan etki yaşamadığını tarafımıza belirtti.

RİSK DEĞERLENDİRME FORMU

A)<u>Kendine Zarar Verme Riski</u>

Daha önce kendine zarar vermiş mi/intihara teşebbüs etmiş mi?:

Hayır

Ailede intihar eden var mı?: Hayır

Kendisini çaresiz veya umutsuz hissediyor mu?: Hayır

Ciddi bunalımdan geçiyor mu?: Hayır

Ayrı/dul/boşanmış: Hayır

İşsiz/emekli: Evet

Kontrolsüzlük duygusu var mı?: Evet, özellikle çevresindeki insanları yanlış anladığında içine kapanmasının arttığını belirtti.

Aileden veya arkadaş çevresinden biri yakın zamanda intihar etmiş mi?: Hayır

Hayatında yakın zamanda gelen büyük olay var mı?: Hayır

Ağır fiziksel hastalık/özür var mı?: Hayır

Daha önce şiddete başvurmuş mu?: Hayır

Alkol veya uyuşturucu kullanımı: Hayır

İntihar düşüncesi var mı?: Hayır

Kendine zarar verme planı ya da niyeti var mı?: Hayır

İntihar için kullanılabilecek araçlara erişimi var mı?: Evet, her birey kadar bu araçlara erişimi mevcut.

Sosyal olarak tecrit edilmiş mi?: Hayır fakat insanların kendisine söylediklerini çoğunlukla yanlış anladığını ve alınabildiğini belirtti ancak böyle durumlarda kendini telkin edebilmeye başlamış.

B) <u>Başkalarına Zarar Verme Riski</u>

Daha önce şiddet olayları var mı?: Hayır

Daha önce silah kullanmış mı?: Hayır

Alkol veya uyuşturucu kullanımı var mı? Hayır

35 yaş altı?: Evet

Kişiyi tetiklediği bilinen etkenler var mı?: Hayır

Başkalarına zarar vereceğine dair ifade var mı?: Hayır

Daha önce tehlikeli ve fevri davranışları olur mu?: Hayır

Başkalarıyla ilgili paranoyak yanılgıları var mı?: Hayır

Şiddet içerikli ve telkin edici sanrıları var mı?: Hayır

Öfke ve kızgınlık belirtileri: Hayır

Cinsel olarak uygun olmayan davranışlar: Hastada cinsel isteksizlik mevcut.

Zihni şiddet içerikli düşüncelerle dolu mu?: Hayır

Tedaviye katılımı az mı?: Hayır

Silahlara erişimi var mı?: Evet, her birey kadar bu silahlara erişebilir.

C) Savunmasızlık Riski

Daha önce ihmale maruz kalmış mı?: Hayır hasta tarafımıza böyle bir maruziyet belirtmedi.

Kötü beslenme: Hayır

Alkol uyuşturucu kullanımı var mı?: Hayır

Beden sağlığını idare etmede zorluk çekiyor mu?: Hayır

Bilişsel bozukluğu var mı?: Hayır

Tedaviye katılımı az mı?: Hayır

Daha önce istismara uğramış mı?: Hasta tarafımıza bu konuda herhangi bir bilgi vermedi.

Barınma sorunu var mı /evsiz mi?: Hayır

Mali sorunlar: Hayır

Toplum desteklerinden yoksunluk: Hayır

İlaçlı tedaviye uymama: Hayır

Daha önce başkaları tarafından suistimal edilmiş mi?: Hasta tarafımıza bu konuda herhangi bir bilgi aktarmadı.

D) Alevlenme Riski

Birden fazla alevlenme öyküsü: Hayır

Alevlenmeyi önleyici plan: Evet

Bilişsel bozukluklar: Hayır

Uyuma zorluğu ya da uyuma alışkanlığında değişiklikler: Hayır

Yalnız yaşıyor: Hayır

Hastalığını iyi kavramıyor: Hayır

İlaçların olumsuz yan etkileri: Hayır

Yakın zamanda stres faktörleri var mı?: Evet, hastanın eşiyle ve evliliğiyle ilgili yaşadığı sorunlar stresörler arasında bulunmaktadır.

Risk Faktörleri Bağlamı ve Mevcut Bağlam

Hastanın çevresiyle ilgili şüpheciliği mevcut, eşinin sürekli ev dışı vakit geçirmesi hastayı tetiklemekte ve eşinin kendisini aldattığını ya da aldatacağını düşünmekte, sosyal işlevselliği kötü durumda, öz bakım mekanizmasının ve iletişim becerilerinin gerilemesi risk faktörleri arasındadır.

Güçlü Yanlar ve Koruyucu Faktörler

Hastanın ablası ve annesi tarafından aile destek sistemi güçlü, tedaviye uyumlu, iyileşmeye istekli, TRSM etkinliklerine katılma isteği mevcut, bilişsel süreçlerinin iyi oluşu hastanın koruyucu yönlerini oluşturmaktadır.

Risk Değerlendirmesinin Özeti

Hastanın mevcut durumu göz önüne alındığında ilaçlarının düzenli kullanımı sonucu risk faktörleri sürekli olarak incelenecek ve aile görüşmeleri sağlanacak.

Risk Yönetimi Planı

Riskin azaltılmasına yönelik stratejiler içerisinde hastanın daha yakından izlenmesi, ev ziyaretleri, kendine ya da başkalarına zarar verecek araçlara erişiminin sınırlandırılması, aile desteğinin arttırılması, arkadaş çevresi veya toplum kuruluşları, öfke yönetimi veya madde kullanımı ile ilgili müdahaleler, uygun barınma imkânlarına ve mali desteğe erişimin arttırılması, birinci basamak sağlık hizmetlerine erişimin arttırılması, ilaçlı tedavinin izlenmesi yer almaktadır.

Kısa vadeli kriz yönetimi stratejileri: Hastanın aile görüşmelerini sağlamak, trsm etkinliklerine katılımını sağlamak, ev ödevleri ile sorumluluklarını ve öz bakım mekanizmasını geliştirmek.

Uzun vadeli kriz yönetimi stratejileri: Hastanın sosyal işlevselliğini arttırmak, hastanın ekonomik hayata katılımı sağlamak, bireysel iyilik hâlini en üst düzeye çekmek.

BAKIM FORMU

Mevcut Durum: Hasta iletişime kapalı, konuşma sırasında sıkça sessizlik yaşanmakta herhangi bir şeyi yaparken içinden gelmediğini hatta bazen içinden konuşmanın bile gelmediğini tarafımıza belirti, hastalığın bu belirtileri nedeniyle eşiyle arası açık, şüpheleri artmış durumda, öz bakım mekanizması yetersiz fakat tedaviye uyumlu.

Amaç/Hedef:

- Hastanın mevcut olan iletişimini geliştirmek
- Hastada mevcut isteksizliği gidermek
- Şüpheleciliğin nedenleri konusunda iç görü sağlamasına yardım edip, bu şüphelerin önüne geçmede oto kontrol mekanizmasını kurmasını sağlamak
- Öz bakımı mekanizmasını geliştirmek

Strateji veya Müdahaleler:

- Hasta iletişimini geliştirmek için daha çok sosyal alana çıkmasını sağlamak ve trsm etkinliklerine katılımını arttırmak.
- Hastada mevcut isteksizliği gidermek daha çok hareket etmesini sağlamak amacıyla aile desteğine başvurulup daha çok sporsal faaliyete yönlendirme. Gün içinde ufak yürüyüşler yapmasını sağlamak vb.
- Şüpheleciliğin önüne geçmek ve iç görü sağlamak amacıyla hastayla bireysel görüşmeleri arttırmak bu görüşmeler dâhilinde hastanın güçlü yanlarını keşfedip bu yönlere odaklanıp öz saygıyı arttırmak.

Sorumluluklar ve Zaman Çerçevesi:

Hastanın poliklinik görüşmelerine 2 haftada bir, bireysel görüşmelere de haftada 1 şeklinde planlanıp 2 ay sonucunda mevcut durum yeniden gözlemlenip yeni bakım planı uygulanacaktır.

SONUÇ:

Hastanın iletişim becerileri gelişti, görüşmeler sırasında daha akıcı konuşmaya başladı, daha önceki görüşmelerdeki mimiksiz yüz ifadesi yerini daha mutlu bir ifadeye bıraktı.

Hastanın hareket etmedeki yahut konuşmadaki isteksizliğinde azalma gözlemlendi, TRSM etkinliklerine katılımı arttı, ailesi ile yapılan telefon görüşmelerinde de evdeki durumunun daha iyi olduğu ev içi sorumlulukları yapmada artış olduğu tarafımıza iletildi.

Hastanın şüpheciliği mevcut hâlâ kendisinin arkasından eşinin aile yakınlarının konuştuğuna ve eşinin kendisinden boşanacağına dair şüphecilikleri mevcut.

Öz bakım mekanizması güçlendi. Kıyafetleri daha temiz durumda, duş almaları istediğimiz düzendeki rutine girmiş.

Mevcut durumda yaşanan şüphecilik için hastanın eşiyle de yüz yüze görüşme tekniği uygulanacak, hastaya karşı tutumu değerlendirilip yeni bakım planı geliştirilecektir.

Sosyal Çalışmacı

BÖLÜM 10

PSİKİYATRİ HASTA VE YAKINLARININ YAŞADIĞI SOSYAL SORUNLAR

Psikiyatri hastaları ve ailelerinin yaşadığı sosyal sorunlar dâhilinde toplumsal damgalama, yetersiz ekonomik koşullar, sosyal izolasyon, eğitim ve mesleki işlevsellik, bakımveren yükü ve aile içi çatışmalar ve son olarak hukuki sorunlar ele alınacaktır.

Toplumsal Damgalama

Toplumsal damgalama, bir kişinin ya da grubun, psikiyatrik hastalık, etnik köken, ilaç kötüye kullanımı veya engellilik gibi özelliklerine dayanarak içinde yaşadığı toplum tarafından kusurlu olarak değerlendirilmesidir. Psikiyatrik hastalığı bulunan bireylerin toplum dışına itilmesi, damgalanması ve sosyal dışlanmaya maruz bırakılması insanlık tarihi kadar eskidir. Bu hastalar, tüm hastalar içinde, damgalanmanın olumsuz sonuçları ile en fazla karşılaşan bireylerdir. Toplum tarafından psikiyatri hastasının sahip olduğu bütün kimlik özellikleri gözardı edilir ya da yok sayılır yerine "lekeli bir kimlik" olan "deli" damgası vurulur. Toplumsal damgalama, psikiyatrik bozukluğu olan bireylerin yanı sıra ailelerini de etkilemektedir. Suçlayıcı, kurban edici yaklaşım ve tutuma maruz kalan hastalar ve aileleri toplumdaki diğer kişi ya da gruplar tarafından damgalama ve ön yargı nedeniyle bazı hak ve menfaatlerden yoksun bırakılmaktadırlar. Toplumun bu dışlayıcı, küçümseyici ve ön yargılı tutumlarından dolayı psikiyatrik bozukluğu olan bireyler ve aileleri kendi içlerine kapanmayı, tecrit edilmeyi ve hastalıklarından en yakınlarına dahi bahsetmemeyi tercih etmektedir. 2018 yılında gerçekleştirilen araştırmada da hasta ve hasta yakınları bu durumu net bir şekilde ifade etmiştir (Çölgeçen, 2018, s. 192).

"Ailemden başka bilen yok, toplumda yani iyiyim yani toplumda kimse bilmiyor hastalığımı sadece annem, eski eşim, çocuklarım biliyor hastalığımı. Toplumda rahatım yani. İşte ona da üzülüyom yani işte toplum bilirse çevrem düşer mi yani ona kafayı takıyorum." (Şizofreni hastası)

"Ben kimseyi tanımıyorum. Konuşmuyorum kimseyle, tanışmamaya çalışıyorum (hastalığın bilinmesini istemediği için)." (Şizofreni hastası)

"Yani şimdi biz çok problem yaşıyoruz toplum içine yani çıkmaya korkuyoruz utanıyoruz ya bilen birisi çıkarsa ya TRSM'ye girdiğimi gören olursa (durakladı) insanlar bize iyi gözle bakmıyor..." (Şizofreni hastası)

Ayrıca hastalar toplumsal damgalamaya maruz kalmamak adına sosyal haklarından dahi feragat etmeyi isteyebilmektedir.

"Durumu olmayan hastalarımız çok, onların yeşil kartlarıdır, sağlık güvenceleridir, otobüslerde inme binme alanındaki kart mesela onlara bedava hizmetler sunuluyor çoğu kişinin bunlardan haberi yok. Ya da rahatsız oluyor mesela hasta ben otobüse binince ücretsiz denmesini istemiyorum diyor o zaman benim hasta olduğum belli oluyor diyor. Biz onları hani rahatlatıyoruz yani başka bir hastalığı olanda bu kartı alabilir diye, mesela inatla birisi almak istemiyordu biz onunla konuşarak onu ikna ettik." (Hemşire)

Psikiyatri hastalarının diğer hasta ya da engelli grupları içerisinde damgalamaya en fazla ve en ağır biçimde maruz kalan grup olduğu bu örnekle net bir biçimde ifade edilmiştir. Sosyal bir hakkı olan engelli ulaşım kartını psikiyatri hastası olduğu anlaşılmasın diye almak istemeyen hasta, engelli ulaşım kartını yalnızca psikiyatri hastaları almıyor diğer engelliler de alıyor diyerek ikna edilebilmiştir. Hasta psikiyatri hastası "damga"sına maruz kalmaktansa diğer herhangi bir engellilik grubuna dâhil olmayı kabul edebilmektedir.

Bunun yanında damgalama ile ilgili bir diğer kavram ise "içselleştirilmiş damgalama" kavramıdır. Bu kavram psikiyatrik hastalığı olan kişilerin ve ailelerinin toplumdan önce kendi kendilerini damgalamalarıdır. Bu süreç bireyin bir psikiyatrik hastalık tanısı alması ile başlar. Hasta ve yakınları ayrımcılık ya da kötü davranışa maruz kalmasalar bile kendilerini damgalanmış olarak hissetmekte ve durumundan utanma, değersizlik duyguları yaşama, sosyal ilişkilerden kaçınma ve özsaygı da azalma gibi sorunlar yaşamaktadır.

Damgalama ya da içselleştirilmiş damgalama psikiyatri hastalarının tedaviye uyumunu zorlaştırmakta, yeti yitimini arttırmakta ve aileleri ile birlikte sosyal geri çekilmelerine neden olmaktadır (Çam ve Çuhadar, 2011, s. 136-137; Saillard, 2010, s. 15; Avcil vd. 2016, s. 176-177; Bullock et al., 2015, s. 2-6; Bilge ve Çam, 2010, s. 72; Köroğlu ve Hocaoğlu, 2017, s. 171).

Yetersiz Ekonomik Koşullar

Ulusal ruh sağlığı eylem planı (2011)'nda psikiyatrik bozukluğu olan bireylerin yaşadığı ekonomik sorunlar sıralanmıştır. Bunlar, ağır ruhsal bozukluğu olan bireylerin çoğunluğunun ailelerine bağımlı olarak yaşamaları; aileden bir kişinin bakımveren konumunda olması sebebiyle çalışma veriminin azalması/çalışamaması; hastaların eğitimlerini tamamlamada güçlük çekmelerinden dolayı meslek sahibi olamamaları; meslek sahibi olmuş hastaların ise hastalığın getirdiği dezavantajlar ya da işverenin ön yargısı gibi etkenler sebebiyle verimli çalışamamaları ya da işlerini bırakmaları; hastalığın getirdiği maddi yük gibi sebeplerden dolayı hasta ve aileleri yetersiz ekonomik koşullarda yaşamlarını sürdürmeleridir (T.C. Sağlık Bakanlığı, 2011a, s. 23).

Psikiyatri hastalarının yoksulluk yaşama olasılıkları daha yüksektir. Kronik hastalıklar sağlık hizmeti, bakım ve tedavi masrafları yönünden kişileri hızla fakirlik sınırının altına düşürebilmektedir. Örneğin, bir çalışmada depresyona maruz kalan kişilerde zaman içinde sosyal durum ve finansal koşullarda bir düşüş olduğu belirlenmiştir. Türkiye'de bipolar bozuklukda bakım verenlerin sorunlarının değerlendirildiği 76 birey üzerinde gerçekleştirilen bir çalışmada ise %63,2'sinin ekonomik sorunlar yaşadığı bulunmuştur. Psikiyatrik hastalığı olan bireyin ebeveyn olması durumunda ise incelenen çalışmalarda çocukların çalışmak zorunda kaldıkları, akademik başarılarının düştüğü, aynı zamanda ailelerin evlerini değiştirmek zorunda kaldıkları tespit edilmiştir. Hele hasta ebeveyn baba ise ailenin ekonomik olarak tam manasıyla zorlandığı, tedavi sürecinde anne çalışıyorsa bunun nispeten azaldığı, anne çalışmıyorsa ekonomik desteğe ihtiyaç duydukları ve yardım kuruluşlarına başvurdukları görülmektedir (Knott, 2015; Özdemir ve Taşçı, 2013, s. 58; Arguvanlı ve Taşçı, 2013, s. 21; Buldukoğlu vd., 2011, s. 690-697).

Ülkemizde de bazı psikiyatri hastaları ekonomik sıkıntı yaşamakta; TRSM gidiş gelişte dolmuş/otobüs ücretini dahi teminde; barınma ihtiyacını karşılamakta zorlanmaktadır. Bu hâl ilave bir sorunu daha tetiklemektedir. Bunun yanında yaşanan ekonomik yetersizlikler ve herhangi bir kazanca sahip olmamak hastaların kendilerini yük olarak görmelerine neden olmaktadır.

Sosyal İzolasyon

Sosyal ilişkiler, ruh sağlığı ve psikolojik refahta etkili bir rol oynamaktadır. Sosyal izolasyon; aile/çevre ya da arkadaş ile bireysel düzeyde ve toplumla daha geniş bir düzeyde ilişkilerin yokluğudur. Psikiyatrik sorunu olan birey toplum içerisinde genellikle sosyal açıdan kendini yalnız hisseder. Hatta diğer hastalara göre sosyal çevre etkileşimleri ve yalnızlık hissi daha fazladır. Aile, arkadaş/akran gibi çevresinden yeterli sosyal destek alanların psikotik belirtilerden sıyrılma ihtimali daha yüksektir (Wang vd., 2017, s. 1451-1452).

Zavaleta vd. (2014), sosyal izolasyonu "insan etkileşiminin gerçekleştiği birey, grup, toplum ve daha geniş sosyal çevre düzeylerinde diğer insanlarla sosyal ilişkilerin kalitesinin ve niceliğinin yetersizliği" olarak tanımlamıştır (s. 6).

Nicholson (2009) ise sosyal izolasyonu, bireyin sosyal olarak aidiyet duygusu taşımadığı, başkalarıyla ilişkide bulunmadığı, az sayıda sosyal temas kurduğu ve kaliteli ilişki kurmada yetersiz olduğu bir durum olarak tanımlamıştır (s. 1342).

Sosyal izolasyon kavramı literatürde farklı terimler ile ifade edilir. Birçok kaynakta yalnızlık kavramıyla eş anlamlı olarak kullanılsa da eş anlamlı değildir. Sosyal izolasyon, sosyal ağ büyüklüğü ve/veya diğer insanlarla temasın sıklığı açısından objektif olarak ölçülebilir. Ancak duygusal yalnızlık sadece kişi tarafından -öznel olarak- tanımlanabilir.

Zavaleta vd. (2014), sosyal izolasyonu "içsel ve dışsal özellikler" olarak iki alana ayırır. Nesnel sosyal izolasyon olarak da bilinen dışsal özellikler, gözlemlenebilir sosyal ilişkilere işaret eder, başkalarıyla çok az veya hiç anlamlı ilişkiye sahip olmama durumu buna örnektir. Tersine, öznel sosyal izolasyon olarak da adlandırılan içsel özellikler ise güven, ilişki ve yalnızlıktan memnun olma gibi gözlemle ölçülebilen kişisel tutumları ifade eder (s. 9-10). Warren (1993) ise sosyal izolasyonun temel bileşenleri olan ilişkilerle ilgili dört ölçüt önermiştir: toplumsal damgalama, toplumsal kayıtsızlık, kişisel-sosyal kopukluk ve kişisel güçsüzlük (Wang vd. 201, s. 8).

Hasta ve yakınlarının çoğu hastalık sebebiyle yalnızlık yaşamakta, çeşitli nedenlerle evden çıkamamakta ve iletişim kurmaktan kaçınmaktadır (Çölgeçen ve Çölgeçen, 2019: 33-34). Hasta ve yakınlarının yorumlarından sosyal izolasyonun çeşitli nedenleri olduğu gözlemlenmektedir. Bunlar, şizofreni hastalığının negatif belirtileri sebebiyle sosyal ilişki kuramamak; damgalamaktan korktuğu için sosyalleşmekten kaçınmak ve Zavaleta'nın ifade ettiği öznel sosyal izolasyon olarak adlandırılan yalnızlıktan mutlu olmaktır. Hastaların yaşadıkları sosyal izolasyon ailelerini de etkilemektedir ve hastalığın bazı belirtileri, damgalama korkusu, hastanın isteksizliği gibi sebepler dolayısıyla aile bireyleri de çevresindeki insanlarla görüşmeyi yavaş yavaş azaltmakta ya da kesmektedir.

Sosyal izolasyon, psikiyatrik hastalıklar için bir risk faktörüdür. Sosyal izolasyonun ruhsal refahı nasıl etkilediği, gelişmekte olan bir çalışma alanıdır ancak erken belirtiler, kalıcı yalnızlığın kendini algılama ve davranışta değişikliklere yol açtığını ve olumsuz benlik algısına neden olduğunu göstermektedir. Algılanan sosyal destek eksikliği, ruh sağlığını etkilediği düşünülen diğer bir faktördür. Sosyal ilişkilerin yokluğu, yalnızlık duygularına ve algılanan sosyal destek eksikliğine yol açmış olsun ya da olmasın zararlıdır (Pate, 2014, s. 13). Bu zarar yalnızca hastaları değil aynı zamanda yakınlarını da etkilemektedir.

Eğitim Kaybı ve Mesleki İşlevsizlik

İstihdam ve eğitim, psikiyatrik bozukluğu olan kişilerin iyileşmesinin temel unsurlarıdır. Maalesef, en ciddi ruhsal sağlık sorunları olan bireylerin çoğunun, ergenlik ve erken yetişkinlik dönemlerinde ilk olarak eğitim ya da çalışma hayatı kesintiye uğramaktadır. Hatta hastaların çoğunluğu çalışamamakta; tanı aşamasında işlerini bırakmak durumunda kalmakta, bazıları ise eğitimini tamamlamakta zorlanmaktadır (Çölgeçen, 2018, s. 192).

"Benim mesleğim var fırıncıyım ama yapamıyorum. Gece kalkmak, sorun olduğu için. Fırında çalışıyordum geceleri kalkmak hiç iyi değilmiş bu hastalıkta tetikliyormuş. Ben haftada 1 gün 2 gün çalışıyorum, 1 günden 2 günden bir şey olmaz harçlığımı çıkartmak için. 2012 yılında maaşa bağladı devlet hastanesinde beni teke tek konuştum doktorla beni anladı, maaş bağladı, 3 aylık maaş veriyorlar bize. Yani ben para fazla parada da gözüm yok açıkçası hasta olmasaydım eğer ben çalışırdım. Devletten de bir şey istemezdim ama yapamıyorum. Gelirim az olduğu için 1 milyar babamın eline geçiyor. Babamda emekli çalışmak zorunda kaldı." (Şizofreni Hastası)

"Lisede mesleki teknik eğitim merkezinde SNS bölümünü okudum. Üniversitede 2 yıllık meslek yüksekokulunda mekatronik bölümünü bitirdim. Ama 1 ay çalıştım. Hastalık sebebiyle çalışamadım." (Şizofreni Hastası)

Eğitim kaybı ve mesleki işlevsizlik nedeniyle psikiyatri hastaları durağanlık, bir işe yaramama, verimli olamama ve yaşamın hareketliliğinden kopma duyguları yaşamaktadır. Gelişmiş ülkelerde dahi psikiyatri hastalarının arasında oldukça yüksek düzeyde işsizlik oranlarının bulunduğu gözlemlenmektedir. ABD'de psikiyatri hastaları arasında işsizlik oranı %75-90 arasında, Birleşik Krallık'ta %61-73 ve Avustralya'da ise %75-78 olarak tespit edilmiştir. İş hayatında bulunamamanın ve ağır ruhsal bozukluğu olan bireylerdeki yüksek işsizlik oranının birçok sebebi bulunmaktadır. İşverenin ön yargısı, toplumsal damgalama, içselleştirilmiş damgalama, ayrımcılık, ekonomik koşullar, sosyal tutucu mekanizmalar ve malulen emeklilik gibi etkenler bunlar arasındadır. Aksine bir işe sahip olmak, eğitim hayatında bulunmak psikiyatri hastalarına birçok yarar sağlamakta, yalnızca maddi kazanç değil aynı zamanda genel sağlığın, ruh sağlığının ve iyilik hâlinin sürdürülmesinde önemli etkisi olduğu birçok çalışmada vurgulanmaktadır. Eğitim ve iş sahibi olma, bireyin içinde yaşadığı toplumda güven içinde var olabilmesini, kendini gerçekleştirebilmesini, kendi yaşamını sürdürebilmesini ve tüketici konumdan üretici konuma geçmesini olası hâle getirmektedir böylelikle aileleri üzerindeki yük de azalmaktadır. Çalışmak bireye bir kimlik sunmakta, onun sosyal ilişkilerini etkilemekte, benlik saygısını ve kendine güvenini artırmaktadır (Öz ve Barlas, 2017, s. 46-47; Waghorn and Lloyd, 2005: 1; Canadian Mental Health Assosiation, 2010, s. 1). Nitekim psikiyatri hastalarının birçoğu çalışmak istediğini ifade etmektedir (Çölgeçen, 2018, s. 192).

Bakım Veren Yükü ve Aile İçi Çatışmalar

Ailelerin ağır psikiyatrik bozukluğa sahip olan hastasına bakım verirken yaşadığı zorluklar literatürde "yük duygusu" ile ifade bulmuştur. "Bakım veren yükü"; hastada oluşan fiziki, zihni, ruhi ve duyusal yetilerden -çeşitli düzeyde- kayıplar sebebiyle hasta yakınlarının yaşadığı fiziki, hissi, sosyo/ekonomik güçlükleri ifade etmek için kullanılan bir kavramdır. Bakım veren yükü objektif (nesnel) ve subjektif (öznel) yük olarak sınıflandırılmaktadır (Arslantaş ve Adana, 2011, s. 255; Reay-Young, 2001);

Objektif yük hastalığın aileye getirdiği hastanın rahatsız edici davranışları ya da hastalığın yol açtığı ekonomik zorluklar, sosyal yaşamdaki kısıtlanmalar, ailedeki gergin ilişkiler gibi gözlenebilir, somut durumları ifade eder.

Subjektif yük ise hastanın bakımı ile ilgili zorlukların aile üyelerini duygusal anlamda etkileme düzeyini ifade etmektedir.

Bakım veren hâline gelme seçilemez veya planlanamaz bir durumdur. Bu sebeple bu duruma uyum hastalık ortaya çıktıktan sonra gerçekleşir. Bakım sunma, bakım alma ilişkisi bakım verenin yaşamında strese neden olan, tek yönlü, bağımlı, oldukça yoğun ve neredeyse hayat boyu devam edecek bir zorunluluğa dönüşebilmektedir. Hele tüm aile fertlerinin iş yaşamına katılması bakım verme konusunda çatışmalara neden olabilmektedir. Bakım verenlerin yaşadıkları fiziksel, psikolojik, sosyal ve ekonomik güçlükler, bakım verenin iş yaşamından ayrı kalması ve kendisine ait boş zamanının olmaması gibi etkenler bakım verenlerin yaşam kalitelerini olumsuz etkilemektedir. Ayrıca süreğen hastalıkla birlikte anne babaların karşılaştıkları baskı evlilik işlevinde de gerilime yol açabilmektedir. Diğer çocukların ihmali ise hasta olan kardeşe öfke duyulmasına sebep olabilmektedir (Atagün vd., 2011, s. 513-515; Urizar vd., 2009, s. 2; Bademli ve Duman, 2013, s. 463-464).

Ailelerin/bakım verenlerin pek çoğu hastalık sebebiyle sosyal, psikolojik, ekonomik ve fiziksel sorun yaşamaktadır. Şizofreni hastası kızının maddi, manevi yükünü tek başına üstlendiğini dile getiren bir hasta yakını bu sebeple çok yıprandığını ve psikiyatrik ilaç kullanmaya başladığını ifade etmektedir. Yine hasta olan kızının bakımını üstlenen bir diğer anne manevi olarak çok yıprandığını ve bu durumun kendisine hastalık olarak yansıdığını iletmiştir (Çölgeçen, 2019, s. 36-38).

> *"Hastalık sürecinde D., üvey babasını falan istemedi, teyzesini istemedi, ben hep yalnız kaldım. Her yerde tek başımayım yani maddi manevi. Benden çok şeyler götürdü çok yıprattı yani bende ilaç kullanıyorum. Çok yıprattı beni. Ben de ara sıra gidiyorum doktora benim çok ağlamalarım oluyordu, geceleri uyuyamıyordum. Böyle bağıra*

bağıra ağlıyordum. Çocuğunun böyle olması çok zor bir şey. İşte bana E. İle S. başladılar sağolsun bana onlar iyi geldi arada gidiyorum ilaçları yazdırıyorum rapor çıkartıyorum. Bu şekilde şu anda böyle idare ettirebiliyorum yani." (Hasta Yakını)

"Keşke ben rahatsızlanıp da o olmasaydı diye öyle sürekli istedim. Benim de biraz rahatsızlığım var karaciğerden, karaciğer sirozum yani. Nakil bekliyom. İnsanı işte üzüntü bu hâle getiriyor. Kızıma üzülmekten hasta oldum" (Hasta Yakını)

Şizofreni hastası olan kardeşinin kendilerinin olmaması durumunda yalnız kalacağı düşüncesi ile üzüntüsünü dile getiren bir hasta yakını ise akrabalarının kendilerine destek olmayacağını belirtmiştir.

"Yani bizim vefat etmemiz durumunda T.'ye belli bir gelir kalacak ama kimseye muhtaç etmez yani durumumuzdan dolayı tabi manevi olarak bizlerden sonra yalnız kalacak beni o üzüyor nasıl yaşar bir yerden sonra tabi işte bilemiyorum hayatı. Yani bizim düşüncemiz iyi bir bakım evine yerleştirmek daha ilerde yani çünkü dışarda mağdur olmasın bizlerden sonra takdir edersiniz ki okumuş eğitimli bir hanımsınız yani akrabaymış makrabaymış hepsi hikâye." (Hasta Yakını)

Hukuki Sorunlar

Her hastanın üzerinde yapılacak olan işlem, inceleme/araştırma ve tedavi hususunda bilgi sahibi olma ve yapılacak olan bu uygulamaları kabul/red hakkı vardır. Ancak bu, ruh sağlığı bozuk olan hastalarda bazı etik sorunlara sebebiyet vermektedir. Çünkü ağır ruhsal bozukluklar, hastanın bilişsel işlevlerinde bozulmalara yol açabilmekte ve kendisi için uygun olan bir tedavi konusunda karar verememesine/yanlış kararlar almasına neden olabilmektedir. Bu açıdan sahip olduğu hukuki haklar konusunda bilgilendirilmesi ve psikiyatri ekibince bu hakların savunulması gerekmektedir. Ama ülkemizde psikiyatrik bozukluk yaşayan bireylerden sadece altıda birinin uzman yardımı aldığı görülmektedir. Diğerleri hayat boyu hiçbir destek almaksızın ailelerinin sorumluluğunda yaşayıp gitmektedir. Psikiyatrik bozukluk yaşayanların uzman yardımı al(a)mamasının çeşitli sebepleri vardır; maddi sorunlar, damgalanma korkusu, bakımverenin ihmali ya da bilgisizlik gibi. Sonuç olarak maalesef yasal haklarından habersiz psikiyatri hastaları/aileleri bulunmakta ve hak kaybına uğramaktadır (Yılmaz, 2013, s. 50; Duman ve Bademli, 2013, s. 79; Yılmaz, 2012, s. 4).

Ulusal Ruh Sağlığı Eylem Planı (2011a)'nda ruhsal hastalıklarda hukuki boyut başlığı altında psikiyatri hastalarının yaşadığı hukuki sorunlar değerlendirilmiştir. Buna göre;

- Çoğu mümeyyiz olmayan hastaların düzenli tıbbi ve hukuki kayıtlarının olmaması ve ilgili yerlerin haberdar olmaması nedeniyle yanlış hukuki işlemler yapılabilmekte ve hasta ve/veya ikinci kişilerin hak ihlali söz konusu olabilmektedir,
- Yine aynı nedenlerle hastanın askere alınması veya silah ruhsatı alması gibi hasta ve toplum açısından risk oluşturabilecek işlemler yapılabilmektedir,
- Hastalar ve yakınları, sosyal hakları konusunda bilgilendirme ve bilinçlendirme eksikliği nedeni ile hak kaybına uğramaktadırlar,
- Vesayet altına alınan hastaların bir kısmında, vasilerinin ilgisizliği ve ihmali olabilmekte ancak bunun tespiti, takibi ve gerekli mercilere bildirimi yapılamamaktadır. (T.C. Sağlık Bakanlığı, 2011a, s. 23-24).

Hasta, hasta yakınları ve TRSM görevlileri Ulusal Ruh Sağlığı Eylem Planı'nda da bahsedilen hukuki sorunların yaşandığı hususunda mutabıktır. Ağır psikiyatrik bozukluğu olan ve vesayet altına alınan hastalar özellikle çevrelerindeki kişiler tarafından ihmal edilebilmekte, hak kaybına uğrayabilmekte ve bilgi eksikliği sebebiyle sahip olduğu haklardan faydalanamayabilmektedir (Çölgeçen, 2019, s. 38).

Biyolojik ve psikolojik iyilik hâli, sosyal iyilik hâlinin de sağlanması ile mümkün olabilmektedir. Bu açıdan psikiyatrik bozukluğu olan bireylere yönelik koruyucu, tedavi edici ve rehabilite edici ruh sağlığı hizmetleri verilirken hasta ve yakınlarının yaşadığı sosyal sorunlar gözönüne alınmalıdır.

BÖLÜM 11

KORUYUCU ALANDA PSİKİYATRİK SOSYAL ÇALIŞMACININ ROL VE SORUMLULUKLARI

Sosyal çalışmacı psikiyatri ortamlarında yer alması gereken önemli bir uzmanlık alanıdır. Hastalığın teşhisi öncesinden başlayarak, tedavi, takip ve rehabilitasyon çalışmalarına kadar her alanda sosyal çalışmacıların ortak ve farklı rol ve sorumlulukları bulunur. Psikiyatrik sağaltım sürecinin tüm aşamalarında hastaların bütüncül olarak ele alınması için rol ve sorumlulukların doğru değerlendirilmesi ve sosyal çalışmacıların iş birliği içine girdiği psikiyatri ekibine, müracaatçı ve çevresine bu rol ve sorumlulukların doğru ifade edilmesi gerekir. Psikiyatrik sosyal çalışmacıların rol ve sorumlulukları literatürde farklı sınıflandırmalarla ele alınmıştır.

Burada koruyucu ruh sağlığı hizmetleri alanında, tedavi edici ruh sağlığı hizmetleri alanında ve rehabilite edici ruh sağlığı hizmetleri alanında sosyal çalışmacıların rol ve sorumlulukları şeklinde bir sıralama tercih edilmiştir.

KORUYUCU RUH SAĞLIĞI ALANINDA SOSYAL ÇALIŞMACININ ROL VE SORUMLULUKLARI

Önlenmesi bir halk sağlığı önceliği olan psikiyatrik bozukluklar; toplumsal anlamda büyük bir psikolojik, sosyal ve ekonomik yük oluşturmakta aynı zamanda fiziksel hastalık riskini de arttırmaktadır. Bunların neden olduğu yükü azaltmak için tek sürdürülebilir yöntem ise oluşmasını önlemektir (WHO, 2004, s. 13). Koruyucu ruh sağlığı hizmetleri ile psikiyatrik hastalıkların başlamasını önlemek ya da geciktirmek, hastalığın süresini azaltmak ve hastalığa bağlı yeti yitimini azaltmak amaçlanmaktadır. Koruyucu ruh sağlığı hizmetlerinin temelinde, hastalığa ait risk faktörlerinin olduğu ve bunlara yönelik politikalar geliştirilmesi gerektiği düşüncesi yatmaktadır. Bu bağlamda koruyucu stratejiler genellikle risk faktörlerine karşı yönlendirilir, dolayısıyla en üst düzeyde etkili olmak için bozukluğun başlangıcından önce belirli dönemlerde uygulanması gerekir. Bununla birlikte, bozukluk geliştiğinde, hastalığın seyri boyunca koruyucu tedbirler alarak, şiddetini, seyrini, süresini ve ilişkili sakatlığı azaltmak hâlâ mümkündür (WHO, 2002, s. 7-8; Aksaray vd., 1999, s. 55).

Koruyucu hizmetlerin halk sağlığı sınıflandırması bulunmaktadır. Bunlar birincil koruma, ikincil koruma ve üçüncül korumadır.

Birincil Koruma hastalığın henüz oluşmadığı risk altındaki bireylerde hastalığın meydana gelmesini önlemek amacıyla gerçekleştirilen profesyonel aktiviteleri ifade eder. İnsidansın (belirli bir nüfusta belirli bir sürede ortaya çıkan yeni vakaların görülme hızı) azaltılması hedeflenmektedir. Amaç, sağlığı kişisel ve toplumsal çabalarla korumaktır ve genellikle halk sağlığı alanının görevidir. Birincil korumanın amaçları arasında; neden olan etkenlerin eliminasyonu, risk faktörlerinin ortadan kaldırılması ya da azaltılması, hastalığa direncin arttırılması ve hastalığın yayılmasına engel olunması yer alır. Fiziksel hastalıklarla ilgili örneğin bulaşıcı hastalıklarla ilgili birincil korunma, aşılama yoluyla hastalığın önlenmesi iken ruhsal sağlıkta, birincil korunma örnekleri, etiyolojik faktörlerin anlaşılmaması nedeniyle daha az sayıdadır. Bu nedenle, ruh sağlığında birincil korunma, olumsuz çocukluk deneyimleri gibi risk faktörlerinin azaltılmasına odaklanma eğilimindedir. Bunun yanında psikiyatrik hastalıklarda özellikle ağır ruhsal bozukluklarda birincil koruma çalışmalarının yapıldığı ve etkili olduğu örneklerde bulunmaktadır (Compton et al., 2010, s. 3; Aksaray vd., 1999, s. 56).

Örneğin, İngiltere'de, şizofreni hastalığının başlangıcından önce müdahale girişimlerini içeren yakın tarihli bir çalışmada ruh sağlığı ekibi şizofreninin premorbid semptomları hakkında aile hekimlerine eğitimler vermek amacıyla yakın bir şekilde çalışmıştır. Gençlerin bu belirtilerden bazılarına sahip oldukları tespit edildiğinde, genellikle kendi evlerinde psikoeğitim hizmeti verilmiştir. Bunun yanında ev tabanlı stres yönetimi, problem çözme stratejileri ve ilaç müdahaleleri de gerçekleştirilmiştir. Bu 4 yıllık pilot çalışmanın sonuçları, şizofreninin psikotik ataklarının ortaya çıkmasının belirgin şekilde azaldığını göstermiştir. Yine yapılan bazı çalışmalarda da şizofreninin erken evresini yaşayan bireyleri tanımlamanın ve takip etmenin mümkün olduğu gösterilmiştir (Corcoran and Walsh, 2006, s. 431).

Birincil koruma, aşağıdaki üç kategoride ele alınmaktadır (WHO, 2002, s. 8).

- Evrensel önleme: Genel halkı veya tüm nüfus grubunu hedefleyen koruma,
- Seçici önleme: Bir psikiyatrik bozukluk geliştirme riski, popülasyonun geri kalanına göre daha yüksek olan bireylerin veya alt grupların hedeflendiği koruma,
- Belirtilen önleme: Psikiyatrik bozukluk açısından yüksek risk altındaki kişileri hedefleyen koruma.

İkincil Koruma psikiyatrik hastalıkların belirtilerini yeni göstermeye başlamış ya da riskli davranışlar sergilemeye başlamış bireylere yönelik sorunun erken saptanması ve süreğenleşmeden tedavi edilmesine yönelik hizmetlerdir. Bu nedenle, ikincil koruma, erken teşhise odaklanan müdahaleleri ifade eder. Bir hastalık erken teşhis edilirse derhâl tedavi edilebilir ve ideal olarak çözülebilir. Erken teşhis ve müdahale, hastalık süresini azaltır, böylece herhangi bir zamanda hastalığı olan bireylerin sayısını azaltır. Tıbbi alanda ikincil korunma örnekleri arasında mamografi, kolonoskopi ve açık belirtiler gelişmeden önce kanserin en erken evrelerini tespit etmek için kullanılan diğer tarama önlemleri yer alırken psikiyatride ikincil korunma örneği, depresyon ya da intihar düşüncesinin belirtilerinin erken teşhisi ile kronik depresyonun önlenmesi ve intihar girişimlerinin ya da intiharların tamamlanmasının önlenmesidir (Compton et al., 2010: 5; https://www.psikolog.org.tr/).

Üçüncül Koruma hastalığın yol açtığı bozukluk ve yeti kaybı oranının azaltılmasına yönelik rehabilitasyon çalışmalarını kapsar. Üçüncül koruma özellikle psikiyatrik hastalıklar açısından oldukça önemli bir husustur. Genel olarak sağlık alanında üçüncül korumaya, fonksiyonel bozukluğu en aza indirmek için serebrovasküler bir kazanın ardından rehabilitasyon hizmeti sağlama bir örnektir. Psikiyatride ise üçüncül koruma, nüksetmeyi önlemeyi, psikiyatrik hastalığa eşlik eden başka bir hastalık geliştirme olasılığını azaltmayı ve psikososyal işlevin geliştirilmesine yönelik tedavileri sağlamayı içerir. Ağır ruhsal bozukluklar için gerçekleştirilen toplum temelli tedavi, sosyal beceri eğitimi, bireye ve aileye destek sağlama, sosyal destek gruplarının oluşturulması, toplum kaynaklarının harekete geçirilmesi ve istihdam sağlama gibi çalışmalar üçüncül korumaya örnektir (Compton et al., 2010: 5-6).

Çoğu psikiyatrik hastalık, ergenlik döneminde başlayarak ilk yetişkinlik döneminde ortaya çıkar. Bu dönemde toplumun hastalığa ilişkin olumsuz değer yargı ve tutumları, bireyin ve ailelerin damgalanma endişesi yaşamasına neden olabilir. Bu gibi etkenler erken dönemde psikiyatrik yardım almayı engeller ve hastalıkların kronikleşmesine ve olumsuz seyrine yol açar. Nitekim psikiyatri ekibi üyeleri, psikiyatrik hastalıkların geç farkedildiğinden ya da bireylerin ve ailelerinin psikiyatri hastalığı tanısını almak istemediği için profesyonellere geç başvurduklarından önleyici hizmetlerin gerçekleştirilemediğini ifade etmiştir (Çölgeçen, 2018, s. 97).

> *"...psikiyatrik hastalıklar biraz geç farkedilir. Yani kimse yakınının psikiyatri hastası olduğunu kabullenmek istemez sorun oldukça fazla geliştikten sonra artık içinden çıkılmaz hâl aldıktan sonra son çare olarak profesyonellere başvurulduğunu düşünüyorum ben o açıdan bu alan zor bir alan. Koruyucu önleyici hizmetler birçok tıp alanında var ama neden psikiyatride olmasın. Yani yalnızca ağır ruhsal bozukluklar açısından düşünmemek gerekir intihar örneğin önlenebilir. Tabi ağır ruhsal bozuklukların da çok ağırlaşmadan ilerlemeden sta-*

bil hâle getirilebildiğini ve birçok insanın sağlıklı insanlar gibi yaşayabildiğini de duyuyorum. Nasıl olacak bilmiyorum önemli bir konu. Yani koruyucu çalışmalar genellikle halk sağlığının alanına girer ya da birinci basamağın bu anlamda oralarda bu çalışmanın yapılması gerekir diye düşünüyorum. Yani bunun için bi ekip kurulabilir. Hekiminden hemşiresinden psikoloğundan sosyal hizmet uzmanına kadar. Böyle olabilir yani." (Hemşire)

İkincil koruma psikiyatrik hastalıkların belirtilerini yeni göstermeye başlamış ya da riskli davranışlar sergilemeye başlamış olan dönemde bireylere yönelik sorunun erken saptanması ve süreğenleşmeden tedavi edilmesine yönelik hizmetlerdir. Bu aşamada toplumun hastalığa ilişkin olumsuz değer yargı ve tutumları ve psikiyatrik hastalık konusundaki bilgisizlik ya hasta ve hasta yakınlarının sağlık profesyonellerine geç başvurmasına ya da öncelikle tıbbi tedavi dışındaki yöntemlere (üfürükçü hocalar, türbe, yatır, muska, bitkisel tıp, kurşun dökme vb.) başvurmasına neden olabilmektedir. Bu gibi etkenler erken dönemde psikiyatrik yardım almayı engeller ve hastalıkların kronikleşmesine ve olumsuz seyrine yol açabilir.

"Ben aslında çocukluğundan itibaren bazı şeylerin aksak gittiğini yani hastalık olduğunu... hep annemlere söylüyordum ama annemler bunu hiçbir zaman kabul etmediler yani hep reddedildi bunda toplumun bu hastalığa bakış açısı da etkili tabi... ben gene birkaç kere defalarca aynı şeyi dile getirdim fakat ben ailemden aynı cevabı alınca taktir edersiniz ki ben de belli bir yaşa gelmiş belli bir eğitim almış insanım ağırıma gitti ve ben sustum en son tabii askerdeyken patlak verdi zoru görünce aileden uzak daha sonrasında seyri değişti işin yani... Tabi Doktor Bey de dedi onu çok geç kalınmış yani belki o ilk sıralarda, ortaokulda, ilkokulda belki çocukluğunda bir psikiyatrist, bir psikolog eşliğinde göz önüne alınsaydı takip edilseydi belki daha hafif atlatıp hayatını daha güzel kaliteli yaşayabilirdi." (Hasta yakını)

"İlk önce ailem farketti, ondan sonra yani başka metotlara başvurdular yani dua şey hoca gibi anlamadılar hastalığın belirtilerini. Ondan sonra psikiyatrik bir rahatsızlıkmış, ruh sağlığında tedavi gördüm

2002 yılında travma geçirmiştim. Çok büyük bir travma. 2003 yılından beri bipolar hastasıyım." (Hasta)

Sosyal çalışmacılar, koruyucu ruh sağlığı hizmetlerinde ekip çalışması içerisinde rol alır. Sosyal çalışmacıların koruyucu ruh sağlığı alanında rolleri; eğitim sağlama, erken çocukluk dönemine ait çalışmalar gerçekleştirme, okul sosyal hizmeti, stresli ortamları düzenleme, bireylerin baş etme becerilerini geliştirme, sağlığı korumanın teşviki ve muhafazası, temel ihtiyaçlar için yeterli standartlara ulaştırma ve bilinen risklere (intihar, bağımlılık vb.) karşı özel korumayı sağlama; toplumun sağlıklı ilişkiler kurması için destekleme, sosyal haklarını koruma, sosyal adalet için savunuculuk, ruhsal sorunların ortaya çıkmasına neden olabilecek hane içi şiddet, cinsel istismar, zorunlu göç, madde kullanımı gibi toplumsal risklere karşı stratejiler geliştirme, vaka yönetimi, ruhsal risk taraması ve araştırma, sosyal içerme ve krize müdahale vb. çalışmalardır (AASW, 2015, s. 4-5; http://www.casw-acts. ca/).

Toplum Sağlığı Merkezlerinin Kurulması ve Çalıştırılmasına Dair Yönerge (2011)'ye göre, Türkiye'de koruyucu sağlık hizmetleri toplum sağlığı merkezlerinde görev yapan sosyal çalışmacıların sorumluluğundadır. Yönergeye göre sosyal çalışmacıların görevleri:

- Hizmet götürülecek bölge ve toplumu tanımak,
- Bölgenin sağlık ölçütlerini değerlendirerek sorunları ve öncelikleri saptamak,
- Toplumda sağlık sorunu yaratan çevresel, sosyal, kültürel, demografik ve ekonomik koşulları saptamak,
- Toplumda saptanan sorunların çözümlenmesine katkıda bulunacak kaynakları araştırmak,
- Harekete geçirici, verimliliğini arttırıcı ve yeni kaynak oluşumunu sağlayıcı çalışmalar yapmak,
- Afet sonrası dönemde sosyal hizmet işlerini yürütmek,
- Okul yönetimleri ile iş birliği yaparak desteklemek ve toplum kalkınması hizmetlerinde görev almak gibi görevlerle

ifade edilmiştir (T.C. Sağlık Bakanlığı Temel Sağlık Hizmetleri Genel Müd., 2011).

Psikiyatrik hastalıkların saptanması için risk gruplarının belirlenmesi oldukça önemlidir. Bu anlamda ruhsal risk taraması ve araştırması toplum sağlığı merkezlerinde görev yapan sosyal çalışmacıların sorumluluğuna verilmiştir.

Koruyucu ruh sağlığı hizmetleri Türkiye'de Ulusal ruh sağlığı eylem planı (2011)'nda da değerlendirilmiş ve damgalama ve ayrımcılıkla mücadele, çocuğun psikososyal gelişimini destekleme programı, kadına yönelik aile içi şiddet ve sağlık sonuçlarını erken tanılama, intiharı erken tanıma gibi riskli gruplara yönelik yürütülmekte olan koruyucu ruh sağlığı programlarının aile hekimliği sistemine entegre edilmesi gerekmektedir ifadesi kullanılmıştır. T.C. Sağlık Bakanlığından elde edilen bilgiye göre Ulusal Ruh Sağlığı Eylem Planında yer alan 4.3 nolu riskli gruplara yönelik belirlenen koruyucu hizmetler şunlardır (https://www.cimer.gov.tr/);

1. *Çocuğun Psikososyal Gelişimini Destekleme Programı:* 2005'te başlanan program 2010 yılında Aile Hekimliği sistemine geçilmesi ile 81 il Aile Hekimliği sisteminde yürütülmektedir. Bu program ile aile hekimleri aracılığıyla anne, baba, gebe ve bebek psikososyal izleme düzenli olarak yapılmaktadır.

2. *Kadına Yönelik Aile içi Şiddeti Önleme ve Rehabilitasyon Hizmetleri* kapsamında 2008'de başlatılan ve hâlâ devam eden program ile Aile Hekimliği sisteminde şiddeti önlemek amacıyla risk değerlendirme ve güvenlik planı oluşturma, adli süreci başlatma ve psikososyal destek sistemlerini yönlendirmeyi içeren bir dizi hizmet sağlanmaktadır.

3. Güncel psikiyatrik yaklaşımlar baz alınarak yaygın görülen psikiyatrik bozuklukların tanısı, yönetimi ve psikososyal destek hizmetleri *Birinci Basamakta Ruh Sağlığı Hizmetlerini Güçlendirme Programı* kapsamında aile hekimliği sisteminde 2017 yılı itibariyle sunulmaya başlanmıştır. Program içerisinde İntiharı Önleme,

Depresyon, Psikoz, Demans, Çocuk ve Ergenlerde Ruhsal ve Davranışsal Bozukluklar, Diğer Önemli Ruh Sağlığı Bozuklukları, Anksiyete Bozukluğu vb. konularda aile hekimliğinin farkındalığının ve hizmet kalitesinin arttırılması hedeflenmiştir. Şu an 17 ilde başlatılmış olup 81 ile yaygınlaştırılması planlanmaktadır.

Sonuç olarak koruyucu ruh sağlığı alanında birincil koruma, ikincil koruma ve üçüncül koruma alanları göz önünde bulundurularak bir psikiyatri ekibi kurulmalı ve korumanın yalnızca hastalık gerçekleşmeden önlemeyi kapsadığı yargısının yanlış olduğu unutulmamalıdır. Koruyucu ruh sağlığı hizmetleri yalnızca toplum sağlığı merkezlerinde görev yapan sağlık ekibinin sorumluluğu değildir. Aynı zamanda ikincil koruma açısından birinci ve ikinci basamak sağlık kurumlarında görev yapan sağlık ekibinin ve üçüncül koruma açısından ise toplum ruh sağlığı merkezlerinde görev yapan psikiyatri ekibinin sorumlulukları arasında yer alır. Bu bakımdan her bir alana özgü ayrı bir psikiyatri ekibi oluşturarak bu alan için ayrı ayrı hedefler konulmalı ve multidisipliner ekibin her bir üyesinin sorumlulukları belirlenmelidir.

BÖLÜM 12

TEDAVİ EDİCİ ALANDA PSİKİYATRİK SOSYAL ÇALIŞMACININ ROL VE SORUMLULUKLARI

Tedavi edici ruh sağlığı hizmetleri poliklinik ve klinik hizmetleri şeklindedir. Tedavi edici hizmetler ekip çalışması içerisinde gerçekleştirilir. Hastanın poliklinikte karşılanması, yatışı planlanan veya yatışa direnci olan hastanın kliniğe uyumunun sağlanması, klinikte tedavi edilen hastanın taburculuk sonrası kendi yaşantısına dönmesi konusunda çalışmaların yapılması, hastanın toplumsal yaşantısının, toplumsal değerlerinin ve beklentilerinin bilinmesi ve sosyal çevresiyle temasa geçilmesi tedavi edici hizmetler esnasında gerçekleştirilmesi gereken hizmetlerdir (MEB, 2012, s. 13). (NASW) sosyal çalışmacıların ruh sağlığı kliniklerinde ve ayakta tedavi merkezlerinde gerçekleştirdiği rolleri (NASW, 2011, s. 1):

- Müracaatçılara yönelik uygun hizmetlerin belirlenmesi,
- Biyopsikososyal değerlendirme yapmak ve sosyal hikâyelerini almak,
- Madde kullanan müracaatçıları, destek sistemleri, fiziksel ve duygusal işlevsellik, finansal yeterlik, güvenlik, intihar ve cinayet düşüncesi vb. açısından değerlendirmek,
- Müracaatçının kendi kaderini tayin hakkı göz önünde bulundurularak, uygun tedavi ve rehabilitasyon planlarının uygulanması ve geliştirilmesi,

- Bazı özel ruh sağlığı sorunları için birey, aile ve grup terapilerinin doğrudan tedavi servislerinde sağlanması,
- Güvenliğe yönelik değerlendirme dâhil olmak üzere kriz yönetimi sağlamak,
- Müracaatçıyı savunuculuk,
- Vaka yönetimi hizmetleri, toplum kaynaklarının harekete geçirilmesi, diğer profesyonellerle iş birliği sağlama ve bununla sınırlı kalmayan görevler,
- Ruh sağlığı hizmetlerinin daha geniş bir topluluğa tanıtılması,
- Program fonu sağlamak veya toplamak için bütçe yazılımı ve değerlendirmesine katılmak,
- Etik sorunları belirleme ve çözme,
- Personeli yönetmek, eğitim vermek ve denetlemek,
- Multidisipliner tedavi ekibinin bir parçası olmak ve bununla sınırlı kalmayan görevleri de içeren rollerdir.

Bir başka çalışmada, sosyal çalışmacının görevleri ruh sağlığı ortamlarında tedavi faaliyetlerine katılmak, akut psikiyatrik belirtiler, duygusal travma, ilişki sorunları, stres, sıkıntı ya da kriz yaşayan bireyler üzerine odaklanmak ve değerlendirmek, risk yönetimi, bireysel, çift, aile ve grup danışmanlığı gerçekleştirmek, müdahale ya da tedavi ve savunuculuk gibi faaliyetleri içerir. Sosyal hizmet, tüm müdahalelerin temeli olarak ilişkiyi kullanır (https://www. casw-acts. ca/).

Türkiye'de, 2011'de hastanelerin bütün birimlerinde görev yapabilecek olan sosyal çalışmacıların yanında psikiyatrik sosyal çalışmacıların uygulamalarını da kapsayan "Tıbbi Sosyal Hizmet Uygulama Yönergesi" yayınlanmıştır. Buna göre sosyal çalışmacı; hastaneye başvuran hastaların psiko/sosyal ve ekonomik sorunlarını tespit eden, sorunlarıyla ilgili sosyal hizmet müdahalesini planlayan/uygulayan, üniversitelerin dört yıllık sosyal hizmet bölümünden mezun sağlık personelidir. Madde 12'de görev ve sorumlulukları ele alınmıştır. Sosyal çalışmacıların görev ve sorumlulukları şunlardır (T.C. Sağlık Bakanlığı, 2011c, s. 4-5):

a) Mesleki çalışmalarını ilgili mevzuata uygun olarak yürütür.

b) Hastaneden hizmet alan,

1. Kimsesiz, terk ve bakıma muhtaç hastalar,

2. Engelli hastalar,

3. Sağlık güvencesiz hastalar,

4. Yoksul hastalar,

5. Aile içi şiddet mağduru hastalar,

6. İhmal ve istismara uğramış çocuk hastalar,

7. Mülteci ve sığınmacı hastalar,

8. İnsan ticareti mağduru hastalar,

9. Yaşlı, dul ve yetim hastalar,

10. Kronik hastalar,

11. Ruh sağlığı bozulmuş hastalar,

12. Alkol ve madde bağımlısı hastalar,

13. Yabancı uyruklu olup tedaviden yararlanamayan hastalar,

14. İl dışından gelen hastalar

öncelikli olmak üzere tıbbi sosyal hizmete ihtiyaç duyan hastalar için sosyal hizmet müdahalesini planlar ve uygular.

c) Hastalığa ve tedavi sürecine uyumda zorlanan hastaların uyumunu sağlamak için gerekli sosyal hizmet müdahalesini gerçekleştirir;

d) Hastanede yatarak tedavisi tamamlandığı hâlde ikametine gidemeyecek derecede düşkün ve kimsesi bulunmayan veya aileleri tarafından alınmayan hastaların ikametine nakillerini koordine eder. Bu kapsamda mahalli idarelerle koordinasyonu sağlar.

e) Afetlerde, gerekli sosyal hizmet müdahalesini planlar ve uygular.

f) Tıbbi sosyal hizmetle ilgili konularda hastane personeline, hasta ve hasta yakınlarına yönelik eğitimler yapar.

g) Mesleği ile ilgili kongre, sempozyum, eğitim vb. toplantılara katılır, mesleki projeler planlar ve uygular.

h) Rapor ve kayıtları gizlilik ilkesine uygun olarak tutar.

i) Çalışmalarından birim sorumlusuna karşı sorumludur.

j) Tek sosyal çalışmacı olması hâlinde birim sorumlusunun görevlerini yerine getirir.

k) Birim sorumlusunca verilen diğer görevleri yerine getirir.

Görüleceği üzere hastaların tedavi sürecinde psikiyatrik sosyal çalışmacıların görevleri hastanın hastaneye yatışı öncesinden başlayıp taburculuk aşamasına kadar devam eder. Bazı çalışmalarda taburculuk sonrası izleme etkinlikleri de görevlere dâhil edilmiştir ancak günümüzde toplum temelli ruh sağlığı hizmetlerine geçişle birlikte bu görev TRSM'lere teslim edilmiştir.

Psikiyatrik sosyal çalışmacının tedavi edici ruh sağlığı alanındaki rolleri şöyledir (Çölgeçen, 2018):

1. Sosyal inceleme,
2. Birey ve ailesi ile çalışma,
3. Birey ve gruplara yönelik savunuculuk,
4. Vaka yöneticisi,
5. Ruh sağlığı bakımında sosyal modeli teşvik edici,
6. Psikoeğitim ve danışmanlık,
7. Taburculuk planlamasıdır.

Bu görevlerin her biri alt başlıklar hâlinde değerlendirilmiştir.

Sosyal İnceleme Raporu

Sosyal çalışmacılar tarafından hazırlanan bir çeşit mesleki rapordur ve her alanda sosyal hizmetin temelini oluşturmaktadır. Müracaatçıların geçmişleri, yaşadığı sorunlar, potansiyel nedenleri ve şu anki psikososyal işlevselliklerini betimleyen sosyal çalışmacıların oluşturduğu özet niteliğinde raporlardır. İyi hazırlanmış bir sosyal inceleme raporu, psikiyatri ekibinin hastayı ayrıntılı olarak tanımasında ve müdahale planı oluşturup uygulamasında oldukça önemlidir. Sosyal inceleme raporu, kısa ve öz olmalıdır, nesnel olmalıdır, müracaatçının güçlü yönlerine vurgu yapmalıdır ve bilgiye kolay ulaşılması açısından iyi düzenlenmelidir. Hazırlanırken hastadan, ailesinden ve sosyal çevresinden de bilgiler elde edilir (Sheafor and Horejsi, 2012, s. 278-279; Hasgül, 2017, s. 364; Koşar, 1987, s. 35). Tıbbi Sosyal Hizmet Uygulama Yönergesi

(2011)'nde sosyal inceleme raporu formu düzenlenmiştir. Buna göre, raporda şu bölümler bulunmaktadır (T.C. Sağlık Bakanlığı, 2011c):

1. Hastanın kimlik bilgileri,
2. Bilgi kaynakları (görüşme yapılan yer ve kişiler),
3. Sorunun tanımı,
4. Hastanın sağlık ve fiziksel durumu,
5. Hastanın psikososyal ve ailevi durumu,
6. Hastanın barınma ve ekonomik durumu,
7. Değerlendirme,
8. Sonuç ve öneriler.

Bütün uygulama alanlarında olduğu gibi psikiyatri alanında da yapılan sosyal inceleme ve değerlendirme hastanın bütüncül olarak ele alınmasına, psikiyatri ekibiyle elde edilen bilgiler paylaşılarak tedavi aşamasında sürecin doğru bir şekilde işlemesine ve böylelikle hastanın yararına en etkili tedavi planının geliştirilmesine ve en uygun kararlar alınmasına imkân sağlar. Nitekim kimi psikiyatri ekibi üyeleri sosyal çalışmacıları sosyal inceleme raporu hazırlayan uzmanlık alanı olarak görmektedir. Sosyal incelemede hekimin talebi doğrutusunda gerçekleştirilmektedir. Ki bu konuda bir kargaşa yaşandığı da araştırmalara yansımıştır (Çölgeçen, 2018, s. 110-112).

Bir hemşire yalnızca hekim talebiyle bazı hastalara sosyal inceleme raporu hazırlanmasını eleştirmiş, olması gerekenin ise yatan bütün hastalara yönelik sosyal inceleme raporu hazırlamak olduğunu "*Olması gerekense eğer bi kere her hastayı görmeliler inceleme raporu yazmalılar. Aile incelemesi yapmalılar, sorunları tespit etmeliler ve ona yönelik hizmet oluşturmalılar.*" cümleleriyle ifade etmiştir. Çalışmada görüşülen psikiyatri ekibi üyelerinin çoğunluğu bu görüştedir. Tıbbi Sosyal Hizmet Uygulama Yönergesi'ne göre "tıbbi tedavi sürecinde sosyal hizmete ihtiyaç duyan hastalar, hastanın hekimi tarafından Sosyal Hizmet Birimi Konsültasyon Formu doldurularak sosyal hizmet birimine havale edilir" ibaresi yer almaktadır. Bu ifadeden sosyal çalışmacıların hekimlerin sevk ettikleri hastalara yönelik bir müdahale gerçekleştirmesi gerektiği anlamı ortaya çıkmaktadır (Çölgeçen, 2018, s. 110-112).

Sosyal hizmet tarihinde ilk kez Richmond, müracaatçıların sorunlarına doğru "teşhis" koyabilmek için kapsamlı psikososyal incelemeler gerçekleştirmiştir. Bu anlamda sosyal inceleme bireylerin sosyal sorunlarının tespit ve teşhis edildiği bir çalışma olarak değerlendirilebilir. Sosyal çalışmacının mesleki eğitimi ve mesleki değerleri, "teşhis", "değerlendirme" ve "iyileştirme planları geliştirme" ve bunları uygulamasını sağlayan bilgi, beceri ve değer temelini elde etmesini sağlar (Uluğtekin, 2004, s. 89; Artan, 2016, s. 2-3). Ancak uygulamada hastaların sosyal sorunlarının sosyal çalışmacılar tarafından "teşhis" edilmediği aksine klinikte görev yapan hemşireler ya da hekimler tarafından sosyal sorunların belirlenip sosyal çalışmacıya yönlendirildiği görülmektedir. Bu durumun da temel dayanağı Tıbbi Sosyal Hizmet Uygulama Yönergesi'dir ki hastanın hekimi tarafından sosyal hizmet birimine havale edilmesi gerektiği belirtilmiştir. Bu durum hastaların sosyal hizmet müdahalesi gerektiren sosyal sorunlarını hekimlerin teşhis etmesi gerektiği sonucunu ortaya çıkarmaktadır. Oysa bazı psikiyatri hekimleri her hastayı ilk önce sosyal çalışmacının görmesi ve bir sosyal inceleme raporu hazırlaması bu rapor eşliğinde hekime ya da servise gönderilmesi gerektiğini düşünmektedir. Bu bütün hastalara sosyal inceleme yapılması ve hastaların sosyal sorunlarının teşhisi açısından oldukça önemli bir öneridir (Çölgeçen, 2018, s. 110-112).

Birey ve Ailesi ile Çalışma

Bireyle çalışma, kişilere, birebir temelde, kişisel ve sosyal sorunları çözmek için yardımcı olmayı amaçlamayan çalışmalardır. Bireylerin problem çözme ve baş etme kapasitelerini geliştirmeyi ve ihtiyaç duyduğu kaynak, hizmet ve sistemlerle bir araya getirmeyi hedefleyen; psikiyatrik hastalıkla ilgili psikolojik, duygusal ve sosyal çevreden kaynaklanan baskıların üstesinden gelinmesi;

sağaltım planına uyum sağlanması; ilaçların düzenli kullanılması; eğitim ve istihdam ile alakalı sorunların çözümlenmesi; aile ilişkilerinin düzenlenmesi; toplumla bütünleşmenin sağlanması gibi konularda hasta ve aile üyeleriyle yapılan bireysel çalışma uygulamalarıdır.

Aileyle çalışma ise herhangi bir üyesinde meydana gelen psikiyatrik bozukluk nedeniyle diğer bütün aile üyelerinin bu hastalıktan etkilenmesi sonucunda gerçekleştirilen çalışmalardır. Aile etkileşim içerisinde olan ve birbirine bağlı üyelerden oluşmaktadır. Herhangi bir bireyin karşılaştığı sorunlar genellikle bir aile içindeki dinamiklerden etkilenir ya da etkiler. Aile ile çalışmanın bir diğer gerekçesi ise tüm üyelerin katılımının genellikle psikiyatrik bozukluğu olan bireyin tedavi süreci için gerekli olmasıdır. Çünkü genellikle bu bireyler ailelerinin yanında yaşamakta ve bakım veren kişi aile üyelerinden birisi olmaktadır. Aileyle çalışma da bireyle çalışma gibi aynı hedeflere sahiptir. Ailenin problem çözme ve baş etme kapasitelerini geliştirmek temel amaçlardan bir tanesidir. Ailelere hem bireysel görüşmelerle hem de grup çalışması ile hastalık hakkında bilgi vermek, danışmanlık yapmak sosyal çalışmacının aile ile çalışma da en önemli rolüdür. Bireyle ve aile ile çalışma, planlı, yapılandırılmış ve düzenli seanslarla gerçekleştirilir (Zastrow, 2000, s. 76-77; Oral ve Tuncay, 2012, s. 107; Özden, 2017, s. 130).

Psikiyatri ekibi üyelerine göre de hastalarının yaşadıkları sosyal sorunları izolede sosyal çalışmacı müdahelesi gerekmektedir. Hasta ve ailelerinin yaşadıkları sosyal problemler, damgalama, sosyal izolasyon, uyum sorunu, istismara açık olma, haklarından haberdar olmama, medikal tedavilerini düzenli devam ettirememe ve hasta ve ailelerin yeterince bilinçli olmamalarıdır. Bu noktada sosyal çalışmacıların gerçekleştirmesi gereken rolleri ise *eğitim verme, destek olma, ihtiyacı olan hastaları bakım merkezine yönlendirme, ekonomik destek sağlama, hastaların çevrelerinin düzenlenmesi ve hakları konusunda bilinçlendirmek* olarak sıralanmıştır (Çölgeçen, 2018, s. 113-116).

Psikiyatrik hastalığa sahip aile ferdinin bulunması aileler için oldukça fazla psikolojik, sosyal ve ekonomik yük oluşturmaktadır.

Bu açıdan hem hastaların tedavisinde sosyal sağaltım gerçekleştirmek hem de aile içi ilişkilerin sağlıklı sürdürülmesi için aile bireyleri ile çalışmak oldukça önemlidir.

Toplum temelli ruh sağlığı sistemi hastaların ailelerinin yanında ve sosyal çevresinden kopmadan tedavilerinin gerçekleştirilmesini hedefleyen bir hizmet modelidir. Bu durum ailelere daha fazla sosyal, psikolojik ve ekonomik yük oluşturabilir. Eğer ailelere yeterli sosyal destek sağlanmazsa aileler sosyal çevrelerinden kopmakta, yanlızlaşmakta, mesleki işlevsizlik yaşamakta ve dolayısıyla fiziksel, ruhsal ve sosyal iyilik hâlleri bozulabilmektedir. Bu açıdan bakım vericilerin bakımı sürdürmek konusunda yalnız ve desteksiz kalmasını önlemek özellikle TRSM'de istihdam edilen sosyal çalışmacıların önemli rollerinden biridir.

Birey ve Gruplara Yönelik Savunuculuk

Savunuculuk, bireyler, gruplar ya da topluluk adına sosyal adaleti sağlamak için gerçekleştirilen temsil etme, savunma, müdahil olma, destekleme gibi eylemlerdir. Sosyal çalışmacılar, dezavantajlı grup üyelerinin insan hakları ve sosyal adalet ilkeleri çerçevesi içinde savunuculuğunu yapar. Hastalığın olumsuz etkisini minimum düzeye indirebilmek için hukuki ve kurumsal düzenlemelerin hastaların ve ailelerinin lehlerine işletilmesi konusunda savunuculuk rolünü üstlenirler. Bu noktada savunulan birey ve grup ile hareket etmek çok önemlidir. Bunda sosyal çalışmacıların anahtar rolü, bütün insanların ihtiyaç duydukları bilgi, hizmet ve kaynaklara açık erişimleri ve karar verme sürecine katılımları için eşit fırsatların sağlanmasıdır (Uçan vd., 2015, s. 91-96; Sheafor and Horejsi, 2012, s. 75-76; Keçeci, 2017, s. 199).

Sosyal çalışmacıların bu rolü gerçekleştirirken müracaatçıların ihtiyaç duyduğu hizmeti sağlamak için yalnız kendi kurumunda değil diğer kurumlarda da -sosyal aksiyon- da dâhil harekete geçmesi gerekebilir. Psikiyatrik hastalığı olan bireylere yönelik savunuculuk görevi hususunda öncelikle/esasen bu hastaların sahip olduğu haklardan haberdar olması gerekmektedir. Ülkemizde psikiyatrik bozukluğu olan bireylerin büyük bir bölümü uzman yardımı almamakta ki bu da hastaların ve ailelerinin haklarından habersiz ve savunmasız yaşadığını göstermektedir (Brown et al., 2015, s. 46; Uluğtekin, 2004, s. 94). 2018 yılında gerçekleştirilen alan araştırmasında, psikiyatri ekibi üyeleri, en çok savunuculuk konusunda sosyal çalışmacıya ihtiyaç duyduklarının altını çizmişlerdir. Psikiyatrik hastalığı olan bireylerin maddi ve manevi açıdan savunmasız olduğunu ifade eden bir hemşire "*İşte (sosyal çalışmacılar) savunmalılar hastaları, hastalarımız maddi olarak manevi olarak savunmasızlar. Aileleri bile bırakıp gidiyor, e o zaman ne olacak? Belki bi maaş bağlanırsa yani o zaman ailesi biraz olsun saygı duyabilir.*" cümlesiyle sosyal çalışmacıların savunuculuk rolleri sayesinde psikiyatrik bozukluğu olan bireylerin toplumda bir yer bulabileceğini belirtmiştir (Çölgeçen, 2018, s. 117).

Vaka Yöneticisi

Vaka yönetimi, genel bir tanım olarak bireylerin sağlık bakım gereksinimlerini karşılamak için sağlığın değerlendirildiği, gereken aktivitelerin planlandığı, uygulandığı ve izlendiği multidisipliner bir sistemdir. Vaka yönetimi ile düşük maliyetle kaliteli bir sağlık bakım hizmeti sunmak hedeflenmektedir. Profesyonel bir sağlık bakımı verme modeli olan vaka yönetiminde, bütüncül ve sürekli bir bakım sağlanması, bireyin öz bakım gücünün yükseltilmesi, ekip iş birliği, hastaların hastanede yatış süresinin kısaltılması ve sağlık hizmetlerini sunanlar ile alanların memnuniyetinin artırılması önemli olan noktalardır. Vaka yöneticisi psikiyatri ekip üyeleri arasından belirlenmektedir. Vaka yöneticisi olarak sosyal çalışmacının görevleri (Daş, 1999, s. 12; Sheafor and Horejsi, 2012, s. 80-81):

- İhtiyaç duyulan hizmet türünü tanımlama,
- Kaliteli yaşamın önündeki engelleri araştırma,
- Potansiyel yardımlara ulaşması için müracaatçılara savunuculuk yapma,
- Bazı hizmetleri hasta ve yakınlarına doğrudan sağlama,

- Planlanan hizmetin amaca ulaşıp ulaşmadığını gözlemleme

ve

- Oluşabilecek sorunların çözümüne yardımcı olmadır.

Vaka yönetiminde izlenecek süreç ise müracaatçının belirlenmesi; bütüncül ve tam bir değerlendirme/tanılama; ulaşılacak sonuçları belirleme; planı hasta ve bakım verecek personelle görüşme; planı uygulama ve izleme, sonuçları analiz etme, planı değerlendirme ve gerekli düzenlemeleri yapma olarak sıralanmaktadır (Daş, 1999, s. 12; Sheafor and Horejsi, 2012, s. 80-81). Ancak ülkemizdeki uygulamada tedavi kurumlarında psikiyatri ekibi üyelerinin çoğunluğu vaka yöneticisi olarak çoğunlukla hekimleri/hemşireleri görmektedir (Çölgeçen, 2018). Ancak özellikle sosyal sağaltımın ön plana çıktığı toplum ruh sağlığı sistemi sosyal çalışmacıların daha fazla aktif olduğu bir hizmet modeli olduğu için bu alanda vaka yöneticiliğinin sosyal çalışmacıların gerçekleştirmesi gereken rollerden biri olduğu da aşikârdır.

Ruh Sağlığı Bakımında Sosyal Modeli Teşvik Edici

Ruh sağlığı alanı uygulamalarına sosyal hizmetin temel yaklaşımı medikal değil sosyal modele dayanmaktadır. Sosyal model, sosyal hizmetin genel bütüncül yaklaşımıyla iyi uyuşmakta ve ruhsal sağlık alanında sosyal hizmetin temel mantığını da oluşturmaktadır. Sosyal model, tıbbi model gibi tanıya ve tıbbi tedavi yöntemine odaklanmak yerine sosyal sonuçlara ve bireylerin yaşam kalitesine odaklanır. Ancak günümüzde hâlen tıbbi kurumlarda hastaların sosyal boyutlarının göz ardı edildiği ve medikal tedavinin ön plana çıktığı gözlemlenmektedir. Nitekim sosyal çalışmacıların tıbbi kurumlarda hâlen yeterince tanınmaması ve ekip üyesi olarak görülmemeleri bunu kanıtıdır. Gerçekleştirilen çalışmada da Psikolog bu durumu net olarak ifade etmiştir. "*Bu hastane de medikal odaklı yaklaşımın olduğunu düşünüyorum.*" Bu noktada katılımcı psikiyatri ekibi üyelerinden özellikle hastaların alevlenme dönemlerini yatıştırmak açısından medikal model ağırlıklı olarak hizmet verdiklerini ifade eden hekimler, sosyal çalışmacının psikiyatri tedavi kliniğinde sosyal modeli teşvik edici rolünün olmasını istemektedirler (Çölgeçen, 2018, s. 121-122).

Ruh sağlığı alanında görev yapan sosyal çalışmacılar, hastalıkların sosyal sorunlarına odaklanarak ve bu sorunların etkilediği ve etkilendiği fiziksel ve psikolojik sağlık sorunlarını da değerlendirerek psikiyatri ekibi ile paylaşmalıdır. Bütüncül iyilik hâli yalnızca medikal tedavi ile sağlanamaz. Kronik hastalıkla birlikte hayatı yüksek bir iyilik hâli ile sürdürmeye çalışmak ve yaşam kalitesini yükseltmek biyolojik sağaltımın yanında sosyal ve psikolojik sağaltım ile gerçekleşebilir. Bu durumu üç ayaklı bir sacayağına benzetebiliriz. Ayaklardan biri zarar gördüğünde diğerleri de ayakta kalmayı sağlamayacaktır. Bu noktada sosyal çalışmacılara tıp profesyonellerinin sosyal sağlığın önemini kavrayabilmesi için büyük görevler düşmektedir.

Psikoeğitim ve Danışmanlık

Psikoeğitim, psikiyatrik hastalığın belirtileri, tedavisi ve gidişatı ile ilgili bir psikiyatrik bozukluğu olan bir kişinin ve ailesinin eğitimini ve bilgilendirici danışmanlık verilmesini ifade etmektedir. Psikoeğitim sağlamak tedavi aşamasında ve rehabilitasyon aşamasında sosyal çalışmacının görevleri arasındadır. Hasta ve ailesi için hedeflenen amaçları;

- Bakımveren yükünü ve stresi azaltmak,
- Hastalığın tekrarlamasını önlemek,
- Hastaneye yatışları azaltmak,
- Yaşam kalitesini arttırmak,
- Hasta ve ailenin başa çıkma becerilerini geliştirmek,
- İletişim ve problem çözme yeteneklerini güçlendirmek,
- Davranış değişiklikleri oluşturmak,
- Emosyonel destek sağlamak,
- Hastalığın belirtilerini öğretmek,

- İlaç eğitimleri vermek ve
- Tedaviye uyumu sağlamak gibi hedefleri bulunmaktadır.

Psikoeğitim grup psikoeğitimi ya da bireysel psikoeğitim olarak uygulanabilmektedir. Grup psikoeğitimi, aynı hastalığa sahip bireyler arasında etkileşim sağlanabilmesi, maliyetinin daha düşük olması ve aynı zaman içerisinde daha çok hastaya verilebilmesi gibi avantajlara sahiptir. Bireysel psikoeğitim ise daha fazla zaman ve maliyet gerektirmesine karşın, hastaya ya da aile bireyine ayrılan zamanın daha fazla olması, verilen eğitimin her bireye özel olması ve eğitim saatlerinin bireyle birlikte planlanabilmesi, oturumların hastaların ve aile bireylerinin kendilerini daha rahat ifade etmelerine olanak sağlaması ve eğitimden ayrılan hasta sayısının az olması gibi avantajlara sahiptir (Srivastava and Panday, 2016, s. 123-124; Zhao et al., 2015; Yurtsever vd., 2001, s. 34; Gümüş vd., 2016, s. 142; Oral ve Tuncay, 2012, s. 106).

Danışmanlık ise sosyal çalışmacıların, hastanın tıbbi, ekonomik, sosyal, hukuki sorunları ile ilgili ihtiyacı olan bilgiler konusunda doğru bilgilendirme ve yönlendirme yapmasıdır. Uygulamada psikoeğitim ve danışmanlık hizmetlerinin aksadığı görülmektedir (Çölgeçen, 2018, s. 122-124).

Taburculuk Planlaması

Taburculuk planlaması, psikiyatrik rahatsızlığı olan bireyin tedavisinin gerçekleştirilmesi ve artık hastanede bulunmasına gerek kalmadığı süreçte sosyal çalışmacılar tarafından gerçekleştirilen görevleri kapsamaktadır. Bu görevler (Zengin, 2011, s. 31-33; Duyan, 2003, s. 40):

- Taburculuk işlemlerinde hastaya ve ailesine yardımcı olmak,
- Hastayı ve ailesini taburculuk sonrası yaşamlarına hazırlamak ve uyumlarını kolaylaştırmak,
- Hastanın gideceği sosyal ortamının düzenlenmesi,

- Hastanın taburculuk sonrası gideceği yerin olmaması ya da ileri derecede bakım gerektiren durumda olması hâlinde kurum bakımı hizmetine yönlendirilmesi,
- Hasta bireylere ve ailelerine ilaç kullanımı ile ilgili eğitimlerin verilmesi
- Gerekli kurumlarla irtibata geçmek,
- Ailenin ekonomik açıdan sorunu varsa toplum kaynaklarını harekete geçirmek,
- Toplum ruh sağlığı merkezleri hakkında bilgilendirme yaparak hastayı rehabilitasyon çalışmalarına yönlendirmek
- Taburculuk sonrası hastanın takibi ile ilgili ayrıltılı bilgilendirme yapmaktır.

Uygulamada Psikiyatri ekibi üyelerine göre sosyal çalışmacılar taburculuk planlaması görevi kapsamında yalnızca hastanın ailelerine ulaşılamayan durumlarda aile fertlerine ulaşmak ve hastanın kurum bakımına alınması gerektiği hâllerde gerekli irtibatı sağlamak rollerini gerçekleştirmektedirler. Oysa bu görevler taburculuk planlaması rolünün hedeflerini karşılamakta oldukça yetersiz kalmaktadır (Çölgeçen, 2018, s. 124-129). Bir sosyal çalışmacı bu durumu ayrıntılı olarak dile getirmiştir (Çölgeçen, 2018, s. 170).

> *"Hastanın taburculuğa hazırlığı aşamasında ise hastanın taburculuğa hazırlanması ya da ailesini hazırlamak, sosyal ortamını düzenlemek gibi görevleri gerçekleştiremiyoruz. Genellikle taburculuğa hazırlık aşamasında yaptığımız kimsesiz hastaların gidebileceği aile, akraba ya da kurum ve kuruluşlarla görüşmek, toplumsal destek sistemlerini harekete geçirmek... Hastanın taburculuk işlemlerini yapacak yakınlarına yapılacaklarla ilgili yönlendirme yapmak, hastanın ekonomik durumunun değerlendirilmesi, ailenin taburculuk sonrası ile ilgili bilgilendirilmesi. Bunları taburcu olan her hasta için tabi ki yapamıyoruz. Çok fazla hasta oluşu bunun sebebi, evet, böyle bir rolümüz var ancak yapmak mümkün değil. Sadece hekim tarafından konsültasyon istemi durumunda bunları bazı hastalar için yapıyoruz. O da genellikle taburculuğunda problem çıkan hastalar oluyor." (Sosyal Çalışmacı)*

BÖLÜM 13

REHABİLİTE EDİCİ ALANDA PSİKİYATRİK SOSYAL ÇALIŞMACININ ROL VE SORUMLULUKLARI

Rehabilitasyon, psikiyatrik bozukluğun veya işlev bozukluğunun etkilerini azaltmayı amaçlayan ve hastaların kapasitelerini maksimum düzeyde kullanımını sağlamak için ruhsal, toplumsal ve mesleki işlevselliğin artırılmasına ve sonuç olarak da yaşam kalitesinin yükseltilmesine odaklanan hizmetler bütünüdür. DSÖ rehabilitasyonu, engelliliğin yol açtığı sorunların etkisinin azaltılması ve sosyal bütünleşmeyi sağlamayı amaçlayan tedbirlerin uygulanması olarak tanımlamıştır (WHO, 1980). Psikiyatrik rehabilitasyon ise akıl hastalıklarının yol açtığı semptomları en aza indirgemek, hastanın toplumla bütünleşmesini sağlamak ve sosyal içermeyi teşvik psikiyatrik bozukluğun yol açtığı kişiler arası ve çevresel engelleri ortadan kaldırmak ve bağımsız yaşam, sosyalleşme ve etkili yaşam yönetimi becerilerini yeniden kazandırmaktır. Hastaların psikiyatrik hastalığın meydana getirdiği sosyal sorunlardan olan sosyal izolasyonun etkisinden kurtularak sosyalleşmesi ve toplumsal bir birey olabilmelerini sağlamak rehabilitasyonun temel amaçlarındandır. Hastanın kendisini toplum içerisinde bağımsız bir birey olarak algılaması ve daha aktif olması için yapılacak olan her girişim rehabilitasyon hizmetleri içerisinde değerlendirilmektedir. Psikiyatrik rehabilitasyonda hastaların yeterlilik düzeyini artırmak için beceri eğitimi, aile eğitimi, akran desteği, meslek kazandırma, bireysel, çift, aile ve grup müdahaleleri, hasta-toplum etkileşim kaynaklarını artırma ve toplumun tutumlarını değiştirme gibi girişimler düzenli ve organize bir şekilde uygulanmalıdır (Craig, s. 3; Pratt vd., 2007, s. 15; Yıldız vd., 2003, s. 282).

01.07.2005'te kabul edilen 5378 sayılı "Özürlüler ve Bazı Kanun ve Kanun Hükmünde Kararnamelerde Değişiklik Yapılması Hakkında Kanun"a göre;

> *"Rehabilitasyon: Doğuştan veya sonradan herhangi bir nedenle oluşan özrü ortadan kaldırmak veya özürlülüğün etkilerini mümkün olan en az düzeye indirmek, özürlüye yeniden fiziksel, zihinsel, psikolojik, ruhsal, sosyal, mesleki ve ekonomik yararlılık alanlarında başarabileceği en üst düzeyde yetenekler kazandırarak evinde, işinde ve sosyal yaşamında kendine ve topluma yeterli olabilmesi ve özürlünün toplum ile bütünleşmesi, ayrımcılığa karşı tüm tedbirlerin alınması amacıyla verilen koruyucu, tıbbi, mesleki, eğitsel, rekreasyonal ve psikososyal hizmetler bütününü ifade eder."*

şeklinde ifade edilmiştir. Mesleki rehabilitasyon ise;

> *"Özürlülerin yetenekleri doğrultusunda yapabilecekleri bir işte eğitilmesi, meslek kazandırılması, verimli kılınarak ekonomik ve sosyal refahının sağlanması amacıyla mesleki rehabilitasyon hizmetlerinden yararlanmasının sağlanması esastır. Gerçek veya tüzel kişilerce açılacak olan özel mesleki rehabilitasyon merkezleri, yetenek geliştirme merkezleri ve korumalı işyerlerinin değişik tipleri ile özel işyerlerinde bireylerin bireysel gelişimleri ve yeteneklerine uygun iş veya becerilerini geliştirici tedbirler alınır."*

olarak ifade edilmiştir.

Dünya genelinde ruh sağlığı alanında kurum temelli hizmet modelinden toplum temelli hizmet modeline geçişle birlikte psikiyatrik rehabilitasyon hizmeti toplum temelli birimlere devredilmiştir. Türkiye'de Toplum Ruh Sağlığı Merkezleri Hakkında Yönerge (2011)'ye göre, bu birimlerde hizmetin kapsamı ağır ruhsal bozukluğu bulunan kayıtlı hastaların güçlendirilmesini ve toplumla bütünleşmesini hedef alan rehabilitasyon, psikososyal beceri kazandırma ve desteklemeye ilişkin plan, program ve çalışmaların yapılması, hastalık durumlarının değerlendirilmesi, tedavi edilmesi ve izlenmesi, topluma, hasta yakınlarına, sağlık personeline ve diğer ilgili personele ağır ruhsal bozukluklar alanında eğitim verilmesi esastır olarak ifade edilmiştir (2011b, s. 8). Bu anlamda Türkiye'de ağır ruhsal bozukluğu olan bireylere yönelik uygulanan rehabilitasyon hizmetlerinin gerçekleştirilmesi kamu hizmetleri içerisinde TRSM'lerin görevidir. Toplum içerisinde uygulanan ruhsal toplumsal rehabilitasyon programlarının birçok avantajı bulunmaktadır, psikiyatrik hastalıkların yol açtığı sosyal, ekonomik, hukuki ve tıbbi sorunların üstesinden gelmek, hastaların hastaneye yatışlarını azaltmak ve böylelikle tedavi maliyetini önemli ölçüde düşürmek bunlardan bazılarıdır. Bu açıdan rehabilitasyon programları oldukça önemlidir (Barton, 1999, s. 528).

Çıtak (2017), çalışmasında, psikiyatrik rehabilitasyon sürecini ifade etmiştir. Bu süreç; tanılama, planlama, girişim ve değerlendirme aşamalarından oluşmaktadır (s. 140-145),

Tanılama aşamasında hastanın sahip olduğu beceriler ve yaşadığı ortam, sosyal, eğitimsel ve mesleki ortamlarda işlevselliğini devam ettirebilmesi için gerekli olan destek kaynakları, hastalığın semptomları, hastanın günlük yaşam aktiviteleri, kişiler arası ilişkileri, benlik algısı, motivasyon durumu, güç, tedaviye uyum ve yaşam becerilerinin belirlenmesi/tanımlanması gerekmektedir.

Planlama aşamasında elde edilen bilgiler doğrultusunda hastanın toplumla bütünleşmesini sağlamak ve sosyal işlevselliğini güçlendirmek amacıyla kişinin durumuna uygun planlama gerçekleştirilir.

Girişim aşamasında hastaların güçlü yönlerini geliştirmek; yaşam becerilerini öğrenmesini sağlamak, psikoeğitim, davranış geliştirme, relapsların önlenmesi için eğitimler verme, baş etme becerileri eğitimi ve mesleki rehabilitasyon uygulamaları ile hastalık yönetimi ve iyileşme için güçlendirmek bu aşamada uygulanan programlardandır.

Değerlendirme aşamasında ise hastanın uygulanan programlar doğrultusunda bireyin çevresi ile etkileşim içinde fonksiyonlarını en üst düzeyde devamlı olarak sürdürüp sürdüremediğine bakılır.

Ornellas (2014), çalışmasında, sosyal çalışmacıların toplum temelli bakım alanında rollerini ifade etmiştir. Öncelikli rol sosyal çalışmacıların akıl sağlığı hizmetindeki geleneksel rolü olan, hastalar, aileler ve psikiyatri ekibi arasındaki etkili iletişimi kolaylaştırmaktır. Bunun yanında vaka yönetimi, destekli istihdam, evde bakım, psikososyal destek, aile terapisi ve desteği, topluma yeniden entegrasyon ve bunlarla ilgili ihtiyaçlar konusunda yardımcı olma gibi görevleri bulunduğunu belirtmiştir (s. 60-61).

Toplum Ruh Sağlığı Merkezleri Hakkında Yönerge (2011)'ye göre sosyal çalışmacının görevleri:

- Sorumlu olunan bölgedeki hastaların tespiti ve merkeze kaydını sağlamak için ilgili kurum ve kişilerle irtibat kurmak,
- Hasta ve/veya yakınlarıyla irtibat kurarak merkez hakkında bilgi edindirmek ve merkeze davet etmek,
- Hastaların, hastane, bakım kurumu, korumalı iş yeri ihtiyacına cevap verebilmek için ilgili kurumlarla irtibat kurmak,
- Damgalama karşıtı çalışmalar gerçekleştirmek ve bunun için kurumlar arası iş birliğini sağlamak ve geliştirmek,
- Hastaları sosyal ve hukuki hakları konusunda bilgilendirmek, karşılaştıkları güçlüklerin çözümlenmesinde destek hizmeti vermek,
- Sivil toplum kuruluşları ve diğer kurumlarla iş birliği sağlamaktır.

Yönergeye göre, sosyal çalışmacı, psikolog ve hemşirenin ortak görev ve sorumlulukları da bulunmaktadır. Bunlar; merkezin amacı ve işlevi hakkında hasta ve yakınlarına bilgi vermek; bireysel danışmanlık, grup terapisi ve psikososyal beceri eğitimi vermek; psikoeğitim vermek; gezici ekiple çalışmalar gerçekleştirmek; ev ziyaretinde karşılaşılan yatışı gerekli hastanın kliniğe naklini sağlamak; gerekli formları doldurmak ve ölçekleri kullanmak; istatistiki bilgi toplamak ve değerlendirmek; merkeze devam etmeyen hasta ve yakınları ile görüşmek ve bağlantı kurmak ve damgalama karşıtı çalışmalar yapmaktır (T. C. Sağlık Bakanlığı, 2011b).

Sosyal çalışmacıların psikiyatrik rehabilitasyon alanında görevleri özetle şunlardır;

- Birey ve gruplara yönelik savunuculuk,
- Birey ve ailesi ile çalışma,
- Sosyal işlevselliği güçlendirici,
- Damgalamayı önleyici,
- Eğitim ve
- Mesleki rehabilitasyon.

Bunun yanında toplum temelli hizmet modeline geçiş sebeplerinden biri olan hastaların tıbbi tedavi kurumuna yatış sıklığını azaltmak TRSM'de görev yapan psikiyatri ekibinin tamamının önemli görevleri arasındadır. Ağır ruhsal bozukluğu olan bireylerde tekrarlayan hastane yatışları olabilmektedir. Kronik psikiyatrik bozukluğu olan bir grup hastada, hastaneye yatış ve çıkış sıklığının fazla oluşu "döner kapı" fenomeni olarak isimlendirilmektedir. Döner kapı fenomeni ağır ruhsal bozukluğu olan bireylerde daha fazla görülmektedir.

Yapılan çalışmalar değerlendirildiğinde hastaneye yatış çıkış sıklığının fazla olmasının arkasında birçok etkenin yattığı gözlemlenir. Bunlar arasında tedaviye uyumsuzluk, madde kullanımı gibi etkenlerin yanında, yetersiz hasta izlemi ve yetersiz rehabilitasyon hizmeti de önemli etkenlerdendir. İlaveten tekrarlayan yatışların ekonomik sorunlar, barınma sorunları ve sosyal problemler gibi nedenlerden de kaynaklandığı söylenebilir. Toplum temelli ruh sağlığı hizmetlerinin etkin olarak yürütüldüğü ülkelerde "döner kapı olgusu" başarıyla aşılmıştır (Aydın vd., 2014, s. 186; Gültekin vd., 2013, s. 226; Botha vd., 2010, s. 462-467). Psikiyatri ekibi üyeleri hastaların taburcuğu sonrasında takiplerinin yapılmaması sebebiyle hastaneye yatışlarının tekrarlandığı görüşündedirler. Ayrıca hastaların sosyal çevrelerinin düzenlenmesini ve psikososyal ve ekonomik ihtiyaçlara müdahale noktasında psikiyatri ekibinin içerisinde sosyal çalışmacıların nicel ve nitel olarak eksikliği tekrarlayan yatışların önemli etkenleri arasında yer almaktadır.

Psikiyatri ekibi üyelerine göre toplum temelli uygulamalar yatış sıklığını azaltmaktadır (Çölgeçen, 2018, s. 131-133).

"Mesela şöyle bir vakamız var, burası açılmadan önce hasta, şizofreni hastası, sıklıkla hastaneye yatışları var mesela 1 yıl içerisinde 5'in üzerinde yatışı varken aynı hasta, TRSM açıldıktan sonra aradan geçen 6 yıla rağmen hastanın hastaneye yatışı yok." (Hemşire)

TRSM'ler yatış sıklığını azaltan önemli bir sistemdir. Bunu ise psikiyatri ekibi aracılığı ile hastaların takibini sağlayarak, alevlenme belirtileri konusunda ailelere eğitimler vererek, ilacın önemine sıklıkla vurgu yaparak, hastaları sosyal çevreleri ile bütüncül bir yaklaşımla değerlendirerek ve sosyal izolasyonu önleyerek gerçekleştirmektedir.

Sosyal çalışmacıların özelinde rehabilitasyon alanındaki görevleri alt başlıklar hâlinde değerlendirilmiştir.

Birey ve Gruplara Yönelik Savunuculuk

Birey ve gruplara yönelik savunuculuk; psikiyatrik hastalık nedeniyle meydana gelen sorunların üstesinden gelinmesi ve bireylerin ve grupların sahip olduğu haklar konusunda bilgilendirilerek sosyal adaleti sağlamak üzere faaliyette bulunmaktır. Bu görev psikiyatri tedavi kurumlarında da rehabilitasyon kurumlarında da hastanın bulunduğu bütün ortamlarda sosyal çalışmacıların gerçekleştirmesi gereken önemli bir görevdir. TRSM'den hizmet alan hasta ve hasta yakınları hukuki hakları konusunda yeterince bilgi sahibi olmadıkları için sosyal çalışmacıların savunuculuk görevine ihtiyaç duymaktadır. TRSM'de görev yapan psikiyatri ekibi üyeleri de bulundukları kurumda hastaların en çok sosyal hakları konusunda bilgilendirilme gereksinimleri olduğunu belirtmiştir. Ayrıca sosyoekonomik durumu kötü olan hastalar için ne yapacaklarını bilemediklerini ve bu noktada hastanede görevli sosyal çalışmacılardan yardım talebinde bulunduklarını ifade etmişlerdir (Çölgeçen, 2018, s. 134).

"Hastaların ev ziyaretlerimiz sırasında genelde sorduğu sorular maddi kaygılarından kaynaklı olan sorular. İşte evi yıkılmak üzere olan bir hastanın evine ziyaretine gidiyorsunuz. Temel ihtiyaç bağırıyor onun barınmaya ve o yerin onarılmaya ihtiyacı var. Şimdi tabi soru bununla ilgili gelince siz bununla ilgili kanunları, nasıl bir yol izleyebilir, nereye başvurabilir bunlarda tabi eksik kalıyorsunuz. Şöyle diyorsunuz hastanemizin sosyal hizmet uzmanı var sizi oraya yönlendirelim." (Hemşire)

Sosyal çalışmacılar özellikle savunuculuk rolü ile psikiyatri alanınında olmazsa olmaz bir ekip üyesidir.

Birey ve Ailesi ile Çalışma

Birey ve ailesi ile çalışma, daha önce de ifade edildiği üzere psikiyatrik hastalık nedeniyle meydana gelen sorunların üstesinden gelinmesi ve yaşam kalitesinin arttırılması amacıyla birey ve ailesinin güçlendirilmesini ve baş etme becerilerinin arttırılmasını hedefleyen çalışmalar bütünüdür. Özellikle rehabilitasyon alanında hastalık nedeniyle aile içi ilişkilerde meydana gelen bozulmaların önüne geçmek, bilgi ve beceri kazandırmak hem hastanın hem de aile fertlerinin sosyal hayata katılımlarını arttırmak, sosyal izolasyonu önlemek, psikososyal ve sosyoekonomik destek sağlamak gibi amaçlarla birey ve ailesi ile çalışmalar gerçekleştirilmektedir. Bu çalışmalar gerçekleştirilirken her hastanın ayrı bir birey olduğu ve yaşadıkları sorunlarında farklılık gösterebileceği göz önünde bulundurularak hasta odaklı bir yaklaşım sergilenir.

Rehabilitasyon alanında gerçekleştirilen birey ve aile ile çalışma tedavi edici kurumda gerçekleştirilen çalışmadan farklılık göstermektedir. Hastalığın akut döneminde hasta ve yakınlarının yaşadığı sorunlar ile stabil dönemde yaşanan sorunlar aynı olmayacaktır. Bu durum gözönünde bulundurularak çalışma planı oluşturulmalıdır. Rehabilite edici ruh sağlığı alanında hasta ve yakınları hastalığı öğrenmiş ve hastalıkla yaşamaya başlamış durumdadırlar. Bu noktada birey ve aile ile çalışma müdahalesinin temel hedefleri, hastaneye tekrarlayan yatışları azaltmak, tedaviye uyumu kolaylaştırmak ve tedavinin önemini kavratmak, içselleştirilmiş damgalamayı önlemek, işlevselliği arttırmak, bakımveren yükünü azaltmak, aile içi ilişkileri güçlendirmek, hasta ve yakınlarını sosyal, psikolojik ve ekonomik olarak güçlendirmek, başa çıkma becerilerini geliştirmek, sosyal izolasyonu önlemek ve duygusal destek sağlamaktır.

Sosyal İşlevselliği Güçlendirici

Adams (2003: 8), güçlendirmeyi; "bireylerin, grupların ve/veya toplulukların kendi yaşam koşullarını kontrol altına alabilmeleri ve belirledikleri amaçlara ulaşabilmeleri, böylece yaşamlarının kalitesini en üst düzeye çıkarmaları için kendilerine ve başkalarına yardımcı olacak araçlar" olarak ifade etmiştir. Güçlendirme, kelimenin tam anlamıyla "güçlü" anlamına gelmektedir ancak sosyal hizmette bundan çok daha fazla anlam ifade eder hem teori hem de metodu kapsar. Güçlendirme bireylerin, ailelerin, grupların, organizasyonların ve toplumun sahip olduğu güçlerini ön plana çıkarma, bu güçleri artırma, geliştirme, destekleme ve kendi kararlarını alarak yaşamları üzerindeki güç ve denetimlerini arttırma ile eş anlamlı olarak kullanılabilmektedir (Adams, 2003, s. 8; Duyan, 2012, s. 179-180; Apak, 2018, s. 400-402).

Sosyal çalışmacılar mikro, mezzo ve makro düzeyde birçok durumda çalışırken güçlendirme yaklaşımı kullanılabilmektedir. Güçler yaklaşımında, müracaatçının ve çevresinin güçleri ortaya konarak müracaatçıyı suçlamanın önüne geçilir, müracaatçının motivasyonunu destekleyen durumun onun güçleri üzerine odaklanmak olduğunu bilerek müracaatçı ile sosyal çalışmacı arasında iş birliğine dayanan bir ilişki geliştirilir. Ayrıca bu yaklaşımda müracaatçı sorun çözme sürecinin baş mimarıdır (Şahin, 2001, s. 4; Erbay ve Tuncay, 2010, s. 157). TRSM'de sosyal çalışmacılar ağır ruhsal bozukluğu olan bireylerin ve ailelerinin güçlü yönlerini ortaya çıkararak hastaların da aktif olarak katılımı ile sosyal işlevselliği güçlendirici çalışmalar gerçekleştirirler.

Sosyal işlevsellik, *çalışabilme*, *kişiler arası ilişkileri sürdürebilme* ve *kişisel bakımını yapabilme* şeklinde tanımlanmaktadır.

Bireyin sosyal işlevsellik düzeyi genel yaşam işlevselliğini etkilemektedir (Aşık ve Barlas, 2016, s. 94). Sosyal işlevsellikteki bozulma ağır ruhsal bozukluklarda görülen belirtilerden biridir. Bu açıdan özellikle rehabilitasyon çalışmalarının amacı, hastaların sosyal işlevselliğini güçlendirmektir. Bu anlamda ekip çalışması gerçekleştirmek ve bütün sağlık psofesyonellerinin iş birliği içinde hasta odaklı çalışması gerekmektedir. TRSM'de görev yapan katılımcı hekim ve hemşirelerin sosyal işlevselliğin güçlendirilmesine yönelik düşünceleri incelendiğinde, daha çok kişiler arası ilişkilerinin güçlendirilmesi açısından bu görevin değerlendirildiği gözlemlenmektedir. Hekim hastanın merkeze devamı ile sosyal ilişkilerinin sürdürüldüğünü ifade ederek bu durumu açıklamıştır. "*Buraya gelmesi bir anlamda bir çeşit denetim altına girdiği sosyal ilişkilerini sürdürdüğü, kendi içinde kapalı kalmadığı anlamına da gelebilir.*" (Çölgeçen, 2018, s. 158-159)

Hasta ve hasta yakınları da böyle düşünmektedir. Daha önceleri sosyal izolasyon yaşayan hastalar, TRSM ile daha fazla sosyalleşmekte ve insanlarla daha fazla iletişim kurmaktadırlar (Çölgeçen, 2018, s. 158-159).

> *"Tabi oldu, gidiyor, geliyor, olumlu güzel yani. Dışarda da yani şimdi eskiden T. pek fazla dışarı çıkmayan bir insandı. Diyor ki canım sıkıldı, ben kahveye, dışarıya, çay bahçesine, bir yere kafeye gidiyorum diyor gibi gidiyor çayını kahvesini içiyor geliyo...Tabi tabi ben hayatı boyunca biraz ordan farkettim zaten çünkü küçüklüğünden beri sosyal değildi işte arkadaş edinemiyordu, oyun gruplarına katılamıyordu yani böyle bir şey de normal bir gelişim değil tabi. Öğretmen olmanın verdiği bir anlama olayıyla anladım. TRSM daha da sosyalleştirdi." (Hasta yakını)*

TRSM'lerde gerçekleştirilen iş-uğraş terapileri de hastaların sosyal işlevselliğinin arttırılmasında önemli bir etkinliktir. Herhangi bir etkinlik dışında TRSM'ye gidip gelmek bile hastaların sosyal işlevselliğini arttırmaktadır. Kendileri gibi hastalarla bir arada olmak sosyalleşmelerini sağlamaktadır çünkü birbirlerini anlayabilmektedirler.

Damgalamayı Önleyici

Psikiyatrik hastalığı bulunan bireylerin toplum dışına itilmesi, damgalanması ve sosyal dışlanmaya maruz bırakılması insanlık tarihi kadar eskidir. Psikiyatrik bozukluk tanısı konulmuş hastalar, tüm hastalar içinde, damgalanmanın olumsuz sonuçları ile en fazla karşılaşan bireylerdir. Damgalama, psikiyatrik bozukluğu olan kişilerin yanı sıra, onların arkadaşlarını, ailelerini ve dâhil oldukları toplulukları da olumsuz etkileyebilmektedir. Suçlayıcı, kurban edici yaklaşım ve tutuma maruz kalan bireyler toplumdaki diğer kişi ya da gruplar tarafından damgalama ve ön yargı nedeniyle bazı hak ve menfaatlerden yoksun bırakılmaktadırlar. Psikiyatrik hastalıklara yönelik "damgalama" eğilimi ve bu eğilimin sonucu hastaların toplumdan "dışlanması", hastaların ve yakınlarının yaşam kalitesini bozmakta, tedaviye uyumlarını ciddi şekilde engellemektedir. Böylece damgalama, bazen en az hastalığın kendisi kadar tehlikeli olabilmektedir (Avcil vd. 2016, s. 176-177; Bullock et al., 2015, s. 2-6).

Sosyal damgalama ve psikiyatri hastalığından etkilenen insanların sosyal dışlanmaları çok yönlü olabilmektedir (European Communities, 2010, s. 13);

- Damgalama ve sosyal dışlanma, insanların hayatta kalmalarına ve yaşamlarına devam etmelerine imkân sağlayan destek hizmetlerine erişmelerini engellemektedir.
- Damgalama ve ayrımcılık, ruhsal refahı daha fazla olumsuz etkileyen ve sosyal dışlanmayı şiddetlendiren bir kendini damgalama ve izolasyon döngüsüne katkıda bulunur.
- Akıl hastalığına yakalanan çocuklar ve gençler, okullarda akranlarından uzaklaşabilirler.
- Psikiyatrik hastalığa karşı halkın tutumları birçok ülkede hâlâ oldukça olumsuzdur. Tehlikeli olma, yetkinlik ve iyileşme beklentileri ile ilgili kavram yanılgıları, toplumda bu kişilere yönelik hoşgörüsüzlüğe neden olmakta ve bu durum hastaların izolasyonuna neden olmaktadır.

- Olumsuz tutumlar ve ayrımcılık halkla sınırlı değildir. Damgalama ve ayrımcılığın sağlık hizmetleri, sosyal koruma sistemleri ve kamu politikalarında bireysel ve yapısal olarak mevcut olduğuna dair kanıtlar vardır.

Psikiyatrik bozukluğu olan bireyleri bütün bu olumsuz etkilerden korumaya yönelik çalışmalar gerçekleştirmek TRSM'de görev yapan psikiyatri ekibinin ve sosyal çalışmacıların görevleri arasında yer almaktadır. Toplum Ruh Sağlığı Uygulama Yönergesi (2011)'nde "damgalama karşıtı çalışmalar gerçekleştirmek ve bunun için kurumlar arası iş birliğini sağlamak ve geliştirmek" sosyal çalışmacıların rollerindendir. Damgalamayı önleyici rolün amacı, hizmet alanların toplum hayatının bütün yönlerine katılmalarını ve katkı vermelerini sağlamak için psikiyatrik bozukluğu olan bireylerle birlikte çalışmaktır. Bakım planında sosyal içermenin artırılması yönünde çalışmalar gerçekleştirilir. Bu kapsamda tecrit ve marjinalleştirmenin azaltılması, hizmet alanların toplumla bağlarının güçlendirilmesi ve özgüvenlerinin artırılması yönündeki stratejiler temelinde uygulamalar planlanır (http://www.istanbul saglik.gov.tr).

Hasta ve yakınlarının damgalanma korkusu sebebiyle en yakınlarından dahi hastalığı gizlediği, TRSM'den hizmet almaktan kaçındıkları ve sosyal haklarından da feragat etmeyi isteyebildikleri daha önce toplumsal damgalama başlığı altında değerlendirilmişti. Toplumsal damgalamanın önüne geçilmesi yalnızca hastalara yönelik gerçekleştirilecek müdahalelerle değil tüm toplumla gerçekleşecek çalışmalarla mümkün olacaktır.

Eğitim

Eğitim, sosyal hizmet uygulamasının büyük bir bölümünü kapsamakta ve bireylere, gruplara ve topluma yönelik olarak gerçekleştirilmektedir. Sosyal çalışmacılar, müracaatçı ya da müracaatçı gruplarının hayatın getirdiği zor durumlarla başa çıkması ya da sorunların ve krizlerin tahmin edilmesi ve engellenmesi için eğitim verme rolünü gerçekleştirmektedir. TRSM'lerden hizmet alan bireyler ve aileleri; hak ve yükümlülükleri, merkezin yapısı ve işlevleri ile aldıkları tedavi hakkında bilgilendirilir. Hastalara ve ailelerine yönelik yaşanan sorunlarla ilgili psikoeğitim vermek, hastalığın getirdiği zorluklar ve bakımveren bireyi ihtiyaçları doğrultusunda eğitimlerle desteklemek, alevlenme/atak dönemi belirtileri, ilaç kullanımı ve olası yan etkilerle ile ilgili bilgilendirmek, konan tanı ve hastalıklarının beklenen seyri hakkında ve hastalık riskini tetiklediği veya artırdığı bilinen faktörler ve hastalık ve alevlenme riskini azaltıcı faktörler ile ilgili bilgiler vermek gibi görevler sosyal çalışmacının eğitim faaliyetleri içerisinde yer alır. Toplum eğitimi açısından da sosyal çalışmacılar toplumun psikiyatrik hastalıklarla ilgili inanç ve tutumlarına yönelik ruh sağlığı ve hastalıkları konusunda bilinçlendirmek için kapsamlı eğitim çalışmaları planlamakla yükümlüdür. Bunun yanında sağlık personeline yönelik TRSM'nin işleyişi ve yapısı ile ilgili eğitimler vermekte sosyal çalışmacının rolleri arasındadır (Sheafor and Horejsi, 2012: 78; Oral ve Tuncay, 2012: 109; http://www.istanbulsaglik.gov.tr).

TRSM'de görev yapan psikiyatri ekibi üyeleri eğitim faaliyetlerinin merkezde öne çıkan rollerden biri olduğunu ifade etmişlerdir. TRSM'de mevcut sağlık profesyoneli ile hastalara planlanmış eğitimler uygulanmaktadır. Ayrıca ailelere yönelik verilen eğitimlerde de ailelerin hastalık hakkında ve hastalara nasıl davranacakları konusunda bilgilendirilmeleri temel konular arasında yer almaktadır. Sağlık personeline yönelik ise TRSM'nin işleyişi ve yapısı ile ilgili eğitimler verilmektedir (Çölgeçen, 2018, s. 161-163).

Mesleki Rehabilitasyon

Ruh sağlığı alanında mesleki rehabilitasyon özellikle ağır ruhsal bozukluğu olan bireylerin yetenekleri doğrultusunda yapabilecekleri bir işte eğitilmesi, meslek kazandırılması anlamlarına gelmektedir. Bu durum hastaların hem ekonomik ve sosyal refahının sağlanması hem de hastaların sosyal işlevselliğinin arttırılması amacıyla gerçekleştirilmektedir. Bununla birlikte, ruhsal sağlık sorunları olan bireylerin çoğunluğunun, ergenlik ve erken yetişkinlik dönemlerinde ilk olarak eğitim ya da çalışma hayatı kesintiye uğramaktadır. Bu durum sonucunda psikiyatri hastaları bir işe yaramama, verimli olamama ve yaşamın hareketliliğinden kopma duyguları yaşamaktadır. Hastaların çoğunluğu hastalığı farkedilince çalışmayı bırakmak durumunda kalmaktadır (Çölgeçen, 2018, s. 164).

> *"Benim mesleğim var, fırıncıyım ama yapamıyorum. Gece kalkmak, sorun olduğu için. Fırında çalışıyordum geceleri kalkmak hiç iyi değilmiş bu hastalıkta tetikliyormuş. Ben haftada 1 gün, 2 gün çalışıyorum, 1 günden, 2 günden bir şey olmaz harçlığımı çıkartmak için. 2012 yılında maaşa bağladı devlet hastanesinde beni teke tek konuştum doktorla beni anladı, maaş bağladı, 3 aylık maaş veriyorlar bize. Yani ben para fazla parada da gözüm yok açıkçası hasta olmasaydım eğer ben çalışırdım. Devletten de bir şey istemezdim ama yapamıyorum. Gelirim az olduğu için 1 milyar babamın eline geçiyor. Babamda emekli çalışmak zorunda kaldı." (Hasta)*

Hasta ve hasta yakınlarının mesleki rehabilitasyon faaliyetlerinin gerçekleştirilmesi konusunda talepleri bulunmaktadır. Çalışmayı rahatsızlığın hafiflemesi açısından önemli bir etken olarak görmektedirler (Çölgeçen, 2018, s. 164).

> *"Yani benim tek üzüntüm işsizlik. İş bulsam çok rahatlayacağım yani. Çevremdeki kişilere işsiz olduğumu söyledim sağ olsun ilgileniyorlar, araştırıyorlar... çalışsam hasta olmam yani ben buna inanıyorum, biliyorum yani benim tek şeyim işsizlik." (Hasta)*

Mesleki rehabilitasyon kapsamında TRSM'de özel öğretmenler tarafından iş uğraş terapileri gerçekleştirilmektedir ancak yeterli değildir. Bu sorun sosyal çalışmacıların da dâhil olduğu bir ekip çalışmasıyla; hastaların yetenek ve ilgilerine yönelik eğitimlerle; kapsamlı çalışmalarla ve iş imkânları oluşturularak çözülebilir.

SONUÇ/ÖNERİ

Dünyada görülme sıklığı oldukça fazla olan ve yeti yitimine neden olan hastalıklar arasında en fazla yer alan psikiyatrik hastalıklar sosyal, ekonomik, hukuki, psikolojik ve tıbbi boyutlarda birçok sorunu da beraberinde getirmektedir. Bunların üstesinden gelinmesi; bireylerin yaşam kalitelerinin arttırılması için biyolojik, psikolojik ve sosyal açıdan "bütüncül" değerlendirilmesi; tam bir iyilik hâlinin sağlanması lazımdır. Psikiyatrist hemşire vb. gibi tıbbi profesyoneller; hastanın psikopatolojisi ve bilişsel bozukluklarına kısacası tıbbi boyutlarına yönelirken; sosyal boyutlarına da psikiyatri ekibinin önemli bir parçası olan, donanımlı sosyal çalışmacılar odaklanır. Ancak ülkemizde henüz uygulamada daha çok tıbbı boyuta ağırlık verilmekte sosyal boyut ihmal edilmektedir.

Henüz ruh sağlığı alanında koruyucu hizmetler tam anlamıyla işlevsellik kazanmamıştır. Bu tür hastalıklar geç anlaşılmakta; bireyler/aileler bir sorun olduğunu farketse bile psikiyatri hastalığı tanısını almak istemediği için geç başvurmaktadır. Psikiyatri ekipleri koruyucu ruh sağlığı hizmeti olarak genellikle birincil korumaya yönelmekte; oysa koruyucu hizmetler sadece birincil korumayı değil aynı zamanda psikiyatrik hastalık belirtilerinin erken teşhis edilmesi ve süreğenleşmeden tedavi edilmesine yönelik hizmetler olan ikincil koruma ve hastalık meydana geldikten sonra yeti yitiminin azaltılmasına yönelik hizmetler olan üçüncül korumayı da kapsar.

Psikiyatri ekibi üyeleri ve aile hekimleri başta olmak üzere ilgililere düşen; korucuyu ruh sağlığı hizmetleri arasında yer alan hastalıklar konusunda farkındalık kazandırma ve eğitim gibi uygulamaları gerçekleştirmeleridir. Bunun için kitle iletişim araçları da değerlendirilebilir. Bu ilk etapta daha bir uzmana başvurmadan üfürükçü, türbe, yatır, muska, bitkisel tıp, kurşun dökme vb. gibi alternatiflere yönlendirilmelerini önleyecektir.

*Tedavi Edici Ruh Sağlığı Hizmetleri*nin uygulama alanı olan hastanelerde *medikal model* ağırlıklı bir yaklaşım söz konusudur. Hastane uygulamalarının medikal model ağırlıklı olmasının nedenlerine gelindiğinde ise hastaların hastaneye alevlenme/atak döneminde başvurmaları önemli bir etkendir. Alevlenme döneminde yatışmanın sağlanması öncelikli olduğu için medikal tedaviye yoğunlaşmak söz konusudur. Hekimlerin farmakolojik tedaviye ağırlık vermesi medikal model odaklı hizmet sağlanmasına neden olmaktadır. Yine sosyal boyuta odaklanması gereken sosyal çalışmacıların hastaların sosyal sorunlarını teşhis etmede çeşitli sebepler dolayısı ile gecikmesi ve bütüncül bir yaklaşım sağlanamaması da sayılabilir.

Psikiyatri alanında ekip çalışması ve sosyal çalışmacının katkısı çok mühimdir. Ancak etkili ekip çalışmasının tedavi kurumlarında yeterince gerçekleştilemediği gözlemlenmektedir. TRSM'lerde ise ekip çalışması daha etkindir.

Psikiyatrik tedavi kurumlarında sosyal çalışmacıların görev ve sorumlulukları; sosyal İnceleme, birey ve ailesi ile çalışma, birey ve gruplara yönelik savunuculuk, vaka yöneticisi, ruh sağlığı bakımında sosyal modeli teşvik edici, psikoeğitim ve danışmanlık ve taburculuk planlamasıdır.

*Rehabilite Edici Ruh Sağlığı Hizmetleri*nin uygulama alanı olan TRSM'lerde *sosyal model* ağırlıklı bir yaklaşım sözkonusudur. Farklı uzmanların iş birlikçi çalıştığı bir ekip ortamı TRSM'ler açısından oldukça önemlidir. TRSM'ler, düzenli takipleri yapılan hastaların, yatış sıklığını azaltmaktadır.

Bu uygulama alanında sosyal çalışmacıların görev ve sorumlulukları, birey ve gruplara yönelik savunuculuk; birey ve ailesi ile çalışma, sosyal işlevselliği güçlendirici; damgalamayı önleyici; eğitim ve mesleki rehabilitasyon gibi hizmetlerdir.

ÖNERİLER

Koruyucu Ruh Sağlığı Hizmetleri; hastanede ya da TRSM'de koruyucu ruh sağlığı hizmetleri alanında görevleri olmadığını dile getiren ve koruyucu hizmetler denildiğinde yalnızca birincil korumayı anlayan hizmet verenler ikincil koruma ve üçüncül koruma hakkında ve görev yaptıkları tedavi edici ve rehabilite edici kurumlarda koruyucu hizmetlerin ne olduğu ve bu alanda hangi görevleri olduğu konusunda ayrıntılı olarak bilgilendirilmelidir. Bu hizmet için ekip ruhuyla hareket edilmelidir. Birincil korumada TSM ve aile hekimliği birimleri ortak çalışmalıdır. İkincil koruma da hastanelerde kurulan psikiyatri ekibine koruyucu çalışmalar açısından ayrı bir gündem oluşturması için eğitimler verilmelidir; hastane ve toplum sağlığı merkezinde görev yapan sosyal çalışmacılar irtibat hâlinde olmalıdırlar. Üçüncül koruma da TRSM'de kurulan psikiyatri ekibi psikiyatristi hemşiresi, sosyal çalışmacısı, psikoloğu ve özel alan öğretmenlerinin olduğu uzmanlarıyla koruyucu hizmetler açısından ayrı gündem oluşturup hedefler belirlemelidir.

Tedavi Edici Ruh Sağlığı Hizmetleri; sosyal çalışmacıların hekimlerin ihtiyaç durumunu tespit edip konsültasyon istemi yapması hâlinde hasta ile görüşebilmesi dışında kliniklerde bulunmaması hastaların bütüncül değerlendirilmesinde; biyolojik, psikolojik, sosyal, ekonomik ve hukuki açıdan pek çok sorunu olan hastaneye yatışı yapılan hastaların çoğunluğunun tespit edilmesinde engel teşkil etmektedir. Buna zemin hazırlayan Tıbbi Sosyal Hizmet Uygulama Yönergesi'nin güncellenmesi ve yeniden değerlendirilmesi gerekmektedir.

Sosyal çalışmacıların tıbbi ve psikiyatrik birimlerde sayıları arttırılmalıdır ki bir plan dâhilinde haftanın belli günlerinde servislerde bizzat bulunarak bütün hastalarla görüşüp onları değerlendirme imkânı elde edebilir; hastaların sosyal açıdan değerlendirilmesi gerçekleştirilebilir ve biyopsikososyal yaklaşımın hâkim olduğu, bütüncül değerlendirmenin yapıldığı bir uygulama söz konusu olur. Ayrıca sayısının arttırılması ile görevleri belli olacak; ekip çalışması daha etkinleşecektir. Her hastanın sosyal sorunlarını değerlendirip psikiyatri ekibine bir bilgilendirme yapabilecektir.

Sosyal çalışmacının polikliniklerde bir odası bulunmalı; hekim tarafından yatışı verilen bütün hastalar öncelikle "sosyal inceleme raporu" için yönlendirilmelidir. Hastaların bununla servislere yatmaları hekimlerin hastaları değerlendirmesini kolaylaştıracaktır. Ayrıca hastaların aileleri ile birlikte değerlendirilebileceği en kritik dönem yatış aşamasıdır. Çünkü bazı aileler hastalarını hastaneye yatırdıktan sonra yaşanan tükenmişlik sebebiyle hastaneye uğramayı tercih etmemektedirler. Bu durum yatan bütün hastalara sosyal inceleme yapılmasına imkân sağlayacaktır.

Sosyal çalışmacılar, bu raporu hazırlarken gerekli hâllerde hasta ve ailesini kendi sosyal çevresinde değerlendirmelidir. Bu sayede aile ile çalışma yapma da kolaylaşır. Yine hastanın taburculuğu sonrasında yaşayacağı ortam ve sosyal çevresi hakkında görüş elde etme imkânı sağlanacaktır. Böylelikle taburculuk aşamasında buna yönelik hizmetler geliştirebilecektir. Hasta ve yakınlarına sosyal hakları konusunda bilgi verilmelidir. Hastaların sosyal yönünün göz ardı edildiği medikal yaklaşımın hâkim olduğu psikiyatri tedavi kurumunda sosyal çalışmacılar sosyal modeli teşvik etmelidirler. Bunun için de hasta mutlaka sosyal boyutu ile ele alınmalıdır. Ekip içinde bulunarak ve sosyal sorunlar/çözümleri üzerine değerlendirmeler yaparak hastaların sosyal sağlığının da önemini vurgulamaları bunu temin edecektir. Sosyal çalışmacıların psikiyatri ortamlarında görevleri net olmalıdır ve planlı ve programlı uygulamalar gerçekleştirilmelidir.

Rehabilite Edici Ruh Sağlığı Hizmetleri; rehabilite edici ruh sağlığı hizmetlerinin uygulama alanı olan TRSM'lerde psikiyatri ekibi üyeleri tam olmalı ve bu kurumlarda tam zamanlı çalışmalıdır. Yalnızca hastaların fiziksel ve ruhsal boyutlarına odaklanan sağlık profesyonellerinin bulunduğu TRSM'lerde biyopsikososyal yaklaşımın tam anlamıyla gerçekleştirildiği düşünülemez. Bu yüzden her TRSM'de mutlaka sosyal çalışmacıların ve psikologların bulunması gerekmektedir. Buraların kurulma amaçları arasında tekrarlayan yatışların azaltılması durumu vardır. Ancak hastaların yaşadığı ekonomik sorunlar, barınma sorunları ve sosyal problemler de yatış sıklığını arttıran etkenler arasındadır. Bu sorunların üstesinden gelinmesi içinde bir sosyal çalışmacının bu konularda çalışmalar gerçekleştirmesi ve savunuculuk yapması gerekir. Bu sebeple mutlaka kadro açığı giderilmeli; direkt TRSM'de görevli sosyal çalışmacılar istihdam edilmelidir.

Rehabilite edici ruh sağlığı kurumu olan TRSM'ler döner kapı olgusunun önüne geçilmesi açısından önemlidir. Bu hastaneye tekrarlayan yatışları azaltmasını sağlar. Ancak kayıtlı olan her hastanın birime gelmiyor oluşu; uygulamalardan yararlanmaması her hastaya ulaşılamadığını gösterir. Hastaların TRSM ile irtibatını sağlamak için daha etkili yöntemlere ihtiyaç vardır. Sosyal çalışmacıların da olduğu etkili bir ekip çalışması ile tanıtılması, yararları, damgalamanın önüne geçilerek insanların kuruma gelmelerinin sağlanması üzerine çalışmalar arttırılmalıdır. Mesleki rehabilitasyon da gereklidir; ağır ruhsal bozukluğu olan bireylerin yetenekleri doğrultusunda yapabilecekleri bir işte eğitilmesi, meslek sahibi edilmesi gerekir.

Psikiyatrik sosyal hizmet alanında ve özellikle yeni kurulan TRSM'ler de sosyal çalışmacıların görevleri ile ilgili çok az çalışma mevcuttur. Psikiyatri ve sosyal hizmet alanında akademik yayınlar arttırılmalı ve desteklenmelidir.

KAYNAKÇA

AAİDD (American Association on Intellectual and Developmental Disabilities) (2010). https://www.aaidd.org/intellectual-disability/ definition

AASW-Australian Association of Social Workers (2015). Scope of Social Work Practice Social Work in Mental Health. Melbourne: Australian Association of Social Workers National Office.

Abikoff HB, Thompson M, Laver-Bradbury C, Long N, Forehand RL, Miller Brotman L, et al. (2015). Parent training for preschool ADHD: A randomized controlled trial of specialized and generic programs. Journal of Child Psychology and Psychiatry, 56(6), s. 618-31.

Adams, R. (2003). *Social Work and Empowerment* (Third Edition). New York: British Association of Social Workers.

Ainsworth, M. D. S. , & Bowlby, J. (1991). An Ethological Approach to Personality Development. *American Psychologist.* 46. (331-341).

Ak, M., Yazıhan, N. T., Sütçigil, L. ve Hacıömeroğlu, B. (2013). İntihar Girişimi Olan Majör Depresyon Hastalarında Üstbiliş Süreçleri. *Nöropsikiyatri Arşivi.* 50. (95-99).

Akarçay, D. (2013). Türkiye'de Yürütülen Ruh Sağlığı Hizmetleri Politikalarının Değerlendirilmesi. *Hacettepe Üniversitesi Sosyal Bilimler Enstitüsü Sağlık Kurumları Yönetimi Anabilim Dalı Yüksek Lisans Tezi.* Ankara.

Akkaya, C. Altın, M., Kora, K. Karamustafalıoğlu, N., Yaşan, A., Tomruk N. ve Kurt, E. (2012). Türkiye'de Bipolar I Bozukluğu Hastalarının, Sosyodemografik ve Klinik Özellikleri-HOME Calışması. *Klinik Psikofarmakoloji Bülteni.* 22(1). (31-42).

Akman, S. (2004). Stresin Nedenleri ve Açıklayıcı Kuramlar. *Türk Psikoloji Bülteni, Özel Gündem "Stres",* 10(34-35). (40-54).

Aksaray, G., Kaptanoğlu, C. ve Oflu, S. (1999). Koruyucu Ruh Sağlığı. *Yeni Symposium.* 37(3). (55-59).

Aksoy, V. (2014). Ortaçağ İslam Toplumlarında Zihinsel Yetersizliği Olan Bireylerin Toplumsal Statüleri ve Eğitimleri. *International Journal of Early Childhood Special Education (INT-JECSE).* Vl(l). (102-114).

Akvardar, Y., Çalak, E., Etaner, U., Hürol, C., Sunat, C., Tükel, R., Üçok, A. ve Yücel, B. (2000). *Psikanalitik Kurama Giriş*. İstanbul.: Mepev Yayınları.

Al, H. (2010). *Bilimsel Araştırma Yöntemleri*. Sakarya: Sakarya Yayıncılık.

Alataş, G., Karaoğlan, A., Arslan, M. ve Yanık, M. (2009). Toplum Temelli Ruh Sağlığı Modeli ve Türkiye'de Toplum Ruh Sağlığı Merkezleri Projesi. *Nöropsikiyatri Arşivi*. 46(Özel Sayı). (25-9).

Ali, A., Cui, X. and Eyles, D. (2016). Developmental Vitamin D deficiency an Autism: Putative Pathogenic Mechanisms, Journal of Steroid Biochemistry & Molecular Biology, s. 17.

Allen, R. (2014). *The Role of the Social Worker in Adult Mental Health Services*. England: The Collage of Social Work The Voice of Social Work.

Allen, R., Carr, S. Linde, K. And Sewell, H. (2016). *Social Work For Better Mental Health A Strategic Statement*. Gov.Uk Department Health.

Altınbaş, K., S. Tunç, M. S. Yazar, S. Özçetinkaya, S. Gülöksüz ve E. T. Oral.. (2011). Kraepelin Bugün Yaşasaydı Dikotomi Varlığını Sürdürüyor Olur Muydu?. *Düşünen Adam: Psikiyatri ve Nörolojik Bilimler Dergisi*. (321-330).

Altıntaş, K., Oral, E. T. ve Vahip, S. (2005). İki Uçlu Depresyon ve Tedavisi. *Düşünen Adam*. 18 (1). (48-54).

Altunışık, R., Coşkun, R., Bayraktaroğlu, S. ve Yıldırım, E. (2010). *Sosyal Bilimlerde Araştırma Yöntemleri SPSS Uygulamalı* (6. Baskı). Sakarya: Sakarya Yayıncılık.

Anthony, W. A. (1993). Recovery From Mental Illness: The Guiding Vision of the Mental Health Service System in the 1990s. *Psychosocial Rehabilitation Journal*. 16(4). (1-10).

Anthony, W. A. (2000). A Recovery-Oriented Service System: Setting Some System Standards. *Psychiatric Rehabilitation Journal*. 24(2). (159-168).

APA (American Psychiatric Association) (2000), *Mental Bozuklukların Tanısal ve Sayımsal El Kitabı* (DSM-IV) (Dördüncü Baskı). (Çev. Köroğlu E.). Ankara: Hekimler Yayın Birliği.

APA (American Psychiatric Association) (2014), *Ruhsal Bozuklukların Tanısal ve Sayımsal El Kitabı* (DSM-5) (Beşinci Baskı). (Çev. Köroğlu E.). Ankara: Hekimler Yayın Birliği.

Apak, H. (2018). Güçlendirme ve Maneviyata Duyarlı Sosyal Hizmet. *International Journal of Social Science*. 67. (399-411).

Apostolova, L. G. (2016). Alzheimer Disease. Continuum (Minneap Minn), 22(2), s. 419–434.

Arguvanlı, S. ve Taşçı, S. (2013). Bipolar Bozukluklukda Bakım Verenlerin Sorunları. *Erciyes Üniversitesi Sağlık Bilimleri Fakültesi Dergisi*. 1(1). (21-30).

Arıkan, Ç. ve Dilek, L. (1996). *Ruh Hastalıklarının Tedavisinde Psiko-Sosyal Bir Boyut*. Ankara.

Arıkan, R. (2013). *Araştırma Yöntem ve Teknikleri* (2. Baskı). Ankara: Nobel Akademik Yayıncılık.

Arslantaş, H. ve Adana, F. (2011). Şizofreninin Bakım Verenlere Yükü. *Psikiyatride Güncel Yaklaşımlar-Current Approaches in Psychiatry*. 3(2). (251-277).

Arslantaş, H., Sevinçok, L., Uygur, B., Balcı, V. ve Adana, F. (2009). Şizofreni Hastalarının Bakım Vericilerine Yapılan Psikoeğitimin Hastalardaki Klinik Gidişe ve Bakım Vericilerin Duygu Dışavurumu Düzeylerine Olan Etkisi. *ADÜ Tıp Fakültesi Dergisi*. 10(2). (3-10).

Artan, İ. (2016). Dünyada ve Türkiye'de Sosyal İnceleme Raporları. http://www.psikososyalhizmet.com/8/dtsir.pdf. Erişim Tarihi: 12.09.2016.

Aşık, E. ve Barlas, G. Ü. (2016). Psikiyatri Hemşireleri İçin Bir Alan: Şizofrenide Duygu Tanıma ve Sosyal İşlevsellik. *G.O.P. Taksim E.A.H. JAREN*. 2(2). (92-96).

Atagün, M. İ., Balaban, Ö. D., Atagün, Z., Elagöz, M. ve Özpolat, A. Y. (2011). Kronik Hastalıklarda Bakım Veren Yükü. *Psikiyatride Güncel Yaklaşımlar-Current Approaches in Psychiatry*. 3. (513-552).

Auliffe, C. M. (2009). Experiences of Social Workers within an Interdisciplinary Team in The Intellectual Disability Sector. *Critical Social Thinking: Policy and Practice*. 1. (125-143).

Auslander, G. (2001). Social Work in Health Care : What Have We Achieved?. *Journal of Social Work*. 1(2). (201–222).

Avasthi, A. (2016). Are Social Theories Still Relevant İn Current Psychiatric Practice?. *Indian J Soc Psychiatry*. 32. (3-9).

Avcil, C., Bulut, H. ve Sayar, G. H. (2016). Psikiyatrik Hastalıklar ve Damgalama. *Üsküdar Üniversitesi Sosyal Bilimler Dergisi*. 2. (175-202).

Aydın, E., Tabo, A., Karamustafalıoğlu, K. O., Alataş, G., Yiğit, S. , Aydın, E. ve Erkuş, G. E. (2014). Döner Kapı Olgusu: Toplum Temelli Ruh Sağlığı Hizmet Modeline Geçişin Psikiyatri Servisine Yatış Üzerine Etkisi. *Anadolu Psikiyatri Dergisi*. 15. (185-191).

Aytaç, H. M. & Hocaoğlu, Ç. (2016). Bulimiya Nervoza ile Birlikte Yaşamak: Bir vaka Sunumu. Journal of Mood Disorders, 6(3), s. 158-163.

Babaoğlu, A. (2002). *Psikiyatri Tarihi* (2. Baskı). İstanbul: Okuyan Us Yayın.

Bademli, K. ve Duman, Z. Ç. (2013). Şizofreni Hastalarının Bakım Verenleri. *Psikiyatride Güncel Yaklaşımlar-Current Approaches in Psychiatry*. 5(4). (461-478).

Bag, B. (2012). Toplum Ruh Sağlığı Merkezlerinde Hemşirenin Rolü: İngiltere Örneği. *Psikiyatride Güncel Yaklaşımlar*. 4(4). (465-485).

Bag, B. (2018). Toplum Ruh Sağlığı Hemşireliğinde Uygulamaya Yönelik Bir Model Örneği: "Recovery", *Psikiyatride Güncel Yaklaşımlar-Current Approaches in Psychiatry*. 10(4). (471-483).

Barker, R. L. (2003). *The Social Work Dictionary* (4th ed.). Washington: NASW Press.

Barton, R. (1999). Psychosocial Rehabilitation Services in Community Support Systems: A Review of Outcomes and Policy Recommendations. *Psychiatric Services*. 50(4). 525-534.

Başer, D., Kırlıoğlu, M. ve Aktaş, A. M. (2013). Sosyal Hizmet Mesleğinin Bir Uygulama Alanı Olarak Toplum Temelli Ruh Sağlığı Sistemi ve Güncel Değişimler. *Toplum ve Sosyal Hizmet*. 24(2). (179-192).

Başoğul, C. ve Buldukoğlu, K. (2015). Depresif Bozukluklarda Psikososyal Girişimler. *Psikiyatride Güncel Yaklaşımlar-Current Approaches in Psychiatry*. 7(1). (1-15).

Baysal, B. K., Ercan, E. S. , Rohde, L. A. vd. (2011). 3 year longitudinal ADHD and ODD prevalence research in a Turkish sample. 3rd International Congress on ADHD, May 2011, Berlin,Germany.

Bayülkem, F. (1998). *Türkiye'de Nöroloji Nöroşirurji ve Psikiyatri'nin Tarihi Gelişmesi*. İstanbul: Ruh Hastalarını Readaptasyon Derneği Yayınları.

Becker, H. S. (1963). *Outsiders Studies and The Sociology of Deviance*. London: The Free Press.

Bernstein, N. (1985). Psychotherapy of the retarded adolescent. Adol Psych, 12:406-413.

Bilge, A. ve Çam, O. (2010). Ruhsal Hastalığa Yönelik Damgalama ile Mücadele. *TAF Preventive Medicine Bulletin*. 9(1). (71-78).

Binbay, T., Ulaş, H., Elbi, H. ve Alptekin, K. (2011). Türkiye'de Psikoz Epidemiyolojisi: Yaygınlık Tahminleri ve Başvuru Oranları Üzerine Sistematik Bir Gözden Geçirme. *Türk Psikiyatri Dergisi*. 22(1). (40-52(.

Bland, R. (1987). Social Work with the Family of the Schizophrenic Patient. Australian Social Work, 40(2), 25–30. doi:10.1080/ 0312407 8708549915

Bland, R.C., Orn, H. and Newman, S. C. (1988). Lifetime prevalence of psychiatric disorders in Edmonton. In: Bland RC, Newman SC, Orn

H, eds. *Epidemiohgy of Psychiatric Disorders in Edmonton.* Açta Psychiatrica Scandinavica. 77(338). (24-32).

Bloom, D.E., Cafiero, E.T., Jané-Llopis, E., Abrahams-Gessel, S. , Bloom, L.R., Fathima, S. , Feigl, A.B., Gaziano, T., Mowafi, M., Pandya, A., Prettner, K., Rosenberg, L., Seligman, B., Stein, A.Z., & Weinstein, C. (2011). *The Global Economic Burden of Noncommunicable Diseases.* Geneva: World Economic Forum.

Bogg, D. (2009). *The Integration of Mental Health Social Work and the NHS.* Great Britain: Learning Matters Ltd.

Bonkalo, A. (1956). Emil Kreapelin (1856-1926). *Can Med Assoc J.* 74(10). (835).

Botha UA, Koen L, Joska JA, Parker JS, Horn N, Linda M, et al. (2010). The Revolving Door Phenomenon in Psychiatry: Comparing Low-Frequency And Highfrequency Users of Psychiatric İnpatient Services in a Developing Country. *Soc Psychiatry Psychiatr Epidemiol.* 45. (461-468).

Bowlby, J. (1969), Attachment and Loss, Vol. 1: Attachment. New York: Basic Books.

British Journal of Social Work (2015). Editorial: SocialWork and Recover. *Oxford University Press.* 45(1). (i1–i8).

Bronstein, L. R. (2003). A Model for Interdisciplinary Collaboration. *Social Work.* 48(3). (297-306).

Brown, M. E., Livermore, M. and Ball, A. (2015). Social Work Advocacy: Professional Self-Interest and Social Justice. *Journal of Sociology & Social Welfare.* XLII(3). (45-63).

Buldukoğlu, K., Bademli., K, Karakaya, D., Göral, G. ve Keser, İ. (2011). Ruhsal Hastalığı Olan Ebeveynle Yaşamak, *Psikiyatride Güncel Yaklaşımlar-Current Approaches in Psychiatry.* 3(4). (683-703).

Bulik, C. M. , Sullivan, P. F., Wade, T. D. & Kendler, K. S. (2000). Twin studies of eating disorders: A review. International Journal of Eating Disorders, 27, s. 1-20.

Bullock, S. , Brestovanský, M. and Lenčo, P. (2015). *Gençlik Çalışmalarında Sosyal İçerme, Çeşitlilik ve Eşitlik İlkeler ve Yaklaşımlar.* Avrupa Komisyonu.

Bulut, I. (1993). Ruh Sağlığının Aile İşlevlerine Etkisi. Başbakanlık Kadın ve Sosyal Hizmetler Müsteşarlığı Yayınları. Yayın No: 74. Ankara: Kılıçarslan Matbaası.

Burger, J. M. (2006). *Kişilik Psikoloji Biliminin İnsan Doğasına Dair Söyledikleri.* (Çev. İnan Deniz Erguvan Sarıoğlu). İstanbul: Kaknüs Yayınları.

Canadian Mental Health Assosiation (2010). *Employment and Education for People with Mental Illness.* Ontario: CAMH & CMHA.

Candansayar, S. ve B. Coşar. (2001). Kültürlerarası Psikiyatri Açısından Ruh Hastalığı Kavramı. *Türkiye Klinikleri Psikiyatri Dergisi.* 2(1). (21-30).

Cannel, J. J. (2008). Autism and vitamin D. Medical Hypotheses, 70(4), s. 750.

Cantwell, D. P., Baker, L. and Rutter, M. (1978). Family Factors. In: Rutter M., Schopler, E. (eds) Autism. Springer, Boston, MA. s. 289-290.

Castellani, R., Rols, R. & Smith, M. A. (2010). Alzheimer Disease. Dis Mon, 56(9), s. 484–546. doi:10.1016/j.disamonth.2010.06.001.

Cavkaytar, A. (2016). Otizm Spektrum Bozukluğu. T.C. Aile ve Sosyal Politikalar Bakanlığı Engelli ve Yaşlı Hizmetleri Genel Müdürlüğü, Ankara.

Cebiroğlu, R. (1961). Psikiyatri ve Çocuk Rehberliğinde Sosyal Yardımcılık. *Sosyal Hizmetler Dergisi.* 1(4).

Chakrabarti, S. , & Fombonne, E. (2005). Pervasive Developmental Disorders in Preschool Children: Confirmation of High Prevalence. American Journal, 162, 1133–1141.

Cheniaux, E., Landeira-Fernandez, J., Telles, L. L., Lessa, J. L. M., Dias, A., Duncan, T. and Versiani, M. (2008). Does Schizoaffective Disorder Really Exist? A Systematic Review of the Studies That Compared Schizoaffective Disorder with Schizophrenia or Mood Disorders. *Journal of Affective Disorders.* 106. (209-217).

Compton, M. T., Koplan, C., Oleskey, C., Powers, R. A., Pruitt, D. and Wissow, L. (2010). Prevention in Mental Health. Michael T. Compton (Ed.). *Clinical Manual of Prevention in Mental Health.* American Psychiatric Publishing.

Corcoran, J. and Walsh, J. (2006). *Clinical Assessment and Diagnosis in Social Work Practice.* New York: Oxford University Press.

Corney, R. (1984). The effectiveness of attached social workers in the management of depressed female patients in general practice. Psychological Medicine. Monograph Supplement, 6, pp 1-47.

Cotton, S. M., Lambert, M., Schimmelmann, B. G., Mackinnon, A., Gleeson, J. F. M., Berk, M., Hides, L., Chanen, A. M., Scott, J., Schöttle, D., Mcgorry and Conus, P. (2013). Differences Between First Episode Schizophrenia and Schizoaffective Disorder. *Schizophrenia Research.* 147. (169-174).

Craig, T. (????). What is Psychiatric Rehabilitation, http://citeseerx.ist.psu.edu/viewdoc/ download?doi=10.1.1.534.1291&rep=rep1 &type=pdf. Erişim Tarihi: 18.02.2017.

Crocker, A. C. (1982). Current Strategies in Prevention of Mental Retardation. Pediatric Annals., 11(5):450-457.

Cullen, L. T. (2012). The First Lady Almoner: The Appointment, Position, and Findings of Miss Mary Stewart at the Royal Free Hospital, 1895–99. *Oxford University Press.* 68(4). (551-582).

Çalışkan, Y. & Tarakçıoğlu, M. C. (2019). Dikkat Eksikliği ve Hiperaktivite Bozukluğunda Güncel Algoritmalar Tedavide Ne Öneriyor?. İKSSTD, 11(Ek sayı), s. 16-23.

Çam, O. ve Çuhadar, D. (2011). Ruhsal Hastalığa Sahip Bireylerde Damgalama Süreci ve İçselleştirilmiş Damgalama. *Psikiyatri Hemşireliği Dergisi.* 2(3). (136-140).

Çıraklı, Ü., Çelik, Y. ve Beylik, U. (2015). Etkili Ekip Çalışmasının Sağlıktaki Önemi Ve Faydaları: Bir Literatür Çalışması. *Sağlık Akademisi Dergisi.* 2(3). (140-146).

Çıtak, E. A. (2017). Psikiyatrik Rehabilitasyon. Ed. Seda Attepe Özden, Emre Özcan. *Tıbbi Sosyal Hizmet* içinde. Ankara: Nobel Akademik Yayıncılık.

Çolak, A. (2016). Otizm Spektrum Bozukluğuna Anlamak, Otizm Spektrum Bozukluğu içinde (Ed: Atilla Cavkaytar, T.C. Aile ve Sosyal Politikalar Bakanlığı Engelli ve Yaşlı Hizmetleri Genel Müdürlüğü, s. 38-39.

Çölgeçen, Y. ve Çölgeçen, H. (2019). Social Problems of People with Psychiatric Disorders and Their Families: A Qualitative Study on Patient and Patient Relatives. International Mediterranean Social Sciences Congress (MECAS), s. 27-42.

Çölgeçen, Y. (2018). Psikiyatrik Sosyal Hizmet Ve Hastane–Toplum Ruh Sağlığı Merkezi Uygulamaları (Manisa İli Örneği). Doktora Tezi, Yalova Üniversitesi Sosyal Bilimler Enstitüsü Sosyal Hizmet Anabilim Dalı.

Dağ, İ. (2003). Türkiye'de Ulusal Ruh Sağlığı Politikaları Konusunda Yapılmış Sistematik Çalışmalar. *Psikiyatri Psikoloji Psikofarmakoloji (3P) Dergisi.* 11(1). (59-67).

Dağı, F. (2017). İlk İslamî Türk Metinlerinde (Kutadgu Bilig, Divânü Lûgati't Türk, Atebetü'l-Hakâyık, Divân-I Hikmet) Halk Hekimliği. *Akademik Sosyal Araştırmalar Dergisi*, 5(53), s. 248-256

Daş, Z. (1999). Vaka Yönetimi ve Bakım Protokolü. *C. Ü. Hemşirelik Yüksekokulu Dergisi.* 3(2). (11-17).

Đečević, M., Janković, U. and Čekerevac, A. (2015). The Social Paradigm in Psychiatry as a Link Between Social Work and Psychiatry in Theory And Practice. *Ljetopis Socijalnog Rada.* 22(3). (371-392).

Deegan, P. (1988). Recovery: The Lived Experience of Rehabilitation. *Psychosocial Rehabilitation Journal.* 11(4). (11–19).

Demir, L. (2012). *Ruh Sağlığı ve Psikiyatri.* Ankara: Matsa Basımevi.

Deveci, A., Danacı, A. E., Yurtsever, F., Deniz, F. ve Yüksel, E. G. (2008). Şizofrenide Psikososyal Beceri Eğitiminin Belirti Örüntüsü, İçgörü, Yaşam Kalitesi ve İntihar Olasılığı Üzerine Etkisi. *Türk Psikiyatri Dergisi.* 19(3). (266-273).

Dobson DJG, McDougall G, Blusheikin J ve ark. (1995) Effects of social skills training and social milieu treatment on symptoms of schizophrenia. Psychiatr Serv, 46:376-380.

Doğan, M. (2009). Ruh Sağlığı ve Sosyal Hizmetler. Ed. Ömer Zühtü Altan. *Sosyal Hizmet Uygulamaları* içinde. T.C. Anadolu Üniversitesi Yayını. No:1959.

Doğan, O. (2016). Dünden Bugüne Türkiye'de Sosyal Psikiyatri Uygulamaları. *Anatolian Journal of Psychiatry.* 17(2). (136-142).

Doğan, S. , Doğan, O., Tel, H., Çoker, F., Polatöz, F. ve Başeğmez, F. D. (2002). Şizofrenide Psikososyal Yaklaşımlar: Ayaktan Hastalar, *Anadolu Psikiyatri Dergisi,* 3. (69-74).

Drake, R. E. & Latimer, E. (2012). Lessons Learned in Developing Community Mental Health Care in North America. *World Psychiatry.* 11. (47-51).

Drake, R. E., Essock, S. M., Carey, K. B., Minkoff, K., Kola, L., Lynde, D., Osher, F., Clark, R. E. and Rickards, L. (2001). Implementing Dual Diagnosis Services for Clients With Severe Mental Illness. *Psychiatric Services.* 52(4). (469-476).

Duggan, M. (2002*). Modernising the Social Model in Mental Health: A Discussion Paper*, SPN by Topss England.

Dumais, A., Lesage, A. D., Alda, M., Rouleau, G., Dumont, M., Chawky, N., Roy, M., Mann, J. J., Benkelfat, C., Turecki, G. (2005). Risk Factors For Suicide Completion in Majör Depression: A Case-Control Study of İmpulsive and Aggressive Behaviors in Men. *Am J Psychiatry.* 162. (2116-2124).

Duman, Z. Ç. ve Bademli, K. (2013). Kronik Psikiyatri Hastalarının Aileleri: Sistematik Bir İnceleme. *Psikiyatride Güncel Yaklaşımlar-Current Approaches in Psychiatry.* 5(1). (78-94).

Dursun, H. (1997). Damgalama Teorisi ve Suç. Türkiye Barolar Birliği Dergisi. 3(4). (309-322).

Durukan, İ., Türkbay, T. & Cöngöloğlu, A. (2008). Dikkat Eksikliği Hiperakvite Bozukluğu Olan Çocuklarda Metilfenidatın Çeşitli Görsel Dikkat Bileşenleri Üzerine Etkisi. Türk Psikiyatri Dergisi, 19(4), s. 358-364

Duyan, V. (1996). *Sağlıkta Psiko-Sosyal Boyut (Tıbbi Sosyal Hizmet)*. Ankara: 72 TDFO.

Duyan, V. (2003). Hastaların Karşılaştığı Sorunlar ve Çözümleri Odağında Tıbbi Sosyal Hizmet. *C. Ü. Tıp Fakültesi Dergisi*. 25(4). (39-44).

Duyan, V. (2012). *Sosyal Hizmet Temelleri, Yaklaşımları, Müdahale Yöntemleri*. Ankara: Sosyal Hizmet Uzmanları Derneği Genel Merkezi. Yayın No: 020.

Eckman TA, Liberman RP, Phipps CC ve ark. (1992) Teaching medication management skills to schizophrenic patients. J Clin Psychopharmacol, 10: 33-38.

Eker, E. (2008). Alzheimer Hastalığı. İ.Ü. Cerrahpaşa Tıp Fakültesi Sürekli Tıp Eğitimi Etkinlikleri Türkiye'de Sık Karşılaşılan Psikiyatrik Hastalıklar Sempozyum Dizisi, 62, s. 85-110

Ekmekçi, P. E. (2018), Psikiyatri Tarihinde Bir Dönüm Noktasi: 19. Yüzyilda Avrupa'daki Gelişmeler ve Etkileri, *Türkiye Klinikleri J Med Ethics*. 26(2). (77-85).

Elsabbagh, M., Divan, G., Koh, Y. J. Et al. (2012). Global Prevalence of Autism and Other Pervasive Developmental Disorders, Autism Research 5: 160–179.

Engel, G. (1977). The Need for a New Medical Model: A Challenge for Biomedicine, *Science*, 196(4286). (129-136).

Ensari, H. (2008). Türkiye'de Ruh Sağlığı Hizmetlerinde Mevcut Durum. *T. B. Müdürlüğü 5. Aile Şurası "Aile Destek Hizmetleri" Bildirileri* içinde (s. 88-92). Ankara: T.C. Başbakanlık Aile ve Sosyal Araştırmalar Genel Müdürlüğü.

Erbay, E. ve Tuncay, T. (2010). İnsan Hakları Eğitimi: Güçlendirme Yaklaşımı Temelinde Bir Değerlendirme. *TAAD*. 1(3). (147-162).

Erer, S. ve E. Atıcı. (2010). Selçuklu ve Osmanlılarda Müzikle Tedavi Yapılan Hastaneler. *Uludağ Üniversitesi Tıp Fakültesi Dergisi*. 36(1). (29-32).

Ergün, G., Işık, I. ve Dikeç, G. (2014). *Ülkemizdeki Psikiyatri Kliniklerinin Tedavi Edici Ortam Yönünden İncelenmesi*, Vehbi Koç Vakfı, Proje No-VKV 2014-4, Isparta.

Eroğlu, M. Z. ve Özpoyraz, N. (2010). Bipolar Bozuklukta Koruyucu Tedavi. *Psikiyatride Güncel Yaklaşımlar Current Approaches in Psychiatry*. 2(2). (206-236).

Erşan, E. E., Doğan, O., Doğan, S. vd. (2004). The distribution of symptoms of attention-deficit/hyperactivity disorder and oppositional defiant disorder in school age children in Turkey. Eur Child Adolesc Psychiatry 13: 354-361.

Ertan, T. (2008). Psikiyatrik Bozuklukların Epidemiyolojisi. İ.Ü. Cerrahpaşa Tıp Fakültesi Sürekli Tıp Eğitimi Etkinlikleri Sempozyum Dizisi, 62, s. 25-30.

European Communities (2010*). Promoting Social Inclusion and Combating Stigma for Better Mental Health and Well-Being.* Lisbon: European Communities.

European Intellectual Disability Research Network (2003) Intellectual disability in Europe: Working papers. Canterbury: Tizard Centre, University of Kent at Canterbury.

Europen Social Network (2011). *Mental Health and Wellbeing in Europe A Person-Centred Community Approach*, United Kingdom: European Community Programme.

Evliya Çelebi. (2011). *Evliya Çelebi Seyahatnamesi.* Ed. M. Sabri KOZ. İstanbul: Yapı Kredi Kültür Sanat Yayıncılık.

Fekadu, N., Shibeshi, W. ve Engidawork, E. (2017). Majör Depressive Disorder: Pathophysiology and Clinical Management. *Journal of Depression and Anxiety*. 6(1). (1-7).

Galmiche, M., Déchelotte, P., Lambert, G. & Tavolacci, M. P. (2019). Prevalence of eating disorders over the 2000–2018 period: a systematic literature review. Am J Clin Nutr ,109, s. 1402–1413.

Gençel, Ö. (2006). Müzikle Tedavi. *Kastamonu Eğitim Dergisi*. 14(2). (697-706).

Gençtan, E. (2015). *Psikodinamik Psikiyatri ve Normal Dışı Davranışlar*. İstanbul: Metis Yayıncılık.

Gill, C. (1994). *Two Models of Disability.* Chicago: University of Chicago.

Gilman, S. (1996). Alzheimer's Disease. Perspectives in Biology and Medicine, 40(2), pp. 230-245.

Goldman-Rakik P (1991) Working memory and the mind. Sci Am, 267:110-117.

Golightley, M. (2008). *Social Work and Mental Health.* Great Britain: Learning Matters Ltd.

Goodwin, G. M. (2012). Bipolar Disorder. *Medicine*, 40(11). (596-598).

Gosselin, P., Laberge, B. (2003). Etiological factors of generalized anxiety disorder. Encephale, 29: 351-61.

Gökçe, O. ve Bulduklu, Y. (2015). Sağlık Hizmetlerinin Sunumunda "Müşteri Hasta" ve Etik Sorunlar. *SÜ İİBF Sosyal Ekonomik Araştırmalar Dergisi*. 29 (38-61).

Göksu, T. ve Karakaya, M. (2009). Polisin Sapma Davranışlarının Etiketleme Kuramı Açısından Değerlendirilmesi. *Polis Bilimleri Dergisi.* 11(4). (27-43).

Gönenir Erbay, L. & Seçkin, Y. (2016). Yeme Bozuklukları. Güncel Gasroenteroloji, 20(4), s. 473-477.

Grande, I., Berk, M., Birmaher, B. and Vieta, E. (2016). Bipolar Disorder. *Lancet.* 387. (1561–1572).

Gül, H. & Öncü, B. (2018). Dikkat Eksikliği Hiperaktivite Bozukluğunun Etyolojisinde Çevresel Etkenler. Psikiyatride Güncel Yaklaşımlar, 10(2), s. 148-185

Güleç, G. (2016). Psikiyatrik Bozukluklar ve İntihar. *Turkiye Klinikleri J Psychiatry-Special Topics.* 9(3). (21-25).

Gültekin, B. K., Güler, J., Kesebir, S. , Gülücü, A. ve Ergelen, M. (2013). Şizofreni Hastalarında Tekrarlayan Yatış Sıklığı ve Öngörücüler. *Klinik Psikiyatri.* 16. (225-231).

Gümüş, F., Buzlu, S. ve Çakır, S. (2016). Bipolar Bozukluk için Örnek Bir Bireysel Psikoeğitim Modeli. *Psikiyatri Hemşireliği Dergisi.* 7(3). (142-147).

Gürdal, A. (1999). Yeme Bozuklukları ve Tedavisi. Klinik Psikofarmakoloji Bülteni, 9(1), s. 21-27.

Gürler, G. (2017). Psikiyatrinin Toplumsal Etkilerine Dair Nitel Bir Araştırma: Ege Üniversitesi Örneği. Sosyoloji Dergisi. 35. (21-44).

Hale, M. D. & Logomarsino, J. V. (2019). The use of enteral nutrition in the treatment of eating disorders: a systematic review. Eating and Weight Disorders - Studies on Anorexia, Bulimia and Obesity, 24, s. 179–198

Hasgül, E. (2017). Tıbbi Sosyal Hizmet Ortamlarında Sosyal İnceleme Raporu ve Kayıt. *Kastamonu Üniversitesi İktisadi ve İdari Bilimler Fakültesi Dergisi.* 18(1), ICEBSS Özel Sayı. (363-374).

Hay, A. (1990). *The Cape Town Child Guidance Clinic1935 – 1971 an Historical Analysis.* Submitted in Partial Fulfillment of The Requirements for The Degree of Master of Arts in the Department of Psychology of the University of Cape Town.

Hochmann, J. (2013). *Psikiyatri Tarihi.* Ankara: Kültür Kitaplığı.

Honda, H., Shimizu, Y., & Rutter, M. (2005). No effect of MMR withdrawal on the incidence of autism: a total population study. Journal of Child Psychology and Psychiatry, 46, 572–579.

Hopaç, M. (2014). İbn-i Sina Tıp Felsefesi. *Uluslararası Sosyal Araştırmalar Dergisi.* 7(37). (382-389).

Horwıtz, A. V. and Gerald N. G. (2011). The Checkered History of American Psychiatric Epidemiology. *The Milbank Quarterly.* 89(4). (628–657).

http://history.amedd.army.mil/booksdocs/wwii/NeuropsychiatryinWWIIVolI/chapter20.htm. Erişim Tarihi: 03.04.2017

http://tokyocounseling.com/english/media/japanpsw.html Erişim Tarihi: 10.09.2018.

http://www.casw-acts. ca/en/role-social-work-mental-health. Erişim Tarihi: 03.09.2017

http://www.emedmd.com/content/schizoaffective-and-schizotypal-disorders. Erişim Tarihi: 03.04.2016

http://www.istanbulsaglik.gov.tr/w/sb/tedk/pdf/TRSM_rehber.pdf. Erişim Tarihi: 18.04.2017

http://www.japsw.or.jp/psw/index.htm. Erişim Tarihi: 10.09.2018.

http://www.stephanehaefliger.com/campus/biblio/017/17_47.pdf. Erişim Tarihi: 03.02.2017

http://www.thegisw.org/copy-of-social-casework. Erişim Tarihi: 06.03. 2017

https://encyclopedia.thefreedictionary.com/recovery+model. Erişim Tarihi: 03.04.2017

https://khgmsaglikhizmetleridb.saglik.gov.tr/TR-43118/toplum-ruh-sagligi-merkezleri-trsm-listesi.html. Erişim Tarihi: 20.02.2021

https://ourworldindata.org/mental-health. . Erişim Tarihi: 03.04.2020

https://www.milliyet.com.tr/gundem/sinir-ilaclarinda-ciddi-artis-var-6142114

https://www.aasw.asn.au/information-for-the-community/mental-health-social-workers. Erişim Tarihi: 03.04.2018

https://www.casw-acts. ca/en/role-social-work-mental-health. Erişim Tarihi: 12.08.2017

https://www.cimer.gov.tr/. Erişim Tarihi: 03.08.2018

https://www.gov.uk/government/organisations/general-social-care-council. Erişim Tarihi: 01.12.21

https://www.hopkinsmedicine.org/psychiatry/expert_team/social_work/dept_history.html. Erişim Tarihi: 03.12.2016

https://www.nimh.nih.gov/health/statistics/mental-illness.shtml#part_154790. Erişim Tarihi: 03.04.2018

https://www.psikolog.org.tr/assets/uploads/file/RSY-24-11-2017.pdf. Erişim Tarihi: 03.06.2018

https://www.socialworkengland.org.uk/. Erişim Tarihi: 01.12.21

Hussein, S. (2011). *Social Work Qualifications and Regulation in European Economic Area (EEA)*. London: Commissioned by the General Social Care Council and Skills for Care & Development.

Jackson, Mick (Yön.) (2010). **Temple Grandin**, Scott Ferguson (Yap.).

Jackson, P. (1983). Principles and Problems of Participant Observation. *Human Geography*. 65(1). (39-46).

Jacop, K. S. (2015). Recovery Model of Mental Illness: A Complementary Approach to Psychiatric Care, *Indian J Psychol Med*. (Apr-Jun). 37(2). (117–119).

Kanata, T. (2016). Japanese Mental Health Care in Historical Context: Why Did Japan Become a Country With So Many Psychiatrıc Care Beds?. Social Work/Maatskaplike Werk. 52(4). (471-489).

Karadağ, M. ve Gökçen, C. (2017). Mental Retardasyonu Olan Çocuk ve Ergenlerin Tedavisinde Kullanılan Farmakolojik Ajanlar. Çocuk ve Gençlik Ruh Sağlığı Dergisi, 24 (3): 271-282.

Katzenbach, J. R. and Smith, D. K. (1993). *The Wisdom of Teams Creating the Hight-Performance Organization*. Harvard Business School Press.

Kayaalp, L. (2008). Dikkat Eksikliği Hiperaktivite Bozukluğu. Türkiye'de Sık Karşılaşılan Psikiyatrik Hastalıklar Sempozyum Dizisi, 62, s. 147-152

Kaymak Özmen, S. (2010) Okulda Dikkat Eksikliği ve Hiperaktivite Bozukluğu (DEHB). Mersin Üniversitesi Eğitim Fakültesi Dergisi, 6(2), s. 1-10.

Keçeci, G. (2017). Makro Sosyal Hizmet Uygulamasında Kullanılan Modeller, Teknikler ve Sosyal Hizmet Uzmanlarının Rolleri, *Toplum ve Sosyal Hizmet*. 28(1). (187-201).

Kerimoğlu, E., Kılıç, B. G., Gürkan, C. K. ve Öztürk, M. (2008). Ruh Sağlığı ve Bozuklukları II içinde (Ed:Orhan Öztürk, Aylin Uluşahin), Nobel Tıp Kitabevi.

Kesebir, S. , İnanç, L. ve Yıldırım, G. (2013). Bipolar Bozukluk Tip I ile Tip II'nin Depresyon Atakları Arasındaki Farklılıklar. *Psikiyatride Güncel Yaklaşımlar-Current Approaches in Psychiatry*. 5(3). (290-298).

Kessler, R. C., Chiu, W. T., Demler, O. &Walters, E. E. (2005). Prevalence, Severity, and Comorbidity of Twelve-month DSM-IV Disorders in the National Comorbidity Survey Replication (NCS-R). Arch Gen Psychiatry, 62(6), s. 617–627.

Kılıç, A. (2012). *Anadolu Selçuklu ve Osmanlı Şefkat Abideleri Şifahaneler*. İstanbul: Medikal Park.

Kılınç, T. (2001). Lider, Liderlik, Takım Liderliği. *Rota Yayınları Executıve Academy*, 4(46).

Kızılçelik, S. (1994a). *Sosyoloji Teorileri 1* (2. Baskı). Konya: Yunus Emre Yayıncılık.

Kızılçelik, S. (1994b). *Sosyoloji Teorileri 2* (2. Baskı). Konya: Yunus Emre Yayıncılık.

Kim, Y.S. , Leventhal, B.L., Koh, Y.J., Fombonne, E., Laska, E., et al. (2011). Prevalence of Autism Spectrum Disorders in a Total Population Sample. American Journal of Psychiatry, 168, 904–912.

Knott, L. (2015). Poverty and Mental Health. https://patient.info/ doctor/poverty-and-mental-health. Erişim Tarihi: 13.12.2017.

Koca, E., Taşkapılıoğlu, Ö. & Bakar, M. (2017). Alzheimer Hastalığı'nda Evrelere Göre Hastaya Bakım Veren Kişi(ler)nin Yükü. Arch Neuropsychiatry, 54, s. 82-6. Doi: 10.5152/npa.2017.11304

Kocal, Y., Karakuş, G. & Sert, D. (2017). Şizofreni: Etyoloji, Klinik Özellikler ve Tedavi. Arşiv Kaynak Tarama Dergisi, 26(2):251-267.

Kongar, E. (1978). *İnsani Yönlendirme ve Sosyal Hizmetler (Sosyal Çalışmaya Giriş)* (II. Baskı). Ankara: Hacettepe Üniversitesi Yayınları.

Korkmaz, B. (2010). Otizm: Klinik ve Nörobiyolojik Özellikleri, Erken Tanı, Tedavi ve Bazı Güncel Gelişmeler. Turk Pediatri Arşivi Dergisi, 45(80), s. 37-44.

Koşar, N. G. (1987). Sosyal Kişisel Çalışmada Vaka Kayıtları. *Hacettepe Üniversitesi Sosyal Hizmetler Yüksekokulu Dergisi*. 5(1). (35-48).

Köknel, Ö. (1998). *Kötü Ruhtan Ruh Sağlığına (Türkiye'de Psikiyatri Tarihi)*. İstanbul: Alfa Basın Yayıncılık.

Köroğlu, A. ve Hocaoğlu, Ç. (2017). Şizofreninin Aile Üzerine Olan Etkisi, *Düzce Üniversitesi Sağlık Bilimleri Enstitüsü Dergisi*, 7(3). (170-175).

Köroğlu, E. (2012). *Psikiyatri Ders Kitabı*. Ankara: HYB Basım Yayın.

Kunze, H., Becker, T. and Priebe, S. (2004). Reform of Psychiatric Services in Germany: Hospital Staffing Directive and Commissioning of Community Care. *Psychiatric Bulletin*. 28. (218-221).

Kümbetoğlu, B. (2017). *Sosyolojide ve Antropolojide Niteliksel Yöntem ve Araştırma*. İstanbul: Bağlam Yayıncılık.

Lafçı, D., Pehlivan, S. ve Demiray,G. (2016). Cerrahi Kliniklerinde Çalışan Hekim ve Hemşirelerin Ekip Çalışmasına İlişkin Görüşleri. *Sağlık ve Hemşirelik Yönetimi Dergisi*. 2(3). (55-64).

Lamb, H. R. and Weinberger, L. E. (1998). Persons With Severe Mental İllness in Jails and Prisons. *Psychiatric Services*. 49(4). (483-492).

Levav, I., Kohn, R., Dohrenwend, B. P., Shrout, P. E., Skodol, A. E., Schwartz, S. , Link, B. G. and Naveh, G. (1993). An Epidemiological

Study of Mental Disorders in a 10-Year Cohort of Young Adults in Israel. *Psychological medicine.* 23. (691-707).

Levenstein, J. H., McCracken, E. C., McWhinney, J. R., Stewart, M. A. and Brown, J. B. (1986). The Patient Centered Clinical Method 1. A Model for The Doctor Patient İnteraction in Family Medicine. *Family Practice.* (3). (24-30).

Lilenfeld, L., Kaye, W., Greeno, C. et al. (1998). A controlled family study of restricting anorexia and bulimia nervosa: comorbidity in probands and disorders in first-degree relatives. Archives of General Psychiatry, 55, s. 603-610.

Madsen, K.M., Hviid, A., Vestergaard, M., Schendel, D., Wohlfahrt, J., et al. (2002). A Population-based Study of Measles, Mumps, and Rubella Vaccination and Autism. New England Journal of Medicine, 347, 1477–1482.

Malaspina, D., Owen, M. J., HEckers, S. , Tandon, R., Bustillo, J., Schultz, S. , Barch, D. M., Gaebel, W., Gur, R. E., Tsuang, M., Os, J. V. and Carpenter, W. (2013). Schizoaffective Disorder in The DSM-5. *Schizophrenia Research.* 150. (21-25).

Malhi, G. S. , Green, M., Fagiolini, A., Peselow, E. D. and Kumari, V. (2008). Schizoaffective Disorder: Diagnostic İssues and Future Recommendations. *Bipolar Disorders.* 10. (215-230).

Maraş, A. (2015). Bağlanma Kuramı Temelinde Gerçekleştirilen Bir Vaka Çalışması. *AYNA Klinik Psikoloji Dergisi.* 2(3). (1-13).

Marcus, M., Yasamy, T., Ommeren, M. V., Chisholm, D. and Saxena, S. (2012). Depression A Global Public Health Concern. *WHO Department of Mental Health and Substance Abuse.* (6-8).

Marneros, A. (2003). Schizoaffective Disorder: Clinical Aspects, Differential Diagnosis and Treatment. *Current Psychiatry Reports.* 5. (202-205).

Mayeux, R. & Stern, Y. (2012). Epidemiology of Alzheimer Disease. Cold Spring Harb Perspect Med, 2, s. 1-18.

McAdoo, C. and DeMyer, M. K. (1977). Researche Releated to Family Factors in Autism. Journal of Pediatric Psychiology, 2(4), s. 162.

MEB (2012). *Ruh Sağlığı ve Hastalıklarına Giriş.* T.C. Milli Eğitim Bakanlığı.

Mental Health Comission (2005). *A Vision for a Recovery Model in Irish Mental Health Services.* Dublin: Mental Health Commission.

Mental Health Commission (2006). Multidisciplinary Team Working: From Theory to Practice Discussion Paper. Dublin: Mental Health Commission.

Mosby's Medical Dictionary (2009). *Mosby's Medical Dictionary 9th edition*. Elsevier. http://medical-dictionary.thefreedictionary. com/ medical+model

Motavallı, N. (1994). Kentsel kesimde Türk İlkokul çocuklarında "Dikkat Eksikliği Hiperaktivite Bozukluğunun" Nozolojik bağlamda prevalansının araştırılması. Yayınlanmamış Uzmanlık Tezi. İstanbul Üniversitesi İstanbul Tıp Fakültesi, İstanbul.

NASW (National Association of Social Worker) (2005), *NASW Standards for Clinical Social Work in Social Work Practice,* Washington, DC: NASW Press.

NASW (National Association of Social Worker) (2011). *Social Workers in Mental Health Clinics & Outpatient Facilities.* Washington: National Association of Social Worker Press.

Neuman, W. L. (2017). Toplumsal Araştırma Yöntemleri Nitel ve Nicel Yaklaşımlar. Ankara: Yayınodası Toplum Bilim Dizisi.

NIHM-National Institute of Mental Health (2009). *Bipolar Disorder.* U.S: NIMH publications.

Nicholson Jr. N. R. (2009) Social İsolation in Older Adults: An Evolutionary Concept Analysis. *Journal of Advanced Nursing.* 65(6). (1342–1352).

NYS Office of Mental Health (2008). *Bipolar Disorder*. New York: New York State Office of Mental health.

O'brein, A. M. and Calderwood, K. A. (2010). Living in the Shadows: A Canadian Experience of Mental Health Social Work. *Social Work in Mental Health*. 8. (319–335).

Okan, M. ve Özdemir, Ö. (2005). Çocuklarda Mental Retardasyon. Güncel Pediatri, 3: 62-66.

Oliveira, G., Ataíde, A., Marques C. et al. (2007). Epidemiology of Autism Spectrum Disorder in Portugal: Prevalence, Clinical Characterization, and Medical Conditions. Developmental Medicine & Child Neurology, 49: 726–733.

Onken, S. J., Craig, C. M., Ridgway, P., Ralph, R. O. and Cook, J. A. (2007). An Analysis of The Definitions and Elements of Recovery: A Review of the Literature. *Psychiatric Rehabilitation Journal*. 31(1). (9–22).

Oral, M. & Tuncay, T. (2018). Majör Depresyon Tanısı Almış Kadınlarda Kişiler arası İlişkiler Terapisi Yaklaşımına Dayalı Grupla Sosyal Hizmet Uygulamasının Depresyon ve Sosyal Problem Çözme Düzeyleri Üzerine Etkisi: Bir Karma Yöntem Araştırması. Toplum ve Sosyal Hizmet, 29(2), s. 114-143.

Oral, M. ve Tuncay, T. (2012). Ruh Sağlığı Alanında Sosyal Hizmet Uzmanlarının Rol ve Sorumlulukları. *Toplum ve Sosyal Hizmet*. 23(2). (93-114).

Ornellas, A. (2014). *Views of Social Workers on Their Role in Mental Health Outpatient and Community-Based Services*. Thesis Presented in Fulfillment of the Requirements for The Degree of Master of Social Work in The Faculty of Arts and Social Sciences at the University of Stellenbosch.

Öktem, Ü. (2005). Fenomenoloji ve Edmund Husserl'de Apaçıklık (Evidenz) Problemi. *Ankara Üniversitesi Dil ve Tarih-Coğrafya Fakültesi Dergisi*. 45(1). (27-55).

Öncü, B: & Şenol, S. (2002). Dikkat Eksikliği Hiperaktivite Bozukluğunun Etiyolojisi: Bütüncül Yaklaşım. Klinik Psikiyatri, 5, s. 111-119.

Öz, Y. C. ve Barlas, G. Ü. (2017). Şizofrenili Bireylerde İstihdamın Önemi. *G.O.P. Taksim E.A.H. JAREN*. 3(Ek sayı). (46-50).

Özbabalık, D. & Hussein, S. (2017). Demans Bakım Modeli Raporu. T.C. Aile ve Sosyal Politikalar Bakanlığı, T.C. Çalışma ve Sosyal Güvenlik Bakanlığı.

Özbaran, B. (2014). Otizm Spektrum Bozukluklarında Çevresel Faktörler Etkili midir?.The Journal of PEdiatric Research, 1(14), s. 171-172.

Özbesler, C. (2015). Sosyal İnceleme ve Değerlendirmede Kuramsal Bilgi ve Yetkinliğin Önemi. *Sosyal Hizmet Dergisi.* (18-26).

Özcan, M., Uğuz, F., & Çilli, A. S. (2006). Ayaktan Psikiyatri Hastalarında Yaygın Anksiyete Bozukluğunun Yaygınlığı ve Ek Tanılar. *Türk Psikiyatri Dergisi, 17*, 276-285.

Özdemir, U. (1998). *Psikiyatrik Sosyal Hizmet.* Hacettepe Üniversitesi Sosyal Bilimler Enstitüsü Sosyal Hizmet Anabilim Dalı, Ankara.

Özdemir, U. (1999). Psikiyatri Tedavi Ekibinin "Ekip Çalışması" Kavramına İlişkin Kendi Bilgilerini ve Çalıştıkları Psikiyatri Tedavi Kurumlarını Değerlendirmeleri. *Kriz Dergisi.* 7(2). (17-24).

Özdemir, Uğur; (2000). *Türkiye'de Psikiyatrik Sosyal Hizmet.* Ankara: Aydınlar Matbaası.

Özdemir, Ü. ve Taşçı, S. (2013). Kronik Hastalıklarda Psikososyal Sorunlar ve Bakım. *Erciyes Üniversitesi Sağlık Bilimleri Fakültesi Dergisi.* 1(1). (57-72).

Özden, A. S. (2017). Psikiyatri Kliniğinde Sosyal Hizmet Uygulamaları. Ed. Seda Attepe Özden ve Emre Özcan. *Tıbbi Sosyal Hizmet* içinde. Ankara: Nobel Akademik Yayıncılık.

Özer, Ü., Yıldırım, A. E. ve Erkoç, Ş. N. (2015). Majör Depresyon Olgularında İntihar Düşünce ve Davranışının Bağlanma Biçimi ile İlişkisi. *Arch Neuropsychiatr*. 52. (283-288).

Özeren, G. S. (2013). Otizm Spektrum Bozukluğu (OSB) ve Hastalığa Kanıt Penceresinden Bakış. Acıbadem Universitesi Sağlık Bilimleri Dergisi, 4(2), s. 57-62.

Özlü, T., Arslan, E., Kenger, E. B. ve Ergün, C. (2020). Otizm Spektrum Bozukluğunda D vitamini, Türkiye Klinikleri Pediatri Dergisi, 29(2), s. 113.

Özpoyraz, N. ve Taman, L. (1998). Şizofrenik Bozukluk. *Galenos*. (26-31).

Öztürk, G. Ç. ve Çam, M. O. (2017). Ebeveyninde Bipolar Bozukluk Olan Gençlerin Benlik Tasarımlarının İncelenmesi. *Psikiyatri Hemşireliği Dergisi*. 8(2). (66–71).

Öztürk, M. O. (1983). Ruh Sağlığı ve Hastalıkları (İkinci Baskı). *Türkiye Sinir ve Ruh Sağlığı Derneği Yayını*. Yayın No.7, Ankara.

Öztürk, M. O. ve Uluşahin, A. (2011). *Ruh Sağlığı ve Bozuklukları I* (Yenilenmiş 11. Baskı). Ankara: Nobel Tıp Kitapevleri.

Özürlüler ve Bazı Kanun ve Kanun Hükmünde Kararnamelerde Değişiklik Yapılması Hakkında Kanun (2005), Kanun No: 5378, http://www.resmigazete.gov.tr/eskiler/ 2005/07/20050707-2.htm. Erişim Tarihi: 12.04.2017.

Padhy, S. ve Hedge, A. (2014). Şizoafektif Bozukluk: Kavramın Ortaya Çıkışı ve Güncel Durumu. *Türk Psikiyatri Dergisi*. 25. (1-7).

Pal, H. R., Pal, A. and Tourani, P. (2004). Theories of Intelligence, Everyman's Science, Vol:39, No:3, pp. 181-192.

Pate, A. (2014). Social İsolation: İts İmpact on The Mental Health and Wellbeing of Older Victorians. *Cota Victoria Working*. Paper No. 1. Melbourne.

Patton, M.Q. (2014). Nitel Araştırmanın Doğası. (çev.:Mesut Bütün ve Selçuk Beşir Demir). *Nitel Araştırma ve Değerlendirme Yöntemleri* içinde.(3-29). Ankara: Pegem Yayınları.

Pehlivan, T. ve Güner, P. (2015). Teorilerin Psikiyatri Hemşireliğinde Kullanımı-II. *Psikiyatri Hemşireliği Dergisi*. 7(2). (100–104).

Pehlivantürk, B., Bakkaloğlu, B. ve Ünal, F. (2003). Otistik Bozuklukta Genetik Etkenler. Çocuk ve Gençlik Ruh Sağlığı Dergisi, 10(2), s. 89.

Piaget, J. (1950). The Psychology of Intelligence. The International Library of Psychology.

Poloma, M. (1993). *Çağdaş Sosyoloji Kuramları* (2. Basım). Ankara: Gündoğan Yayınları.

Pratt, C. W., Gill, K. J., Barrett, N. M. and Roberts M. M. (2007). *Psychiatric Rehabilitation* (Second Edition), Elsevier Academic Press. UK.

Ravelli, D. P. (2006). Deinstitutionalisation of Mental Health Care in The Netherlands: Towards an İntegrative Approach. *International Journal of Integrated Care*. 6 (15). (1-11).

Reay-Young, R. (2001). Ciddi Bir Zihinsel Hastalıkla Yaşayan İnsanların Yakınları İçin Destek Grupları: Genel Bir Bakış. *Uluslararası Psikososyal Rehabilitasyon Dergisi.* 5. (147-168). http://www. psychosocial.com/psr/ supgroup.html. Erişim Tarihi: 05.02.2018.

Rikani, A. A., Choudhry, Z., Choudhry, A., Ikram, H. et al. (2013). A critique of the literature on etiology of eating disorders. Annals of Neurosciences, 20(4), s. 157-161.

Rullo, D. (2001). The Profession of Clinical Social Work. *Research on Social Work Practice*. 11(2). (210-216).

Saillard, E. K. (2010). Ruhsal Hastalara Yönelik Damgalamaya İlişkin Psikiyatrist Görüşleri ve Öneriler. *Türk Psikiyatri Dergisi*. 21(1). (14-24).

Saka, M. C., Özer, S. ve Uluşahin, A. (2001). Bipolar Bozukluk Bir Yıllık İzlem Çalışması. *Türk Psikiyatri Dergisi*. 12(4). (283-292).

SAMSHA National Registry of Evidence-based Programs and Practices (NREPP) (2016). Behind the Term: Serious Mental Illness. (2). https://nrepp.samhsa.gov/Docs/Literatures/Behind_the_Term _Serious%20%20Mental%20Illness. pdf. Erişim Tarihi: 13.05.2018.

Sarı, N. ve B. Akgün. (2008). Türk Tarihinde Psikiyatriye Bakış. *İ.Ü. Cerrahpaşa Tıp Fakültesi Sürekli Tıp Eğitimi Etkinlikleri Sempozyum Dizisi.* 62. (1-24).

Saruç, S. ve Kılıç, A. K. (2015). Toplum Ruh Sağlığı Merkezinden Hizmet Alan Hastaların Sosyal Profili Ve Merkezde Verilen Hizmetler. *Toplum ve Sosyal Hizmet.* 26(2). (53-71).

Schaffer, A., Isometsä, E. T., Tondo, L., Moreno, D. H., Sinyor, M., Kessing, L. V., Turecki, G., et al. (2015). Epidemiology, Neurobiology and Pharmacological İnterventions Related to Suicide Deaths and Suicide Attempts in Bipolar Disorder. *Aust N Z J Psychiatry*. 49(9). (785–802).

Schulz, M. (2012). Mental Health Services in Germany. *Mental health services in Europe.* (97-120).

Selcik, O. ve Güzel, B. (2016). Sosyal Hizmet Mesleğinin Çalışma Alanı ve Sosyal Hizmet Uygulamasının Türkiye Ölçeğinde Değerlendirilmesi. *Uluslararası Sosyal Araştırmalar Dergisi,* 9(46): (461- 469).

Semiz, M., Atik, S. ve Erdem, M. (2016). Majör Depresyon Hastalarında Travmatik Yaşantılar Sonrası EMDR Uygulamasının Tedaviyi Güçlendirici Etkileri: Olgu Serisi. *Düşünen Adam The Journal of Psychiatry and Neurological Sciences*. 29. (91-95).

Sharac, J., McCrone, P., Sabes-Figuera, R., Csipke, E., Wood, A., and Wykes, T. (2010). Nurse and Patient Activities and İnteraction on Psychiatric İnpatients Wards: A Literature Review. *International Journal of Nursing Studies*. 47(7). (909-917).

Sharma, S. , Raina, S. K., Bhardwaj, A.K., Chaudhary, S. , Kashyap, V. and Chander, V. Prevalence of Mental Retardation in Urban and Rural Populations of The Goiter Zone in Northwest India. Indian J Public Health, 60:131-7.

Shaver, P. R., & Mikulincer, M. (2009*). An Overview of Adult Attachment Theory*. In J. H. Obegi, E. Berant (pp.17-45). New York: The Guilford Press.

Sheafor, B. W. and Horejsi, C. J. (2012). *Sosyal Hizmet Uygulaması Temel Teknikler ve İlkeler*. Ankara: Nika Yayınevi.

Shooshtary, M. H., Chimeh, N., Najafi, M. Mohamadi, M. R., Yousefi-Nouraie, R. & Rahimi-Mvaghar, A. (2010). The prevalence of Attention Deficit Hyperactivity Disorder in Iran: A systematic review. Iran J Psychiatry,5(3), s. 88-92.

Singh, V. ve Bowden, C. L. (2006). Bipolar Bozukluk, Karma Dönemlerin Tanı ve Tedavisindeki Gelişmeler. *New/Yeni Symposium Journal*. 44(1). (23-33).

Skounti, M., Phililalitis, A. & Galanakis, E. (2007). Variations in prevalence of attention deficit hyperactivity disorder worldwide. European Journal of Pediatrics, 166, s. 117-123.

Songar, A. (1977). *Psikiyatri Modern Psikobiyoloji ve Ruh Hastalıkları* (Birinci Baskı). İstanbul: Geçit Kitabevi.

Songur, C., Saylavcı, E. ve Kıran, Ş. (2017). Avrupa'da ve Türkiye'de Ruh Sağlığı Hizmetlerinin Karşılaştırmalı Olarak İncelenmesi. *Social Sciences Studies Journal*. 3(4). (276-289).

Söhmen, T. (1998). Zekâ Geriliği (Mntal Retardasyon), Psikiyatri Temel Kitabı içinde, Ed. Cengiz Güleç ve Ertuğrul Köroğlu. Hekimler Yayın Birliği. s. 1041-1055.

Srivastava, P. and Panday, R. (2016). Psychoeducation an Effective Tool as Treatment Modality in Mental Health. *The International Journal of Indian Psychology*. 4(1). (123-130).

Starnino, V. R. (2009). An Integral Approach to Mental Health Recovery: Implications for Social Work. *Journal of Human Behavior in the Social Environment*. 19. (820–842).

Stefansson, C. G. & Hansson, L. (2001). Mental Health Care Reform in Sweden, 1995. *Acta Psychiatr Scand.* 104(410). (82-88).

Stefânsson, J. G., Líndal, E., Björnsson, J. K. And Guðomundsdóttir, Á. (1991) Lifetime Prevalence of Specific Mental Disorders Among People Born in Iceland in 1931. *Acta Psychiatrica Scandinavica.* 84. (142-149).

Stoddard, G. D. (1941). On the meaning of intelligence. Psychological Review, 48(3), 250–260.

Strober, M., Freeman, R., Lampert, C., Diamond, J. & Kaye, W. (2000). Controlled family study of anorexia nervosa and bulimia nervosa: Evidence of shared liability and transmission of partial syndromes. American Journal of Psyciatry, 157, s. 393-401.

Sullivan, W. P. (1997). A Long and Winding Road: The Process of Recovery from Severe Mental İllness. In Spaniol, L., Gagne, C. and Koehler, M. (Eds) *Psychological and Social Aspects of Psychiatric Disability* içinde. Boston: Centre for Psychiatric Rehabilitation.

Sundararaman, R. (2009). *U. S. Mental Health Delivery System Infrastructure: A Primer.* Congressional Research Service.

Sungur, M. Z. ve Yalnız, Ö. (1999). Şizofreni Tedavisinde Bilişsel-Davranışçı Yaklaşımlar. *Klinik Psikiyatri.* 2. (160-166).

Szabo, S. , Tache, Y. and Somogyi, A. (2012). The legacy of Hans Selye and the origins of stress research: A retrospective 75 years after his landmark brief "Letter" to the Editor. Stress, Informa Healthcare USA, 15(5). (472–478).

Szymanski, L., & King, B. H. (1999). Summary of the Practice Parameters for the Assessment and Treatment of Children, Adolescents, and Adults with Mental Retardation and Comorbid Mental Disorders. Journal of the American Academy of Child and Adolescent Psychiatry, 38(Suppl.), 5S–31S.

Şahin, Ç. (2014). Veri Toplama Teknikleri. Ed. Remzi Y. Kıncal. *Bilimsel Araştırma Yöntemleri* içinde. Ankara: Nobel Akademik Yayıncılık.

Şahin, F. (2001). Sosyal Hizmette Güçler Perspektifi ve Çözüm Odaklı Mülakat. *Aile ve Toplum.* 1(4). (1-13).

Şenel, F. (2013). Dikkat Eksikliği ve Hiperaktivite Bozukluğu. Bilim ve Teknik, s. 78-80.

Şengül, E. (2008). Kültür Tarihi İçinde Müzikle Tedavi ve Edirne Sultan II. Bayezid Darüşşifası. *Trakya Üniversitesi Sosyal Bilimler Enstitüsü Yükseklisans Tezi.* Edirne.

Şenol, S. & Şener, Ş. (1998). Dikkat Eksikliği/Hiperaktivite Bozukluğu. Psikiyatri Temel Kitabı içinde (Ed. C. Güleç& E. Köroğlu). Hekimler Yayın Birliği, Cilt:2, s. 1119-1130.

Şenol, S. (1996). Dikkat Eksikliği yıkıcı davranış bozukluklarının klinik özellikleri, aynı grup ve diğer DSM-IV tanılarıyla birliktelikleri, risklerin ve tedavi eğiliminin belirlenmesi. Yayınlanmamış Uzmanlık Tezi. Gazi Üniversitesi Tıp Fakültesi, İstanbul.

Şenol, S. , İşeri, E. ve Şener, Ş. (2006). Çocuk ve Ergenlerde Görülen Ruhsal Bozukluklar. Ruhsal Hastalıklar içinde, Ed. Nevzat Yüksel, s. 529-604, MN Medikal & Nobel.

T. C. Sağlık Bakanlığı. (2001). *Herkese Sağlık Türkiyenin Hedefleri ve Stratejileri*. Ankara: T.C. Sağlık Bakanlığı.

T.C. Aile, Çalışma ve Sosyal Hizmetler Bakanlığı Engelli ve Yaşlı Hizmetleri Genel Müdürlüğü (2019). Engelli ve Yaşlı İstatistik Bülteni 2019-Aralık, https://ailevecalisma.gov.tr/media/34054/istatistik-bulteni-aralik2019.pdf

T.C. Sağlık Bakanlığı (2011a). *Ulusal Ruh Sağlığı Eylem Planı (2011-2023)*. Ankara.

T.C. Sağlık Bakanlığı (2011b). *Toplum Ruh Sağlığı Merkezleri Hakkında Yönerge*. https://www.saglik.gov.tr/TR,11269/toplum-ruh-sagligi-merkezleri-hakkinda-yonerge.html. Erişim Tarihi: 07.04.2016.

T.C. Sağlık Bakanlığı (2011c). Tıbbi Sosyal Hizmet Uygulama Yönergesi, https://dosyasb.saglik.gov.tr/Eklenti/1349,img071372pdf.pdf?0. Erişim Tarihi: 07.04.2016.

T.C. Sağlık Bakanlığı Temel Sağlık Hizmetleri Genel Müdürlüğü (2011). *Toplum Sağlığı Merkezlerinin Kurulmasına ve Çalıştırılmasına Dair Yönerge*. https://dosyasb.saglik.gov.tr/Eklenti/1361,tsmyonergepdf.pdf?0. Erişim Tarihi: 07.04.2016.

T.C. Sağlık Bakanlığı. (2006). *Türkiye Cumhuriyeti Ruh Sağlığı Politikası*. Ankara: T.C. Sağlık Bakanlığı, Temel Sağlık Hizmetleri Genel Müdürlüğü.

Tan, S. Y. And Yip, A. (2018). Hans Selye (1907-1982): Founder of The Stress Theory. Singapore Med J. 59(4). (170-171).

Tanioka, T., Mano, M., Aotani, E., Furuta, B., Takenaka, M., Kobayashi, H. and Sugawara, K. (2002). Nurse & Social Worker Collaboration in Psychiatric Care; KJ Method Used to Identify Cross-Professional Issues. *Kawasaki Journal of Medical Welfare*. 8(2). (73-80).

Tekin, H. H. (2006). Nitel Araştırma Yönteminin Bir Veri Toplama Tekniği Olarak Derinlemesine Görüşme. *İstanbul Üniversitesi Sosyoloji Dergisi*. 3(13). (101-116).

Thorndike, E. L. (1920). İntelligence and Its Uses. Harper's Monthly Magazine, January, 227-235.

Thornicroft, G. & Tansella, M. (2002). Balancing Community-Basedand Hospital-Based Mental Health Care. *World Psychiatry*. 1(2). (84-90).

Thornicroft, G. and Tansella, M. (2013). The Balanced Care Model: The Case For Both Hospital- And Community-Based Mental Healthcare. *The British Journal of Psychiatry*. 202. (246–248).

Tohum Otizm Vakfı (2020). Down Sendromu, Otizm ve Diğer Gelişim Bozukluklarının Yaygınlığının Tespiti ile İlgili Bireylerin ve Ailelerinin Sorunlarının Çözümü İçin Alınması Gereken Tedbirlerin Belirlenmesi Amacıyla Kurulan Meclis Araştırması Otizm Spektrum Bozukluğu Özelinde Rapor Özeti, TBMM Komisyon Raporu.

Topkaya, Z. E. (2006). Sosyal Bilimlerde Nitel Arastırma Yöntemleri (Yıldırım, A. ve H. Simsek). *Egitimde Kuram ve Uygulama*. 2 (2). (113-118).

Toy, M. (1948). *The Social Worker's Function in a Child Guidance Clinic Team in Treating Problems of Poor School Adjustment in Children with Average or High IQ's a Study of Twenty Representative Cases*. Boston University School of Social Work Theses.

Trautmann, C., Kleißle, C. and Müller, C. (2017). *The Psychiatric Health Care System in Germany Utilization of Medical Care: Understanding, Evaluating and Deciding*. Familien-Selbsthilfe Psychiatrie.

Trent, J. W. *Moral Treatment*. http://www.disabilitymuseum. org/dhm/edu/essay.html?id=19. Erişim tarihi: 19.03.2018.

Tuğlu, C. & Şahin, Ö. Ö. (2010). Erişkin Dikkat Eksikliği Hiperaktivite Bozukluğu: Nörobiyoloji, Tanı Sorunları ve Klinik Özellikler, Psikiyatride Güncel Yaklaşımlar, 2(1), s. 75-116.

Tüzün, O. ve Sayar, K. (2006). Bağlanma Kuramı ve Psikopatoloji. *Düşünen Adam Dergisi*. 19(1). (24-39).

Uçan, G., Çalım, S. İ. ve Yıldırım, Ş. (2015). Sosyal Hizmet Uzmanlarının Sağlık İletişimi Alanındaki Rol ve Fonksiyonları. *Celal Bayar Üniversitesi Sağlık Bilimleri Enstitüsü Dergisi*. 2(4). (91-100).

Ulaş, H. (2008), Batı Avrupa Ülkelerinde ve Türkiye'de Psikiyatrik Hizmetler. *Türkiye Psikiyatri Derneği Bülteni*. 11(2). (2-12).

Uluğtekin, S. (2004). *Çocuk Mahkemeleri ve Sosyal İnceleme Raporları*. Ankara: Türkiye Barolar Birliği.

Ulusoy H. ve Tokgöz, D. M. (2009). Hekim ve Hemşirelerin Ekip Çalışmasına İlişkin Görüşleri. *Pamukkale Tıp Dergisi*. 2(2). (55-61).

Urizar, A. C., Maldonado, J. G. and Castillo, C. M. (2009). Quality of Life in Caregivers of Patients with Schizophrenia: A Literature Review. *Health Qual Life Outcomes*. 7(84). (1-5).

Ülken, H. Z. (1967). İbn-i Sina'nın Felsefesi. *İslam Felsefesi, Kaynakları ve Tesirleri* içinde. Türkiye İş Bankası Kültür Yayınları.

Ünsal, G., Karaca, S. , Arnik, M., Öz, Y. C., Aşık, E., Kızılkaya, M., ve Şıpkın, S. (2014). Psikiyatri Kliniğinde Çalışan Hemşirelerin Psikiyatri Hemşiresinin Rollerine İlişkin Görüşleri. *Marmara Üniversitesi Sağlık Bilimleri Enstitüsü Dergisi*. 4(2). (90-95).

Ünsalver, B. Ö., & Balcıoğlu, İ. (2006). Yaygın Anksiyete Bozukluğu: Epidemiyoloji, Prognoz ve Farmakolojik Olmayan Tedaviler. *Cerrahpaşa Tıp Dergisi, 37*, 115-120.

Vardar, E. & Erzengin, M. (2011). Ergenlerde Yeme Bozukluklarının Yaygınlığı ve Psikiyatrik Eş Tanıları İki Aşamalı Toplum Merkezli Bir Çalışma. Türk Psikiyatri Dergisi, 22, s. 1-8.

Vırıt, O., Kokaçya, M. H., Bülbül, F., Çıtak, S. Ve Savaş, H. A. (2009). Şizoaffektif Bozukluk Hastalarının Sosyodemografik ve Klinik Özelliklerinin Değerlendirilmesi. *Anatolian Journal of Psychiatry*. 10. (204-211).

Vidal, R., Barrau, V., Casas, M., Caballero-Correa, M., Martínez-Jiménez, P. & Ramos-Quiroga, J. A. (2014). Prevalence of attention deficit/hyperactivity disorder symptoms in outpatient adolescents and young adults with other psychiatric disorders refractory to previous treatments, Elsevier, 7(3), s. 104-112.

Virues-Ortega J. Applied behavior analytic intervention for autism in early childhood: meta-analysis, meta-regression and dose-response meta-analysis of multiple outcomes. Clinical Psychology Review, 2010;30:387-399.

Waghorn, G. and Lloyd C. (2005). The Employment of People with Mental İllness. *Australian e-Journal for the Advancement of Mental Health (AeJAMH)*. 4(2) (Supplement). (1-43).

Wagner, J. W. (1988) "Psychotherapy and Mental Retardation: What's the Use?," Jefferson Journal of Psychiatry: Vol. 6 : Iss. 2 , Article 7.

Wallace, Ruth ve Wolfe, Alison (2012). *Çağdaş Sosyoloji Kuramları: Klasik Geleneğin Genişletilmesi* (3. Baskı). (Çevirenler, Leyla Elburuz ve Rami Ayaz). Doğu Batı Yayınları.

Wang, J., Evans, B. L., Giacco D., Forsyth, R. et al. (2017). Social İsolation in Mental Health: A Conceptual and Methodological Review. *Soc Psychiatry Psychiatr Epidemiol*. 52. (1451–1461).

Whipple J. Music in intervention for children and adolescents with autism: a meta-analysis. Journal of Music Therapy, 2004;41(2):90-106.

WHO (2013). Autism Spectrum Disorders & Other Developmental Disorders Meetıng Report From Raising Awareness to Building Capacity, World Health Organization, Geneva, Switzerland.

WHO Europe. (1998). *Health 21- Health For All in The 21st Century*. European Health for All Series. No. 5.

WHO Nations For Mental Health (1997). *Gender Differences in The Epidemiology of Affective Disorders and Schizophrenia*. Division of Mental Health and Prevention of Substance Abuse World Health Organization Geneva.

WHO Nations For Mental Health (1998). *Schizophrenia and Public Health*. Division of Mental Health and Prevention of Substance Abuse World Health Organization Geneva.

WHO- World Health Organization. (1978). *Declaration of Alma-Ata*. http://www.euro.who.int /__data/assets/pdf_file/0009/113877/E93944.pdf?ua=1. Erişim Tarihi: 10.09.2017

WHO- World Health Organization. (2001). *The World Health Report 2001 Mental Health: New Understanding, New Hope*. Switzerland: World Health Organization.

WHO- World Health Organization. (2003). *İnvesting in Mental Health*. Switzerland: World Health Organization.

WHO- World Health Organization. (2014). *Mental Health Atlas*. France: World Health Organization.

WHO-World Health Organization (2002). *Prevention and Promotion in Mental Health*. France: World Health Organization.

WHO-World Health Organization (2004). *Prevention of Mental Disorders: Effective İnterventions and Policy Options : Summary Report*. France: World Health Organization.

WHO-World Health Organization (2005). *Promoting Mental Health Consepts, Emerging Evidence, Practice*. Switzerland: World Health Organization.

WHO-World Health Organization (2017). *Depression and Other Common Mental Disorders Global Health Estimates*. Switzerland: WHO Document Production Services.

Wilson, K., Ruch, G., Lymbery, M., Cooper, A. and et al. (2008). *Social Work An İntroduction to Contemporary Practice*. London: Pearson Education Limited.

World Psychiatric Association. (2011). *Community Mental Health: Putting Policy İnto Practice Globally*. Chichester, UK: Wiley-Blackwell.

Yaman, Ö. M. (2013). *Apaçi Gençlik Gençlerin Toplumsal Davranış Yönelimleri: İstanbul'da "Apaçi" Altkültür Grupları Üzerine Nitel Bir Çalışma*. İstanbul: Açılım Kitap.

Yanık, M. (2007 Ekim), Türkiye Ruh Sağlığı Sistemi Üzerine Değerlendirme ve Öneriler Ruh Sağlığı Eylem Planı Önerisi. *RCHP, Psikiyatride Derlemeler, Olgular ve Varsayımlar Dergisi*. (12-16).

Yapıcı, Ş. ve M. Yapıcı (2004). Ruh Sağlığı Yerinde İnsan. *Üniversite ve Toplum Bilim, Eğitim ve Düşünce Dergisi*. 4(2).

Yapıcıoğlu, B., Kavakcı, Ö., Güler, A. S. , Semiz, M. & Doğan, O. (2011). Anadolu Psikiyatri Dergisi, 12:177-184.

Yavaş, İ. (1998). Otistik Bozukluk. Psikiyatri Temel Kitabı içinde, (Ed: Cengiz Güleç, Ertuğrul Köroğlu), Hekimler Yayın Birliği, s. 1079-1085.

Yavaş, İ. (1998). Otistik Bozukluk. Psikiyatri Temel Kitabı içinde (Ed: C. Güleç ve E. Köroğlu) (ss:1079-1098), Hekimler Yayın Birliği.

Yavuz, R. (2008 Mart). Şizofreni. *İ.Ü. Cerrahpaşa Tıp Fakültesi Sürekli Tıp Eğitimi Etkinlikleri Türkiye'de Sık Karşılaşılan Psikiyatrik Hastalıklar Sempozyum Dizisi*. 62. (49-58)

Yeloğlu, H. Ç. ve Hocaoğlu, Ç. (2017). Önemli Bir Ruh Sağlığı Sorunu: Bipolar Bozukluk. *Mustafa Kemal Üniv. Tıp Derg.* 8(30). (41-54).

Yıldırım, A. ve Şimşek, H. (2011). *Sosyal Bilimlerde Nitel Araştırma Yöntemleri* (8. Baskı). Ankara: Seçkin Yayıncılık.

Yıldırım, O., Tektüfekçi, F. ve Çukacı, Y. C. (2004). Modern Toplum Hastalığı: Stres ve Muhasebe Meslek Elemanı Üzerindeki Etkileri. *Süleyman Demirel Üniversitesi İktisadi ve İdari Bilimler Fakültesi*. 9(2). (1-20).

Yıldız, M. (2011). Koruyucu Psikiyatri Açısından Psikiyatrik İyileştirim. *Türkiye Klinikleri J Psychiatry-Special Topics*. 4(4). (82-5).

Yıldız, M., Tural, Ü., Kurdoğlu, S. ve Önder, M. E. (2003). Şizofreni Rehabilitasyonunda Aile ve Gönüllülerle Yürütülen Bir Kulüp-Ev Denemesi. *Türk Psikiyatri Dergisi*. 14(4). (281-287).

Yıldızhan, E. (2016). Bağlanma Teorisi ve Bağlanma Bozukluklarına Genel Bir Bakış. *Anadolu Kliniği*. 22(1). (66-72).

Yılmaz, E. B. (2013). Psikiyatride Hastanın Karar Verme Kapasitesi ve Yaşanan Etik Sorunlar. *Türkiye Klinikleri J Med Ethics*. 21(1). (49-53).

Yılmaz, V. (2012). *Türkiye'de Ruh Sağlığı Politikaları: Tespitler ve Öneriler*. RUSİHAK Ruh Sağlığında İnsan Hakları Girişimi Derneği, Kasım.

Yosunkaya, E. (2013). Otizm Etyolojisinde Genetik ve Güncel Perspektif. İstanbul Tıp Fakültesi Dergisi, 76(4), s. 85.

Yurdakul, I.Ş.(2016). Nitel Veri Analizinin Temelleri. Işıl Kabakçı Yurdakul(Ed.) *Nitel Veri Analizinde Adım Adım Nvivo Kullanımı* içinde (1-20). Ankara: Anı Yayıncılık.

Yurtsever, Ü. E., Kutlar, T., Tarlacı, N., Kamberyan, K. ve Yaman, M. (2001). Ruh Hastalıkları Tedavisinde Psikososyal Bir Boyut: Psikoeğitimsel Bir Model. *Düşünen Adam Dergisi*. 14(1). (33-40).

Yücel, B. (2019). Estetik Bir Kaygıdan Hastalığa Uzanan Yol: Yeme Bozuklukları. Klinik Gelişim, 22(4), s. 39-44.

Zablotsky, B., Black, L. I., Maenner, M. J., Schieve, L. A., Danielson, M. L., Bitsko, R. H., Blumberg, S. J., Kogan, M. D. and böyle, C. A. (2019). Prevalence and Trends of Developmental Disabilities among Children in the United States: 2009–2017. Pediatrics. 2019;144(4).

Zastrow, C. (2000). *Social Work and Social Welfare*. United States of Amerika: Wadsworth Publishing Company.

Zastrow, C. H. (2010). *The Practice of Social Work: A Comprehensive Worktext* (9th Edition). United States of America: Brooks/Cole Cangage Learning.

Zaveleta, D., Samuel,K. and Mills, C. (2014). Social İsolation: A Conceptual and Measurement Proposal. *Oxford Poverty & Human Development İnitiative*. 67. (1-62).

Zengin, O. (2011). Sosyal Hizmetin Sağlık Hizmetlerinin Sunumundaki Rolü. *Konuralp Tıp Dergisi*. 3(3). (29-34).

Zhang, X., & Ji, C.Y. (2005). Autism and Mental Retardation of Young Children in China. Biomedical and Environmental Sciences, 18, 334–340.

Zhao, S. , Sampson, S. , Xia, J. And Jayaram, M. B. (2015). Psychoeducation (Brief) for People with Serious Mental İllness, Cochrane Library. http://cochranelibrary-wiley.com/doi/10.1002/14651858.CD010823.pub2/abstract;jsessionid=6837696F14E9FA6A95F22CDFEFF71E08.f03t02. Erişim Tarihi: 13.08.2016.